石油、天然气和化工厂污染控制

Pollution Control in Oil, Gas and Chemical Plants

[澳]Alireza Bahadori　著

天津开发区(南港工业区)管委会　译

中国石化出版社

著作权合同登记　图字：01-2016-9750

Translation from the English language edition:
Pollution Control in Oil, Gas and Chemical Plants
by Alireza Bahadori
Copyright © Springer International Publishing Switzerland 2014
This Springer imprint is published by Springer Nature
The registered company is Springer International Publishing AG
All Rights Reserved

图书在版编目(CIP)数据

石油、天然气和化工厂污染控制 / (澳)阿尔里扎·巴哈多里
(Alireza Bahadori) 著；天津开发区(南港工业区)管委会译.
——北京：中国石化出版社，2016.12
ISBN 978-7-5114-4378-6

Ⅰ.①石… Ⅱ.①阿… ②天… Ⅲ.①石油工业—污染控制
②天然气工业—污染控制 ③化工厂—污染控制 Ⅳ.①X74
中国版本图书馆CIP数据核字(2016)第309163号

中国石化出版社出版发行
地址：北京市朝阳区吉市口路9号
邮编：100020　电话：(010)59964500
发行部电话：(010)59964526
http://www.sinopec-press.com
E-mail:press@sinopec.com
北京富泰印刷有限责任公司印刷
全国各地新华书店经销
*
710×1000毫米 16开本 16.5印张 288千字
2016年12月第1版　2016年12月第1次印刷
定价：65.00元

译者序

目前，在我们国家，作为区域经济发展新焦点的工业园区，如雨后春笋般在全国各地兴建起来。今后我国工业园区建设还将继续呈现良好的发展势头。由于起步较晚，我国在工业园区的建设和管理方面经验不足。以美国为代表的发达国家在这方面已积累了十分丰富的经验和教训，他山之石可以攻玉，这些对于我国正处于高速发展中的化工园区建设和管理，具有重要的借鉴作用。通过学习和借鉴这些方法和经验，提高我们的认识，优化我们的管理水平，有助于把我们的化工园区建设成加工体系匹配、产业联系紧密、原料直供、物流成熟完善、公用工程专用、管控可靠、安全环境污染统一治理、管理统一规范、资源高效利用的产业聚集地。

为进一步拓宽国内化工园区的视野，加深对国外化工园区先进管理理念、经验和方法的理解，提高国内化工园区在产业集群维度上的安全、环保管理水平，我们已先后翻译、出版了《地方经济发展与环境：寻找共同点》、《商业竞争环境下的安全管理》、《石油和化工企业危险区域分类：降低风险指南》三部国外著作，并得到业界读者的好评。2016年，针对国内化工园区建设和发展的实际需要，我们再次精选并翻译了《石油、天然气和化工厂污染控制》《化学和制造业多工厂安全管理》两部著作，作为国内化工园区安全管理的参考资料。

《石油、天然气和化工厂污染控制》一书介绍了化工园区内石油化工厂、天然气加工厂、油码头等区域内的空气、土壤和水污染控制技术与治理方法，以及废水处理装置、固体废弃物处理装置等相关配套设施的设计要求和关键指标，有助于解决部分化工园区在发展过程中暴露出的布局不合理、环保基础设施建设滞后、环境风险隐患等突出问题。

《化学和制造业多工厂安全管理》一书提出了包括中国在内的世界各国

化工企业集群(化工园区)所面临的新挑战——多工厂、跨企业的安全管理体系，介绍了"外部多米诺骨牌效应"的评价和管理方法，着重探讨了多工厂、跨企业风险预防措施，以及化学风险管理、安全风险管理、安保风险管理的指导原则、程序、框架和技术。

参与书稿翻译、审阅工作的还有王喜明、李捷、马爱华、张英、刘鸿洲、刘春生等同志，中国石化出版社对著作的出版给予了大力支持，在此一并致谢。

鉴于水平有限，书中难免存在谬误和不足，敬请读者批评指正。

2016年9月

前　言

过去几十年中，能源需求的增加导致石油、天然气加工及其他化工行业的增长和扩张。炼油厂和化工厂的快速增长，以及对其排放物日益严格的质量要求，对完善现有污染控制技术和开发先进污染减排方法的需求日益迫切。

随着科技的发展，石油和天然气的勘探、生产在世界范围内迅速增长，对以前不能开采的非常规资源，如页岩气，已经能够开发并取得经济效益。由于石油、天然气贸易扩展到了本行业从未活跃的地区，造成了空气污染物的排放，导致潜在的环境和公共健康问题，因而受到越来越多的关注。

目前废物排放的一大部分来自于工业和市政，工业排放的物质种类繁多，其中包括大量的废物和毒性很大的污染物。环境保护是一门非常复杂的科学，其发展趋势是避免排放，而不是控制污染。

这将给工业增加巨大的预算成本。公众一直在容忍污染，直到最近情况已经变得更加严重，特别是发展中国家，许多人遭受到伤害甚至死亡。

本书将讨论废水治理的检测、设备和工程技术。本书的内容旨在涵盖石油、天然气和化工企业的水污染控制在安全和环境控制方面的基本要求。

内容包含以下方面：(1)炼油厂、天然气加工企业、石油化工厂和石油码头水污染控制；(2)化学工业、水污染源和控制；(3)有机化学品制造；(4)监测。

清理来自于石油和化学工业上游的管道、石油生产装置、泵站、油库以及钻井作业释放的烃类液体炼油产品，和来自于下游的炼油厂、石化厂和地面/地下存储罐的其他污染物，通常需要使用一些控制措施和策略。对于短期紧急情况，可能要采取紧急措施来控制急性的安全和健康危害，如爆炸和中毒事故。在紧急危险被排除后，需采取长期的补救措施，包括清理已进入地表和地下环境的污染物。

本书将讨论有关土壤污染控制问题，包括：(1)提供有关评估非饱和带和石油产品释放发生地的现场条件的方法，在非饱和带定位石油产品位置所需的信息，在给定地点从非饱和带去除石油产品的方法。(2)对专门用于清理饱和带的技术进行评估。(3)提供一种用于评估管道泄漏潜在后果的方法。该方法旨在协助管道运营商评估安装管道泄漏检测设施的需要，并对可用的管道泄漏检测技术进行概述。

地下的原油，在不饱和带可能被滞留在土壤颗粒之间，在饱和带也可能漂浮在地下水位或溶解在地下水中。本书的重点是关于清理不饱和带或饱和带石油产品的长期对策。当泄漏发生后，通常需要进行某些类型的土壤治理。

空气污染来自于许多方面，如产品的生产、烃类和石油化学品的生产过程、运输燃料的使用以及热能和光能产生的废物。造成空气污染的主要原因是燃烧。当燃烧完全时，燃料中的氢和碳与空气中的氧结合产生热、光、二氧化碳和水蒸气。而实际上，燃料中的杂质、不合适的燃料/空气比或太高、太低的燃烧温度，会导致一氧化碳、硫氧化物、氮氧化物、粉煤灰和未完全燃烧的烃类等副产物的形成。本书将讨论降低空气污染的方法和减少环境污染的手段。

本书将介绍空气污染控制的基本要求，包括下列内容：污染来源；排放类型；空气污染的检测；选择污染控制设备方面的考虑；过程控制；阈限值(TLV)。

空气污染会对人类健康、植物和动物产生影响。为确保顾及到所有重要的减排方法，本书将提供与空气污染检测有关和涉及将工业过程排放降到最低程度的所有重要信息。提供多种普遍使用的检测方法，能够对所有结果进行全面的比较。

由于噪声对人类和环境的各种不利影响，应对其加以控制。选择何种噪声控制技术或技术组合，取决于噪声需要降低的程度、所使用设备的性质、可用技术的成本。本书提供了有关减少噪声接触时间或隔离噪声源方面的新认识和信息。它涵盖了所有噪声污染控制技术，但不包括个人的耳朵保护、噪声源的工程控制和声波轨迹的转变。

最后，我要衷心感谢施普林格(Springer)的编辑团队，特别是Michael Luby和Merry Stuber在本书编写过程中给予的帮助、建议和支持。

作者简介

  Alireza Bahadori博士是澳大利亚南十字星大学(Southern Cross University)环境科学与工程学院的研究人员。他在西澳大利亚科廷大学(Curtin University)获得博士学位。在20年的大部分时间内，Bahadori博士曾担任过多种与工艺工程有关的职位，并参与过伊朗国家石油公司(NIOC)、阿曼石油开发公司(PDO)和克拉夫AMEC PTY LTD的许多大型项目。

  Bahadori博士发表过200多篇论文，并著有10本专著。他的著作被世界知名出版商(如John Wiley & Sons、Springer、Taylor & Francis和Elsevier)出版。由于他在油气领域的研究成果，Bahadori博士曾获得竞争激烈的高声誉的澳大利亚政府国际研究生奋进研究奖学金(Australian Government's Endeavour International Postgraduate Research)。他还在2009年获得西澳大利亚州政府通过西澳大利亚能源研究联盟(WA:ERA)颁发的最高奖。

目 录

第1章 空气污染控制

摘要: 石油和化学工业过程是空气中排放物的两大来源。空气中排放物主要是氮氧化物(NO_x)、硫氧化物(SO_x)、一氧化碳(CO)、甲烷和挥发性有机物(VOC)。所有的空气污染主要源于燃烧过程。理论上,当燃烧能进行完全时,燃料中的氢和碳元素与空气中的氧气化合,产生热和光,生成二氧化碳和水蒸气。燃料中的杂质、较低的燃料/空气比、太高或太低的燃烧温度会造成副产物的产生,如一氧化碳、硫氧化物、氮氧化物、飞灰及未燃烧的烃类等。本章将探讨减少空气污染的方法和降低环境污染的途径。

关键词: 空气;清洁空气;排放源;火炬;无组织排放;恶臭控制;有机物排放;氮氧化物(NO_x);颗粒物;污染;阈限值;挥发性有机物(VOC)

空气污染是指有害气体和细小固体或液体颗粒(微粒)以足以危害人类健康的浓度对空气的污染。在这一定义下,空气污染是指空气被外来的物质污染,而这些物质称为污染物。

当不同来源的污染物排放到环境中,可能造成严重的危害。污染物会对农业的土壤和农作物有不利影响,或损坏衣物和建筑,还可能侵蚀金属器具,并对人类健康造成伤害。

空气污染物是残留的废物,来自于多种生产过程,如商品的生产、碳氢化合物和石油化学品的加工、交通工具的使用以及热能和光能的产生。

空气污染通常是指气体、液体或固体物质进入大气中,积累到足够的浓度,达到足够的时间,并因此危害人类的舒适、健康和福利或破坏环境的现象。空气污染可引起酸雨、臭氧消耗、光化学烟雾和其他类似问题。

本章将介绍空气污染控制的最低要求,包括以下主要内容:

① 污染源;

② 排放种类;

③ 标准浓度水平;

④ 空气污染测定;

⑤ 污染控制设备选择的因素；

⑥ 过程控制；

⑦ 阈限值(TLV, Threshold Limit Values)。

1.1 空气污染的定义

化工和石油加工企业的设备有时会发生泄漏，造成大量排放。尽管每一次泄漏量通常很小，但这仍然是石油工业(特别是炼油厂)和化工生产装置排放挥发性有机物(VOC)和挥发性有害空气污染物(VHAP)的最大来源。

空气污染的定义是，空气中增加了某种对地球上生命有害的物质。这些物质可能是有毒的气体烃类，会对吸入它的有机体产生持久的影响，或者是能引起类似问题的具有刺激性的微粒；也可能是肉眼不能看到的原子辐射，会对动物和植物细胞造成伤害。凡是由于人类活动或自然过程进入空气中、能够引起氧气含量降低或空气组成发生巨大变化的各种物质，都称为污染物。

空气中污染物不一定会被吸入，但只要它存在于空气中，就成为了污染物。如我们过去15年在大城市中常见的烟雾，由气体和大量微粒构成，笼罩在空气中，部分遮挡了地球生命所必需的太阳光照射，也改变了地球表面热量吸收的模式，能够阻止地球的热量反向辐射到空中，结果形成"温室效应"，极大改变了整个地球表面的气候和温度分布。

1.2 清洁空气

地球周围的空气质量大约为500Gt，其中氧气占20.9%，氮气占78.0%，氩气占0.9%。除了水蒸气，另外的0.04%中有3/4是二氧化碳。其余的0.01%包括其他稀有气体、氢气、氮氧化物、臭氧以及多种痕量的其他气体。表1.1列出了空气中主要气体及其干基浓度。

如果不包括水蒸气，这些气体的浓度基本保持恒定，其变化范围最高为3%，甚至低于1%。在测量周围空气的过程中，这种变化通常是在测定的可重复性范围内，可以被忽略。尽管如此，样品测试前一般需要进行干燥处理。

尽管在燃烧过程中会产生大量水蒸气，但不能视为空气污染物，自然界发生的蒸发和降雨，涉及的水量远大于人工过程。将来可能出现的超音速运输机除外，这种飞机可以向平流层释放大量的水蒸气，引起云量增多和温度上升。

水蒸气对空气污染物有促进作用，能强化其毒害效果。例如，二氧化硫自身是刺激性和腐蚀性的污染物，如果与水蒸气和空气中的氧气结合，便生成腐蚀性更强的硫酸酸雾；烟雾的生成也要依靠水蒸气。城市内的空气污染监测必须考虑湿度，并预测其对污染物的影响。

表1.1 空气中气体近似浓度 %(体积分数)

成 分	近似浓度
氮气(N_2)	78.03
氧气(O_2)	20.99
二氧化碳(CO_2)	0.03
氩气(Ar)	0.94
氖气(Ne)	0.00123
氦气(He)	0.0004
氪气(Kr)	0.00005
氙气(Xe)	0.000006
氢气(H_2)	0.01
甲烷(CH_4)	0.0002
一氧化二氮(N_2O)	0.0005
水蒸气(H_2O)	变化的
微粒物	类型和数量都是变化的(由于自然条件的差异,任何时间内,不同地区这些物质的类型和数量差别很大)
臭氧(O_3)	变化的(由于紫外辐射和雷电的影响,其浓度会在0~0.07μL/L范围变化)
甲醛(HCHO)	变化的(来自于生物体或甲烷的氧化,其浓度不能确定)

1.3 污染源

(1) 主要的空气污染被认为由以下活动造成:

① 交通运输;

② 家庭取暖;

③ 发电;

④ 工业燃料燃烧和工艺排放。

(2) 根据行业类型,对主要的工业污染源进行分类,一般分为:

① 炼油厂:微粒、硫氧化物、烃类和一氧化碳;

② 石油化工工业:烃类、一氧化碳、微粒;

③ 化肥工业:微粒、氮氧化物、气态氟化物。

1.4 石油工业排放种类

1.4.1 炼油厂

炼油厂的潜在排放源列于表1.2。

1.4.2 炼油厂内空气污染

平均排放因子法结合了平均排放因子和具体装置的数据,如每一类设备(阀、油泵密封等)的数量、每一设备的工作介质(气体、轻质液体、重质液体)、系统中总有机物(TOC)浓度以及每一设备进行该工作的时间。TOC排放速率可以根据下面公式计算得出：

$$E_{TOC}=F_A \times WF_{TOC} \times N \tag{1.1}$$

式中：E_{TOC}——整个系统中某一给定设备类型的全部设备TOC排放速率，kg/h；

F_A——适用于该设备类型的平均排放因子，每一排放源kg/h；

WF_{TOC}——系统中TOC平均质量分数；

N——系统中该类型设备的件数。

表1.2 炼油厂中各种排放物的来源

排放种类	排放来源
硫氧化物	锅炉、工艺加热炉、催化裂化再生器、处理装置、H$_2$S火炬、除焦作业等
烃 类	装载设施、检修、取样、储罐、废水分离设施、卸放系统、催化剂再生器、泵、阀、闷头法兰、凉水塔、真空喷嘴、气压冷凝器、吹风、处理挥发性烃类的高压设备、工艺加热炉、锅炉、压缩机等
氮氧化物	工艺加热炉、锅炉、压缩机、催化剂再生器、火炬等
颗粒物	催化剂再生器、锅炉、工艺加热炉、除焦作业、焚化炉等
醛 类	催化剂再生器
氨	催化剂再生器
臭 味	处理装置(吹风、吹汽)排水、油罐孔口、气压冷凝器污水、废水分离设施
一氧化碳	催化剂再生、除焦、压缩机、焚化炉
三氢化砷	加氢脱硫催化剂再生
碳酰氯(光气)	加氢脱硫催化剂再生
氰类化合物	加氢脱硫催化剂再生
HCl	铂重整、芳构化
HF	HF烷基化
H$_2$SO$_4$	烷基化硫酸单元

表1.3、表1.4和表1.5收集了各种行业平均排放因子。通常用合成有机化工制造业(SOCMI)因子来确定炼油厂中化工装置或化工工艺的设备泄漏排放水平，SOCMI因子适用于TOC排放速率的确定。

表1.3 合成有机化工制造业(SOCMI)排放因子

设备类型	工作介质	排放因子/[(kg/h)/排放源]	设备类型	工作介质	排放因子/[(kg/h)/排放源]
阀	气体	0.00597	压缩机密封	气体	0.228
	轻质液体	0.00403	泄压阀	气体	0.104
	重质液体	0.00023	连接件	气体和液体	0.00183
油泵密封/搅拌器密封	轻质液体	0.0199	开放式管线	气体和液体	0.0017
	重质液体	0.00862	取样口	气体和液体	0.015

炼油厂造成空气污染的主要排放因子列于表1.4。

表1.4 炼油厂平均排放因子

设备类型	工作介质	排放因子/[(kg/h)/排放源]	设备类型	工作介质	排放因子/[(kg/h)/排放源]
阀	气体	0.0268	压缩机密封	气体	0.636
	轻质液体	0.0109	泄压阀	气体	0.16
	重质液体	0.0023	连接件	气体和液体	0.00025
油泵密封/搅拌器密封	轻质液体	0.114	开放式管线	气体和液体	0.0023
	重质液体	0.021	取样口	气体和液体	0.015

通常用炼油厂因子来确定炼油工艺设备泄漏的无组织排放水平。对于炼油厂中明确认为不是炼油工艺的化工工艺(例如甲基叔丁基醚MTBE生产装置), 必须应用SOCMI因子, 而不能用炼油厂因子。炼油厂因子适用于非甲烷有机物排放速率的确定。

表1.5所列排放因子适用于TOC排放速率的确定。

表1.5 油气生产过程中平均排放因子

设备类型	工作介质	排放因子/[(kg/h)/排放源]	设备类型	工作介质	排放因子/[(kg/h)/排放源]
阀	气体	4.5 E-03	连接件	气体	2.0 E-04
	重油	8.4 E-06		重油	7.5 E-06
	轻油	2.5 E-03		轻油	2.1 E-04
	水/油	9.8 E-05		水/油	1.1 E-04
油泵密封	气体	2.4 E-03	法兰	气体	3.9 E-04
	重油	未得到		重油	3.9 E-07
	轻油	1.3 E-02		轻油	1.1 E-04
	水/油	2.4 E-05		水/油	2.9 E-06
其他	气体	8.8 E-03	开放式管线	气体	2.0 E-03
	重油	3.2 E-05		重油	1.4 E-04
	轻油	7.5 E-03		轻油	1.4 E-03
	水/油	1.4 E-02		水/油	2.5 E-04

【计算实例】:假设某一工艺生产气体产品, 其无组织排放水平可以由以下方法计算, 所需要的数据列于表1.6, 应用下面公式计算得到的结果见表1.7。

VOC排放速率=(设备数量)×(质量分数)×(排放因子)

VOC排放总量=sum[(VOC排放速率)×(操作时间)]

工艺装置的TOC无组织排放总量可以由每一种组分、每一股物流的排放量加和而得出。总烃排放量通常由平均排放因子确定。为了确定VOC排放总量，计算的排放速率必须乘上物流中VOC的质量分数(实际上，物流中存在的有机物不一定都属于VOC，如甲烷和乙烷)。

表1.6 计算实例所需的数据

设备类型/介质	设备数量	操作时间/(h/a)[①]	VOC质量分数
阀/气体	272	0.0268	7.2896
压缩机/气体	3	0.636	1.908
泄压阀	37	0.16	5.92
开放式管线	489	0.0023	1.1247
取样口	24	0.015	0.36

注：①操作时间包括该设备容纳工作介质的全部时间。②译者注：原著有误，表1.6与表1.7同。

表1.7 计算结果

排放源	设备数量	排放因子/(kg/h)	VOC排放速率/(kg/h)
阀	272	0.0268	7.2896
压缩机密封	3	0.636	1.908
泄压阀	37	0.16	5.92
开放式管线	489	0.0023	1.1247
取样口	24	0.015	0.36
VOC排放总量/(t/a)		145.4	

如果物流中一些有机物不属于VOC，VOC排放量可以由式(1.2)计算：

$$E_{VOC}=E_{TOC}\times(WP_{VOC}/WP_{TOC}) \tag{1.2}$$

式中：E_{VOC}——该设备VOC的排放量，kg/h；

E_{TOC}——该设备TOC的排放量，kg/h；

WP_{VOC}——设备中VOC的质量分数；

WP_{TOC}——设备中TOC的质量分数。

如果需要测算物流中某一特定VOC的排放量，可以采用式(1.3)：

$$E_X=E_{TOC}\times(WP_X/WP_{TOC}) \tag{1.3}$$

式中：E_X——该设备有机物"X"的排放量，kg/h；

E_{TOC}——该设备TOC的排放量，kg/h；

WP_X——设备中有机物"X"的质量分数；

WP_{TOC}——设备中TOC的质量分数。

在设备泄漏排放的估算方法中还包括其他三种方法，但必须有现场监测数据，因此未列入本研究范围内。

下面将对下列几种工艺的排放源进行讨论：

(1) 减压蒸馏；

(2) 催化裂化；

(3) 热裂化工艺；

(4) 公用锅炉；

(5) 加热炉；

(6) 压缩机；

(7) 卸放系统；

(8) 硫回收。

1.4.3 减压蒸馏排放源

从常压蒸馏塔底抽出的拔头原油主要包括高沸点的烃类，如果在常压下进行蒸馏，原油将会分解和聚合，造成设备结垢。为将拔头原油分离成不同组分，必须在压力很低的减压塔中、并在蒸汽存在的条件下进行蒸馏。

减压蒸馏塔的大气排放主要发生在蒸汽喷射器和真空泵。由蒸汽喷射器或真空泵从塔中抽出的蒸气，绝大部分可以在冷凝器中得到回收。在以前，蒸气中不能被冷凝的部分就会从冷凝器排放到大气中，减压蒸馏塔加工的每立方米拔头原油中不能被冷凝的烃类大约有0.14kg。

减压蒸馏塔大气排放的次要来源是工艺加热炉的燃烧产物。在减压蒸馏装置，从密封口和管道配件处的烃类无组织排放也会发生，但由于操作压力和油品的蒸汽压都很低，排放量达到最小。

对于从蒸汽喷射器或真空泵排出的不能被冷凝的烃类，适用的控制技术包括：将其排到卸放系统，或送入燃烧炉进行焚烧，或进入废热锅炉。这些控制技术对于烃类排放的控制效率一般高于99%，但会增加燃烧产物的排放量。

1.4.4 催化裂化排放源

催化裂化工艺在一定温度和压力下，采用催化剂，将重质油转化为轻质油产品，从而得到有利于高价值的汽油和馏分油调和组分的产品分布。其原料一般是来自常压蒸馏、减压蒸馏、焦化和脱沥青装置的蜡油，典型的馏程为340~540℃。当前在用的所有催化裂化装置都为流化床或移动床工艺。

催化裂化工艺的大气排放主要有：①工艺加热炉的燃烧产物；②催化剂再生产生的烟气。工艺加热炉的排放将在后面进行讨论。催化剂再生造成的排放物包括烃类、硫氧化物、氨、醛类、氮氧化物、氰类、一氧化碳(CO)和颗粒物。由于流化催化裂化(FCC)装置中催化剂循环速率快，其排放的颗粒物远多于移动床催化裂化(TCC)装置。

FCC装置中可以通过旋风分离器和/或静电除尘器控制颗粒物排放，控制效率高达80％～85％。利用一氧化碳废热锅炉能够将FCC装置的CO和烃类排放降低到可忽略不计的水平。TCC装置中催化剂再生过程也会产生与FCC装置类似的污染物，但数量相对很少。

TCC装置的颗粒物排放一般通过高效旋风分离器来控制。将TCC装置排放的一氧化碳和烃类引入到工艺加热炉的燃烧室或烟羽燃烧器，经过焚烧后，可以忽略不计。在一些装置中，将再生烟气通过水洗涤器或碱洗涤器，以除去硫氧化物。

1.4.5 热裂化排放源

热裂化工艺包括减黏裂化和焦化工艺，该工艺通过高温将重质油分子断裂。

从现有文献看，该工艺产生何种排放及排放的部位尚不明确。热裂化工艺的大气排放包括除焦操作产生的焦粉，减黏裂化和焦化工艺加热炉产生的燃烧气以及无组织排放。工艺加热炉产生的排放将在后面讨论。

因为工艺操作温度高，由各种泄漏造成的无组织排放量值得关注，这取决于设备类型和构造、操作条件和日常维护效果。

延迟焦化装置操作造成的颗粒物排放量非常大，将焦炭从焦炭塔卸出以及后续的处理和储存操作，都可能造成颗粒物排放。在焦炭卸出焦炭塔之前，对其进行冷却和吹汽，会造成烃类的排放。然而，在现有文献中尚未见到延迟焦化工艺排放有关的全面数据。

在除焦作业过程中，通过将焦炭全部浸湿的方法，能够实现对颗粒物排放的控制。一般情况下，延迟焦化装置没有控制烃类排放的措施。然而，现在一些装置采用密闭系统收集焦炭塔的排放物，并将其输送到炼油厂火炬系统。

1.4.6 卸放系统排放源

卸放系统用于安全处置各泄压装置排出的烃类(蒸气或液体)。如果不加控制，卸放系统主要会排放烃类，但也包括其他标准污染物。对于某一卸放系统，排放速率与其汇入的设备数量、设备外排频率及卸放系统的控制措施有关。

卸放系统的排放可以通过将不凝气送入到火炬燃烧得以有效控制。为了实现完全燃烧或无烟燃烧(美国大多数州的要求)，可以向火炬的燃烧区注入蒸汽，以形成湍流并增加空气量。由于注入蒸汽降低了火焰温度，因此也可以降低氮氧化物的排放。

1.4.7 工艺加热炉排放源

工艺加热炉(燃烧炉)在炼油厂应用广泛，为加热原料达到反应或者蒸馏所需的温度而提高热量。所有的标准污染物在工艺加热炉都有排放。这些排放物的数量与燃料类型、燃料中杂质的性质和加热炉的热负荷有关。硫氧化物的排放可以通过燃料脱硫或烟气处理来控制。一氧化碳和烃类的排放可以通过提高燃烧效率来控制。当前有四种技术或改进措施可控制氮氧化物的排放：燃烧改进、燃料改质、燃烧炉设计和烟气处理，这几项技术已经应用于大型公用锅炉，但在工艺加热炉的适用性尚未确定。

1.4.8 压缩机排放源

在很多老旧炼油厂中，高压压缩机应用往复式发动机和以天然气为燃料的燃气轮机。压缩机的主要排放源是尾气中的燃烧产物。这些排放物包括CO、烃类、氮氧化物、醛类和氨。

排放物中也可能存在硫氧化物，这取决于燃料天然气中的硫含量。在往复式发动机尾气中，这些排放物的量远大于涡轮发动机。压缩机采用的排放控制技术主要是采用类似于汽车上所应用的化油器，而与汽车上类似的催化剂系统也可以有效降低排放，但未见其应用的报道。

1.4.9 脱硫醇工艺排放源

馏分油脱硫醇是在催化剂存在下，将硫醇转化为烷基二硫化物。其主要的排放污染问题是在"吹气"过程中馏分油产物与空气接触时放出的烃类，这与设备类型和构造、操作条件和维护效果有关。

1.4.10 沥青氧化工艺排放源

沥青氧化工艺是通过氧化反应，将生产沥青的渣油部分聚合，以提高其软化温度和硬度，改善其对气候变化的抵抗力。

沥青氧化工艺的大气排放物主要是烃蒸气，其随吹入的空气排出。由于在上游的蒸馏装置中蒸出了挥发性烃类，因而沥青氧化工艺的排放量很小，但排放物中可能含有有毒的多环有机物，排放量为每吨沥青30kg。沥青氧化工艺的排放可以通过蒸汽洗涤和/或焚烧而控制到可以忽略不计的水平。

1.4.11 无组织排放及控制

无组织排放的来源主要包括工艺设备的烃蒸气泄漏以及开放区域的烃蒸发，不包括通过烟囱和排气口的排放。无组织排放源包括各种阀、法兰、泵及压缩机密封、工艺排水、凉水塔、油水分离器。

无组织排放是由于泄漏或溢出的液体油品蒸发或气体引起的。无组织排放的控制通常包括减少因设备更换、工序变化引起的泄漏和溢出，并改进监测、现场管理和日常维护等措施。

1.4.12 阀、法兰、封口和排水口的排放源

对于这些排放源，其排放速率和其工作的介质类型关系密切。由于阀门数量

多,排放因子高,因此是主要排放源。这一结论是在分析某一假定炼油厂及其排放速率的基础上得到的。一座每天加工量为52500m³的典型炼油厂,预计其VOC的无组织排放量为每天20500kg。

1.4.13 废水处理厂排放源

所有炼油厂都会采用某种类型的废水处理措施,使其水质能达到安全排入环境或者炼油厂回用的标准。废水处理厂的大气排放物的主要成分是散逸性VOC和溶于废水中的气体,在开放式工艺排水口、分离器和水池中,会从废水表面蒸发出来。

1.4.14 凉水塔排放源

凉水塔在炼油厂冷却水系统应用广泛,其作用是将冷却水的废热传递到空气中。凉水塔的大气排放包括散逸性的VOC,以及冷却水与空气接触时汽提出来的气体。这些污染物是因为换热器或冷凝器泄漏而进入冷却水系统的。

尽管冷却水的污染物绝大多数是VOC,但也发现有H_2S和氨等溶解性气体。凉水塔排放物的控制应通过换热器和冷凝器的正常维护,以减少对冷却水的污染来实现。凉水塔排放物的控制效果差别很大,主要取决于炼油厂的构型配置及日常维护水平。

1.4.15 炼油厂臭味排放

炼油厂和石油化工厂在加工和精制各种燃料时会产生大量的臭味。硫化物、硫醇和烃类化合物与石油工业密切相关。产生于这些工业化合物的臭味具有很大公害,常会引起当地空气委员会和民众的关注。炼油厂的一些典型气味及其可能来源、造成该臭味的可能化合物列于表1.8。

表1.8 炼油厂臭味及来源

典型气味	来源	臭味化合物
臭鸡蛋味	原油储罐	H_2S+微量的二硫化物
阴沟气味	气体精馏;硫回收、火炬(冷火炬)排污水、生物处理厂;LPG加臭废碱液装载和运输	二甲基硫醚、乙基硫醇和甲基硫醇
烧油味	催化裂化装置;焦化沥青氧化;沥青储存	不饱和烃类
汽油味	产品储存、波纹板式隔油池(CPI)和平流式隔油池	烃类
芳香性(苯)焦油味	芳烃装置;石脑油重整装置沥青储存	烃类硫醇、H_2S

表1.9列出了炼油厂排放物中最常见的产生臭味的化学物质。

1.4.16 石油化工厂

来自石油化工厂的污染物见表1.10。

来自化肥厂和其他石化工业的主要空气污染物见表1.11。

表1.9 炼油厂排放中一些物质的气味

化学物质	气味化学阈值/(nL/L)	气味类型
乙 酸	1000	酸 味
丙 酮	100000	化学的,甜味
甲 胺	21	鱼腥味,刺激性
二甲胺	47	鱼腥味
三甲胺	0.2	鱼腥味,刺激性
氨	46800	刺激性
苯	4700	溶 剂
苄硫醚	2	硫化物味
二硫化碳	210	蔬菜味、硫化物味
氯 气	314	漂白粉味、辛辣
氯 酚	0.03	医院药味
二甲基硫醚	1~2	蔬菜味、硫化物味
二乙基硫醚	6	蒜味、发臭
二苯基硫醚	5	烧焦味、橡胶味
硫化氢	5	臭鸡蛋气味
甲乙酮	10000	甜 味
甲硫醇	1~2	硫化物味、腐烂卷心菜味
乙硫醇	0.4~1	硫化物味、腐烂卷心菜味
正丙基硫醇	0.7	硫化物味
正丁基硫醇	0.7	强烈的、硫化物味
对甲酚	1	柏油味、辛辣味
对二甲苯	470	甜 味
苯 酚	47	医院药味
磷化氢	21	洋葱臭味、芥末味
二氧化硫	470	刺鼻的、辛辣味
甲 苯	2000~4700	溶剂、樟脑丸
丁 烷	6000	
庚 烷	18000	
戊烯、异戊烯	170~2100	

1.5 空气质量标准

1.5.1 环境空气质量标准

美国对环境空气中的污染物浓度水平、取样时间段以及有关的污染物测定方法的标准要求,列于表1.12。

如果某种物质被认定为有害空气污染物,但在环境空气质量标准中没有适用限值,应该使用国家排放标准予以限制。适用于排放标准的不同来源污染物见表1.13。

表1.10 石油化工厂排出的污染物

燃烧过程	发电厂锅炉、加热炉(分馏装置再沸炉)和裂解炉(石脑油裂解炉、二氯乙烷裂解炉、水蒸气重整)废气中的SO_x、NO_x和其他污染物
蒸发和干燥过程	合成橡胶、塑料的干燥——含溶剂和单体的干燥气
	来自储罐的蒸发(多发生在装载过程)——烃类排放
	打开容器的人孔——烃类排放
废气、排气、火炬烟气	氧化、氧氯化和氨氧化过程所用空气排出时会含有氮、二氧化碳和少量副产物
	来自蒸馏塔和反应器的不凝气会伴有烃类和副产物
	火炬燃烧气中的污染物
粉末处理	储存运输过程中产生的塑料悬浮物
	流化床中应用的催化剂悬浮物
泄漏(损失)	从泵和压缩机主轴和法兰的泄漏——烃类排放

表1.11 化肥厂和其他石化工业排放的主要空气污染物

操作工艺	排放空气污染物	操作工艺	排放空气污染物
磷肥:破碎粉磨和煅烧	颗粒物(粉尘)	造粒塔	NH_4NO_3
P_2O_3的水解	PH_3、P_2O_5、磷酸雾	天然气液化(NGL)装置	烃
酸化和固化	HF、SiF_4	原油生产	H_2S气味
造粒	颗粒物(粉尘)(产品回收)	天然气压缩站	H_2S气味
氨化	NH_3、NH_4Cl、SiF_4、HF	注气站	H_2S气味
硝酸酸化	NO_2、气态氟化物	硫磺装置	H_2S气味
过磷酸盐储运	颗粒物(粉尘)	油井	H_2S气味
硝酸铵反应器	NH_3、NO_2		

表1.12 环境空气质量标准

污染物项目		一级	二级
颗粒物/$(\mu g/m^3)$	年几何平均值	75	60
	日最高允许浓度(每年不得超过一次)	260	150
硫氧化物/$(\mu g/m^3)$	年算术平均值	80(0.03μL/L)	60(0.02μL/L)
	日最高允许浓度(每年不得超过一次)	365(0.14μL/L)	260(0.10μL/L)
	3h最高允许浓度(每年不得超过一次)		1300(0.50μL/L)
一氧化碳/$(\mu g/m^3)$	8h最高允许浓度(每年不得超过一次)	10(9μL/L)	10
	1h最高允许浓度(每年不得超过一次)	40(35μL/L)	40
光化学氧化物/$(\mu g/m^3)$	1h最高允许浓度	160(0.08μL/L)	160
烃类/$(\mu g/m^3)$	上午6:00～9:00的3h最高允许浓度(每年不得超过一次)	160(0.24μL/L)	160
氮氧化物/$(\mu g/m^3)$	年算术平均值,日最高允许浓度平均值	100(0.053μL/L)	100

表1.13 不同来源污染物

来 源	污染物
炼油厂	颗粒物(PM)、NO_x、总还原性硫(TRS)、臭味、CO、H_2S、烃(HC)
沥青搅拌站	颗粒物(PM)、NO_x、臭味、烃(HC)
磷肥厂	颗粒物(PM)、氟
降磷系统	颗粒物(PM)、氟
工业规模燃烧装置	PM、SO_2、NO_x
液体油品储罐	烃(HC)
石油天然气、天然气凝析液注入/压缩机组	PM、HC、CO、CO_2、H_2S、NO_x、烟尘
井口分离器	PM、HC、CO、CO_2、H_2S、NO_x、烟尘
天然气脱硫醇装置	PM、HC、H_2S、RSH、CO、CO_2、NO_x、烟尘
脱盐装置	PM、HC、烟尘、CO、CO_2、H_2S

1.5.2 排放标准

排放标准以下列几种方式限定:

① 过程质量比,加工单位质量的原料排放污染物的质量(如:火炉每加工1t进料排放颗粒物0.15kg)。

② 单位质量产品排放污染物的质量(如,生产每吨硝酸排放1.5kg氮氧化物)。

③ 单位体积排放气中污染物的质量(如,每立方米排放气体中90mg颗粒物)。

④ 单位热量输入产生污染物的质量(如,输入1MJ热量产生硫氧化物0.34g)。

⑤ 烟羽不透明度(如烟羽不透明度低于20%)。

排放标准还有其他可能的限制方式,如燃料的硫含量限值,或者要求新车在一个特定的测功试验周期内的污染物排放总量。

1.6 大气排放物的工艺控制

1.6.1 炼油厂的大气排放源

炼油厂的大气排放和控制技术习惯上按照设备类型分类,而不按炼油厂的工艺分类。

1.6.1.1 储罐

烃蒸气可以通过多种途径从储罐释出,如由于温度变化造成的油罐呼吸、直接蒸发及装填液体时发生的置换。损失主要发生于原油和轻质馏分油。原油组成中绝大多数是烃类化合物,如前所述,烃类被认为与光化学烟雾的形成无关。轻质馏分油具有很高的价值,通常应该被控制在可接受的水平。储存过程中防止蒸气释出,可以采用浮顶罐、增压罐,或者加装油气回收系统。

对于在储存条件下真实蒸汽压(TVP)低于78mmHg(1mmHg=133.32Pa)的油

品，无需进行控制；对于TVP介于78~570mmHg的油品，其储罐需要配备浮顶或采取相应的措施；对于TVP超过570mmHg的油品，储罐必须配备油气回收系统或采取类似措施。

1.6.1.2 催化剂再生装置

在催化裂化、重整、加氢反应过程中，催化剂表面生成的焦炭，需要在再生器中控制燃烧条件下烧掉。再生器出来的烟气中可能含有催化剂粉尘、一氧化碳、烃(主要是甲烷)、硫氧化物和氮氧化物。催化剂粉尘可以通过机械或电力收集装置予以治理。一氧化碳和未燃烧的烃类一般会分散到大气中，但可以将其送入废热锅炉作为燃料，以生产更多的蒸汽。流化催化裂化再生器每烧掉1000kg焦炭，排出的催化剂粉尘量不能超过1kg，一氧化碳外排浓度不能大于500μL/L。再生装置烟气污染物原位处理技术已在流化催化裂化装置广泛应用。

1.6.1.3 废水分离器

由于设备泄漏和溢油、停工、取样、工艺冷凝、油泵封口漏油等原因，油品会排入下水道中，通常采用废水重力分离器进行捕集和回收。根据下水道中油的数量和性质，一些烃类蒸气会从排水系统和分离系统中挥发出去。如果挥发量大，可采取控制措施，将分离器的前端覆盖。盖紧液体容器的密封口、检修井盖，并加强现场管理，可以减少排水系统的油气损失。

1.6.1.4 转载设备

石油产品通过管道运出炼油厂，不会造成大气排放，但装入罐车和油罐过程中，会发生气体置换或蒸发。谨慎操作可以减少溢油，采用油气收集和回收设备可以降低油气损失。

1.6.1.5 管道阀门

炼油厂一般都有纵横交错、复杂的管道系统，受到热、压力、振动和腐蚀的影响，管阀连接处容易发生泄漏。由于运送产品以及温度的不同，泄漏的油品可能是液体和/或气体。定期检查、及时维护有利于降低由此造成的油气损失。

1.6.1.6 泵和压缩机

烃类化合物在泵和压缩机的动轴和固定套管之间的接触处可能发生泄漏。可将石棉或其他纤维包裹在轴周围，以防止轴运动时渗漏；也可采用机械密封，由垂直于轴的双板组成，与轴紧密结合在一起。无论采取纤维包裹还是机械密封，长时间磨损仍会导致产品泄漏。日常检查和维护、采用高压密封堵头，对于轻烃介质采用机械密封，都是有效的控制措施。

1.6.1.7 卸放系统、火炬和停工

炼油厂工艺装置和设备需要定期停工检修。由于停工检修大约一年一次，由

此造成的损失很小。停工和开工过程中清扫出来的烃类汇入到卸放系统，进行回收、安全排放或送入火炬。烃蒸气可由储气柜或压缩机回收并送入炼油厂燃料气系统。火炬应为无烟型的，通过注入蒸汽或空气喷射来实现。无烟火炬的设计可以从燃烧设备生产厂家或工业技术手册获得。为了美观，地面火炬的应用越来越多。

1.6.1.8 锅炉和工艺加热炉

炼油厂依靠锅炉和加热炉供应高温高压蒸汽。燃料包括炼厂气或天然气、重质燃料油和焦炭，通常是这些燃料的不同组合。

烟气中的硫氧化物显然是源于燃料中所含的硫。烟气中还含有氮氧化物和少量的烃类、有机酸和颗粒物。在燃烧之前将燃料中的硫化物脱除，或者进行燃料的选择性调和，可以控制硫化物的排放。一般情况下，良好的燃烧操作能够控制烟和颗粒物的排放。

锅炉和加热炉上安装的烟囱提高了排放高度，有利于硫氧化物、氮氧化物等气体在空气中的扩散，减小这些气体的地面浓度。

1.6.1.9 硫回收装置

在克劳斯(Claus)工艺中，有两个位置可能会排放H_2S：

(a) H_2S回收工艺与装置进料的接口处；

(b) 装置的尾气。如果Claus装置停工或处理能力不足，H_2S必须送入火炬。一些炼油厂利用Claus装置富余的处理能力，以减少送入火炬的气体量。

如果尾气中含有H_2S，表明H_2S未完全转化为硫磺。这种尾气需要在528~649℃的温度下进行焚烧，使所有硫化物都以硫氧化物形式排放，或者送入尾气回收系统进一步处理。尾气处理系统可将所有硫化物转化为H_2S，然后经过洗涤除去H_2S。

为了焚烧炼油厂的油泥、固体废物、废碱渣等，需要采用焚烧炉。炼油厂可采用流化床焚烧炉，其操作温度为704℃。

当油泥燃烧时，油泥中的固体将留在床层中，而燃烧生成的气体产物、水蒸气和细颗粒物通过炉顶设置的旋风分离器和水洗涤器，排入大气中。

1.6.1.10 其他排放源

炼油厂还有其他各种各样的排放源，通常不太重要。泄压阀的排放物汇入到油气回收系统或火炬，以控制其泄漏和释放物的排放。蒸汽驱动减压喷射器，用于产生工艺设备的负压，伴随其乏汽可能会排出轻烃，排出的这些气体可以送入临近的锅炉或加热炉燃烧室烧掉。

鼓风操作产生的烟雾可以通过焚烧去除，或者用洗涤器吸收。废碱渣或硫醇处理产生的气体可以在燃烧室烧掉。

硫化氢和硫醇是主要产生臭味的污染物。这些气体可能会从工艺蒸气冷凝物、排出液、大气冷凝污水槽、酸性可挥发产品罐、废碱液的处理过程中释放。

蒸气冷凝物中有臭味的化合物可以通过用空气、烟气或蒸汽气提来去除，产生的恶臭气体可以在燃烧炉和锅炉中烧掉。排出液可以用密闭储存系统收集并循环回到工艺装置。

现在气压式冷凝器越来越多地被更为现代的表面式冷凝器所替代，产生的不凝物可以送到工艺加热炉或独立的焚烧炉烧掉。

废碱液在清理之前，应先用烟气进行脱气、中和或者进行汽提，酸性水和废碱液中硫化物可以用空气氧化为硫代硫酸盐或硫酸盐而得以去除。

炼油厂废气中含有硫化氢，通常采用非再生或热再生方法，以适宜的溶液进行洗涤，提取出其中的硫化物。当采用前一种方法时，废气用碱液洗涤，生成硫化钠和酸性硫化物溶液；废碱液需要用空气进行氧化，或者对外销售；氧化过程排出的气体必须烧掉。

热再生的方法则是用不同胺溶液、酚盐溶液或磷酸盐溶液，在相对低的适宜温度下洗涤酸性气，然后在较高温度下释放出来；该过程是循环的，并包括一个吸收步骤，硫化氢在38℃被吸收液洗涤，在随后的再生步骤中，吸收液被加热到沸点，去除其中的硫化氢，吸收液得以恢复并循环利用。释放出的硫化氢被烧掉，或被氧化生成硫磺。

改进炼油厂的工艺可能对降低大气排放的整体水平具有良好效果。例如，用馏分油的加氢处理取代化学处理，应用强度更高的催化剂减少磨损以及废弃化学品的再生利用等。

1.6.2 炼油厂的恶臭治理

1.6.2.1 烷基化装置和氧化沥青装置

对恶臭排放物进行燃烧，或者收集起来，并将废气送入工艺加热炉，可以有效控制恶臭排放。

1.6.2.2 气压式冷凝器和减压塔

将各种废气(包括真空喷射器的废气)排入工艺加热炉，必要时排入火炬系统，可以防止恶臭排放。如果废气中硫化物含量高，在燃烧之前应先进行预处理。对真空喷射器的排出物进行冷凝，将冷凝物送入污水汽提塔，也是有效的措施。在很多炼油厂，气压式冷凝器已经被密闭装置取代，可以有效避免此类排放。

1.6.2.3 生物氧化装置

恶臭排放物可以通过分离和预处理得以控制，维持适合的pH值水平和机械曝气也可以减少恶臭排放。另外，对生物氧化装置污泥适当处理能改进恶臭治理效果。

1.6.2.4 催化裂化装置

用流化催化裂化装置代替以前的移动床装置,从根本上解决了很多恶臭排放的问题。另外,对原料进行脱硫也很有效。

1.6.2.5 碱精制

通过废气冷凝、空气氧化回收废碱液和烧掉废气,或将硫醇转化并抽提生成的硫化物,能够消除恶臭排放问题。

1.6.2.6 焦化装置

用瓦斯油来抽提废气或冷凝废气,并把不凝物送至工艺加热炉,能够治理恶臭排放的问题。冷焦工艺也是产生恶臭的根源,将罐顶蒸气送至火炬系统,或将其冷凝并将冷凝物送至污水汽提塔,可以解决此类恶臭排放。采用胺洗涤塔处理废气,并将洗涤后的物料送燃气管网,对治理恶臭排放同样有效。

1.6.2.7 脱盐装置

将脱盐装置的排污水(电脱盐切水)送入酸性水汽提塔,或在某种情况下送入深井进行处理,可以防治恶臭排放问题。

1.6.2.8 焚烧炉

提高焚烧炉的燃烧温度可以控制恶臭排放。

1.6.2.9 润滑油装置

利用溶剂精制工艺代替酸精制,可极大降低恶臭的产生。通过在溶剂罐上增加蒸气控制系统,在调和与罐装区的排气口安装鼓风-洗涤系统,在白油生产工艺中用加氢处理代替硫酸法,可以进一步改善恶臭治理。

1.6.2.10 丙烷加臭工艺

在加入臭味剂过程中,通常会产生恶臭排放问题。应用全密闭的加臭系统,并在加臭完成后,用丙烷冲刷管道,可以基本消除恶臭排放。

1.6.2.11 泵和压缩机

用机械密封代替填料密封,可以控制恶臭排放。如果不能采用机械密封,可将泵的封口加以封闭,并引向火炬系统。

1.6.2.12 安全火炬

只有在非正常条件下,才应该使用火炬,尽可能减小恶臭问题。

1.6.2.13 污水系统

为每一套工艺装置加装油分分离器,对外排水进行预处理,对电脱盐切水进行闪蒸,然后再排入污水系统,这样可以防止恶臭排放。如果可能的话,所有的高温工艺废水在进入污水系统之前应先降温处理。

1.6.2.14 酸性水汽提

将出口气体收集，并送入硫回收装置或焚烧炉，可以防止恶臭的产生。

1.6.2.15 溢油和泄漏

用真空罐收集溢出的油料，并进行快速处理，能最大程度减少恶臭排放。

1.6.2.16 蒸汽扫塔和扫罐

在扫塔或扫罐之前，尽量用泵抽干净，然后用水或汽油清洗，能够减少恶臭排放。对第一次吹扫的蒸汽进行收集，气相送至火炬，液相进行废水处理，也可改善恶臭排放。

1.6.2.17 挥发性物料储罐

储罐恶臭排放的控制可应用浮顶罐，并控制液位不能过低，应能保持适宜的密封位置。沥青罐或清洗过程的恶臭防治，可以通过将排出气引入木炭滤毒罐来实现。

1.6.2.18 硫回收装置

在工艺装置中要维持足够高的温度，储存熔融态的硫磺时采用密闭系统，可实现硫回收装置的恶臭防治。

1.6.2.19 油气收集系统

回收所有废气和油气都要采用完全密闭系统，用作燃料气、循环回装置再处理或送入燃烧装置进行焚烧，便可降低恶臭排放。

1.6.2.20 加氢处理

恶臭化合物可以用氢气进行加氢处理，得到希望的产品和硫化氢。

1.6.3 石油化工工艺的大气排放

石油化工工艺中大量采用空气氧化反应，通常会持续产生气体排放到大气中。以下将介绍六种采用氧化反应的工艺。

1.6.4 丙烯腈

丙烯腈是无色液体，带有轻微的刺激性气味。用于生产树脂、腈类橡胶(丁腈橡胶)，并作为中间体生产己二腈和丙烯酰胺。

丙烯腈生产主要采用Sohio工艺。Sohio工艺是在温度350~600℃、催化剂存在下对丙烯进行氨氧化反应。所用催化剂为混合金属氧化物，如铁–锑氧化物、铀–锑氧化物、铋–钼氧化物。丙烯和氨与氧气在催化剂作用下发生反应，反应器的流出物包括生成的丙烯腈和乙腈、废气以及未转化的原料。

丙烯腈装置的主要排放源是产品吸收塔排出的尾气。对于一套丙烯腈产量为90kt/a的装置，尾气流量将达到1284m³/min(标准)。表1.14列出了每生产1t丙烯腈产生污染物的质量。

表1.14 丙烯腈装置污染物的产生量

污染物	未控制时污染物产生量/(kg/t)	污染物	未控制时污染物产生量/(kg/t)
一氧化碳	122	氰化氢	0.5
丙烯	38	丙烯腈	0.25
丙烷	61	乙腈	6.5

采用Sohio工艺生产丙烯腈的流程示意见图1.1。

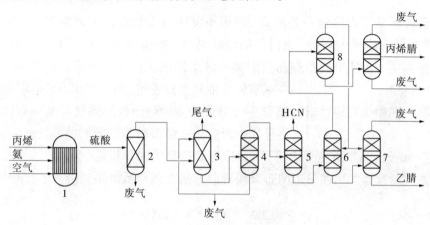

图1.1 Sohio工艺生产丙烯腈的流程示意

1—CSTR反应器；2—中和塔；3—吸收塔；4—汽提塔；5—HCN塔；
6—抽提蒸馏塔；7—乙腈净化塔；8—丙烯腈净化塔

物料的组成主要取决于反应器中催化剂的选择性及吸收塔的分离效率。

丙烯腈生产工艺的第二个排放源是副产物焚烧炉。工业焚烧炉操作温度为871℃，氰化氢和乙腈中大约1%~3%的氮会转化为氮氧化物，到目前为止，尚没有氮氧化物的控制装置经过工业验证。其排放量取决于副产物的燃烧量、燃烧温度和空气过量比例。

热焚烧炉几乎能氧化主工艺外排气中的所有污染物。然而外排气的热值很低，需要补充燃料才能实现稳定的火焰控制和充分燃烧，为此可以采用与不同换热器的组合措施。

由于丙烯腈装置产生的蒸汽量很大，装置自身不能全部使用，因此焚烧炉产生的全部蒸汽需要外送。在新建装置时，热焚烧炉上配置排出气预热器、助燃空气预热器和废热锅炉，是可行的空气污染控制措施。

1.6.5 炭黑

在所有炭黑产品中，大约有84%是由炉法工艺生产的。热解法生产的炭黑占14%，其空气污染物排放很少。当前采用槽法生产的炭黑不到总产量的2%。

如图1.2所示,预热后的油、气体燃料和高温空气先喷入反应器,产生高温燃烧气;原料油喷雾进入到高温燃烧气中,生成炭黑;然后由冷却水喷雾冷却,以终止炭黑进一步反应。经过袋式过滤器,炭黑和副产物气体实现分离。在此阶段,炭黑是以粉末形式存在。然后与水混合后,在造粒机中加工成球状。

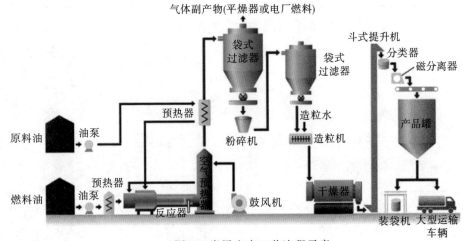

图1.2 炭黑生产工艺流程示意

产品罐中储存的炭黑根据客户需要装入到大型的不同容器中(卡车或货运列车),运出厂区。袋式过滤器分离得到的气体送入干燥器处理后,重新利用,或者用作发电厂的燃料。

1.6.6 炉法工艺

在炉法工艺中,天然气和高碳含量的芳烃油经过预热,引入到反应炉中,与适量的氧气同时发生裂化和不完全燃烧反应,见图1.3。

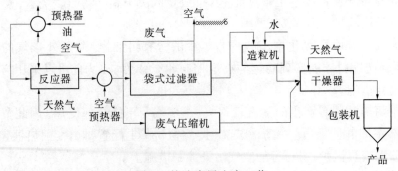

图1.3 炉法炭黑生产工艺

炉法炭黑生产装置的排放主要为袋式过滤器排出的尾气。对于一套炭黑产量为41 kt/a的典型装置,尾气的排放量将达到1440m³/min。

生产每吨炭黑产生的污染物及其产量见表1.15。

表1.15 炉法炭黑生产工艺产生的污染物

污染物	产生量/(kg/t)	污染物	产生量/(kg/t)
氢气	116.5	二氧化硫	微 量
一氧化碳	1270	甲烷和乙炔	54.5
硫化氢	27.5	颗粒物(炭黑)	2

尾气的确切组成取决于生产炭黑的级别和芳烃油的组成。高级别的产品要求气体进料的比例高,这将增大一氧化碳的排放量。尾气中硫化氢的量与原料芳烃油中的硫含量成正比。

各种类型的焚烧炉都会将尾气中大部分一氧化碳和硫化氢氧化。然而一氧化碳锅炉或高温焚烧炉的效果要好于火炬。由于尾气的热值很低(约40Btu/ft³,356000cal/m³),大多数燃烧装置需要补充燃料(天然气),以维持燃烧。

企业可以根据燃料和设备成本、可利用蒸汽量等因素,选择经济的方法,组合使用换热器、补充燃料和热回收等不同措施。对于新建装置,在一般情况下,最有效的空气污染控制系统可包括工艺废气热焚烧炉,配置助燃空气热交换器和废热锅炉,以及蒸汽驱动工艺设备,这将能氧化所有的一氧化碳、硫化氢和烃类。

1.6.7 二氯乙烷

二氯乙烷(EDC)是通过乙烯的直接氯化或氧氯化生产的。直接氯化工艺产生的空气污染物远少于氧氯化工艺。工业上几乎全部的二氯乙烷都用于生产氯乙烯单体。

1.6.7.1 氧氯化工艺

原料乙烯气体、无水氯化氢和空气送进催化反应器,在压力2.3~6.1atm、温度200~315℃下,发生如下反应:

$$2C_2H_4+O_2+4HCl=2C_2H_4Cl_2+2H_2O \tag{1.4}$$

1.6.7.2 空气污染物排放及控制

二氯乙烷装置的主要排放来自于溶剂洗涤塔排出的尾气(见图1.4、图1.5)。

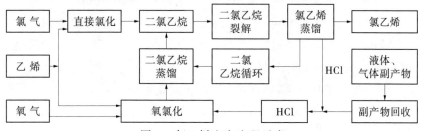

图1.4 氯乙烯生产流程示意

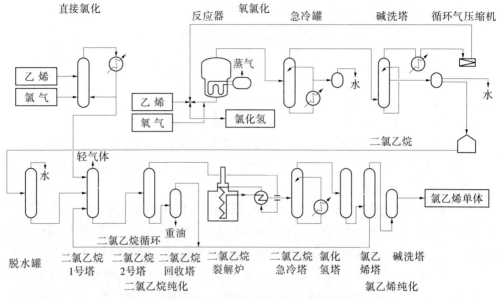

图1.5 生产氯乙烯单体的工艺流程示意

(Elsevier授权转载, Y. Saeki, T. Emura/Prog. Polym. Sci. 27(2002) 2055–2131)

对于一套产量为317kt/a的典型装置，尾气排放量将达到489m³/min。

氯乙烯装置产生的污染物及排放量见表1.16，其中给出的数值为几套不同氧氯化工艺装置的平均值。排出物的组成主要受催化剂活性、反应器操作条件和溶剂洗涤塔效率的影响。当前所有的二氯乙烷装置都是直接排放，未进行任何处理。任意一种燃烧装置都可以用来消除污染物，不同类型的焚烧炉都是可行的。

表1.16 氧氯化工艺生产二氯乙烷装置污染物排放量

污染物	排放量/(kg/t)	污染物	排放量/(kg/t)
一氧化碳	0.65	二氯乙烷	6.9
甲烷	2	氯乙烷	5.9
乙烯	4.8	芳烃溶剂	1.1
乙烷	6.3		

水洗涤器或碱洗涤器都可用于脱除尾气燃烧产生的氯化氢。对于新建装置来说，最有效的污染控制措施是设置热焚烧炉，后面配置废热锅炉和碱洗涤器。

二氯乙烷装置也可以生产蒸汽，但未有工业验证的实例，可能会带来严重的操作问题。温度控制必须要特别谨慎，以防止氯化氢凝结而造成腐蚀。另外，由于尾气的热值很低，仅为267000~445000cal/m³，需要补充燃料以实现完全燃烧和满意的火焰控制。

对现有装置最可行的空气污染控制系统是安装在主工艺排放口的热焚烧炉和洗涤器。

1.6.8 环氧乙烷

乙烯氧化工艺是生产环氧乙烷应用最广的工艺。由环氧乙烷生产的乙二醇,主要用作汽车防冻剂,消耗了环氧乙烷产量的一半以上。环氧乙烷的第二大用途是生产非离子表面活性剂。

1.6.9 乙烯氧化

环氧乙烷是将乙烯和空气(或氧气)流经银催化剂进行反应来生产的,从产物气流中回收环氧乙烷则采用水吸收法。再将环氧乙烷从水中汽提出来,进行精制得到产品。反应过程如下:

$$C_2H_4+1/2O_2=C_2H_4O+热量 \tag{1.5}$$

空气法和氧气法的工艺流程分别见图1.6和图1.7。

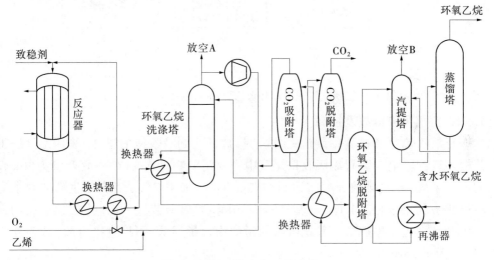

图1.6 环氧乙烷生产工艺流程

(Elsevier授权转载,[40] F.I. Khan et al./Journal of Loss Prevention in the
Process Industries 15(2002)129–146)

在空气法工艺中,空气和乙烯通入到循环气中,一起送入主反应器中发生反应,主反应器为管式反应器,装填银催化剂。反应物流出反应器后,与循环气换热,进入到主吸收塔,环氧乙烷被水吸收,形成水溶液。吸收塔塔顶气中含有氮气、一氧化碳、未反应的乙烯和空气,大约2/3作为循环气返回到主反应器,剩下的1/3进入副反应器。在副反应器中,乙烯会反应生成环氧乙烷而通过副吸收塔得到回收。副吸收塔的尾气主要含有氮气和一氧化碳,还有一些未反应的乙烯、少量的环氧乙烷以及存在于乙烯原料中的全部乙烷。主吸收塔和副吸收塔底的环氧乙烷经过解吸、精制,送入储罐储存。

尽管氧气法与空气法工艺类似,但氧气法不需要副反应器和副吸收塔。另外,由于乙烯的单程转化率较低,因而循环量很大,产品回收方法与空气法一样采取吸收法。

在循环物流部分,采用二氧化碳吸收塔,控制二氧化碳在物流中的累积。其他惰性气体通过一个小型的尾气吸收净化塔予以脱除。在很多工艺装置中,在循环气中加入甲烷,一方面作为致稳剂防止反应过于剧烈,另一方面可以提高尾气的热值,在锅炉中可以平稳燃烧。

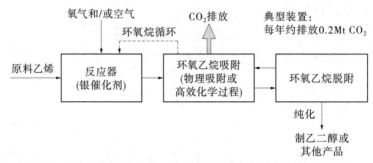

图1.7 直接氧化工艺生产环氧乙烷框图(包括空气污染排放源)

1.6.10 空气污染排放及控制

环氧乙烷生产过程中,唯一主要的排放源为副吸收塔的尾气。采用空气法工艺的环氧乙烷生产装置副吸收塔尾气中主要污染物见表1.17,一套产量为90kt/a的典型装置,尾气排放速率将达到9775m^3/min。采用氧气法工艺的生产装置主反应塔排放污染物见表1.18,一套产量为90kt/a的典型装置,尾气排放速率将约为3.4m^3/min。由于排放的二氧化碳中的污染物含量很低,可以直接排放,或者作为二氧化碳产品出售。

表1.17 空气氧化法生产环氧乙烷的污染物产生量

污染物	未控制/(kt/t)	燃烧处理
乙烷	6	0
乙烯	92	0
环氧乙烷	1	0

表1.18 氧气氧化法生产环氧乙烷的污染物产生量

污染物	未控制/(kt/t)	燃烧处理
乙烷	3	0
环氧乙烷	2.5	0

环氧乙烷装置控制排放的最有效措施是将尾气送入催化燃烧器中，并将其产生的高温气体引入膨胀机，以驱动工艺压缩机。采用此方法，99%的可燃性气体能够被去除。

1.6.11 甲醛

所有的甲醛都是由甲醇经空气氧化而生产的。大约有57%的甲醛用于与苯酚、尿素或三聚氰胺共聚生产树脂和黏合剂。酚醛树脂最大且增速最快的用途是作为胶合板的黏合剂；脲醛树脂主要用作刨花板的黏合剂。甲醛也用于生产六亚甲基四胺、季戊四醇以及其他几种树脂。图1.8给出了甲醛的生产流程。

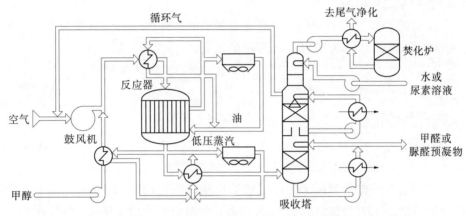

图1.8 甲醇生产甲醛的工艺流程(包括空气污染排放源)

1.6.11.1 空气污染排放及控制

甲醛生产装置的排放主要来自洗涤塔的尾气。气体排放物的数量和组成以及可以采用的控制设施取决于工艺类型。对于采用混合金属氧化物催化剂的工艺，生产每吨37%甲醛溶液产生的污染物见表1.19，表中所列数值取自采用最大循环操作的装置，对于不采用循环操作的装置，数值将会更大。对于一套37%甲醇溶液产量为45kt/a的典型装置，采用最大循环操作，尾气流量为9.6m³/min。可以采用水洗塔去除甲醛，也可以用焚烧炉将所有污染物氧化，但由于尾气热值低，需要相当数量的助燃气。

表1.19 采用混合氧化物催化剂生产甲醛吸收塔尾气最大循环操作时污染物产生量

组 分	未控制/(kt/t)	焚烧处理	配置水洗塔/(kt/t)
甲醛	0.8	0	0.1
甲醇	2	0	0.2
一氧化碳	17	0	17
二甲醚	0.8	0	0.8

对于采用银催化剂的装置，生产每吨37%甲醛溶液产生的污染物见表1.20。对于一套37%甲醇溶液产量为45kt/a的典型装置，尾气流量将达到62m³/min，热值约为552kcal/m³。尾气的组成取决于吸收塔的设计和操作条件，但由于尾气量小，吸收塔操作比较容易。可以采用焚烧炉氧化尾气中的污染物。

表1.20 采用银催化剂生产甲醛污染物产生量

污染物	未控制/(kt/t)	燃烧处理	污染物	未控制/(kt/t)	燃烧处理
甲醛	0.6	0	一氧化碳	5.2	0
甲醇	2.5	0	氢气	10	0

1.6.12 邻苯二甲酸酐

所有的邻苯二甲酸酐(苯酐)都是由邻二甲苯或萘气相空气氧化而生产的。图1.9给出了以邻二甲苯为原料生产苯酐的流程。

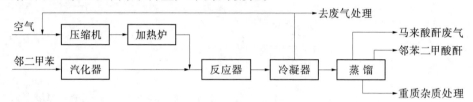

图1.9 邻二甲苯为原料生产苯酐的流程(包括空气污染排放源)

大约有56%的苯酐用于生产乙烯基树脂的增塑剂；大约有22%用于生产苯酐基醇酸树脂，作为户外涂层材料；大约有17%用于生产聚酯树脂，主要作为玻璃纤维增强塑料。

苯酐生产过程中的主要排放源是切换冷凝器的废气。对于一套产量为58kt/a的典型装置，废气排放量为3680m³/min。有机酸和酸酐都是刺激性的催泪物质。

最常用的控制排放的方法是采用水洗涤，通常的配套方式是文丘里洗涤器，连接旋风分离器和逆流填料洗涤塔。不同类型的洗涤塔的吸收效率相差很大，典型的排放数据列于表1.21。洗涤后得到的液体必须送入天然气焚烧炉进行焚烧处理。

表1.21 苯酐生产过程中污染物产生量

污染物	未控制/(kg/t)	焚烧处理/(kg/t)	配置水洗塔/(kg/t)
有机酸和酸酐	65	2.5	3
二氧化硫	5	5	5
一氧化碳	140	0.1	140
颗粒物	微量	-	微量

1.6.12.1 空气污染发生时的排放控制

本章所述的石油化工生产过程的空气污染可以在1~3h内大幅度降低或者停

止。石油化工厂一般建有几套彼此独立的工艺装置，为了减少排放，这些装置可以按照要求停工。大多数操作人员有减产方案，可以选择将所有装置停工，还是将每套装置降低加工量。这两种情况下，工艺排放量与操作水平是正相关的。

1.6.13 化肥工业

表1.22列出了化肥工业排放的主要污染物。

表1.22 化肥工业主要污染物

污染物	工艺操作	控制系统
粉尘	磷肥：粉碎、研磨和煅烧	尾气系统、洗涤器、旋风分离器、袋式除尘器
PH_3、P_2O_5、磷酸酸雾	P_2O_5的水解	洗涤器、火炬
	酸化和固化	洗涤器
HF、SiF_4、颗粒物	造粒	尾气系统、洗涤器、旋风分离器、静电除尘
NH_3、NH_4Cl、HF、SiF_4	氨化	沉淀器、袋式过滤器、高效洗涤器
NO_2气体、颗粒物	硝酸酸化	洗涤器、加尿素
	过磷酸钙的储存和运输	尾气系统、旋风分离器或袋式过滤器
NH_3、NO_2	硝酸铵反应器	洗涤器
NH_4NO_3	造粒塔	适当操作控制、洗涤器

1.6.14 原油终端空气污染

根据原油的来源和去向，石油工业中有几种原油终端，包括石油库和原油码头。以下讨论的原油终端包括：内陆管道油库、海上输送油库(码头)、岸上海油接收油库(码头)、离岸海油接收油库(码头)、驳船运输码头和驳船接收码头。

原油终端需要很高的储存能力，不仅能够满足从不同产油区购进原油(可能包括不同质量的原油)的储存要求，还应该能够提供足够的罐容，进行原油的隔离、计量、调和，并需要一定的库存，在原油输送炼油厂之前保证管道输送的连续运行。海上油库的运营也类似，需要输送和接收原油。

污染物的来源取决于原油终端运营的类型(接收或是输送)及所采用的运输方式(管道、罐车或者驳船)。

原油终端排放的主要空气污染物是烃类，可以发生在所有类型的原油储运设施。原油终端涉及到的其他空气污染物还有臭味、SO_x、NO_x、CO和颗粒物。

1.6.15 烃类

烃类的排放源包括储罐(一般指岸上储罐)、运输油罐、油罐清洗(储罐和油轮)、油罐排气(准备检修)、压舱和散逸性排放。对于岸上或永久性设施，限制烃类排放的机制或收集油气进行焚烧的方法与炼油厂内类似。

在罐车加油和油罐排气等操作过程中产生的排放，可以根据设施是在岸上还是海上,选择采用油气回收系统或者油气收集/处置(火炬)系统来控制排放。可以考虑几种具有可操作性的控制技术代替油气控制技术,这些方法包括隔离的压载舱、油罐清洗、慢速装载、近距离装载,以及将油气导入空罐。压舱时的烃类排放一般难以控制。

在油轮卸油和清洗油舱时,也会产生烃类蒸气。

1.6.15.1 油轮压载舱的排放

通过利用永久性压载舱,可以避免压载舱的烃类排放,压载舱应具有足够的容量以达到油轮最低离岸吃水深度的要求(应遵循国际海洋组织的标准)。要了解更多的信息,可以参阅联合国环境规划署1987年发布的"炼油厂和油库环境管理实践"(environmental management practices in oil refineries and terminals United Nation Environment Programme 1987)。

1.6.15.2 硫氧化物(SO_x)

硫氧化物的排放来源于含有H_2S气体在火炬的燃烧、取暖用燃料油的燃烧、其他燃料的燃烧以及油轮的尾气。火炬的排放是不可控制的,燃料燃烧产生的硫氧化物排放可以通过采用低硫燃料油而得以控制。

1.6.15.3 氮氧化物(NO_x)

氮氧化物的排放来源于取暖用燃料油的燃烧、火炬以及油轮的尾气。由于氮氧化物排放量小,一般不予专门控制。

1.6.15.4 颗粒物

原油终端的颗粒物仅限于散逸性排放,可以通过路面铺设和植被覆盖来控制。

1.6.15.5 臭味

原油终端的臭味排放通常是由H_2S、硫醇和烃类排放引起的。控制臭味气体排放,特别是含H_2S的气体,最有效的措施是油气收集并焚烧。

1.7 化学工业常见气体的种类

表1.23列出了化学工业最常见的几种气体,每种气体将在下面进一步详细讨论。

1.7.1 阈限值(Threshold Limit Values, TLV)

阈限值是指空气中物质的浓度,在该浓度下,不会对接触的人的健康和安全产生不利影响。表1.23列出的TLV指标是通过工业经验和人体与动物研究得到的,主要根据是美国政府工业卫生专家协会(ACGIH)和美国国家职业安全卫生研究所(NIOSH)的数据。这些数值不能作为安全与危险浓度的明确界限,只能看作是参考值。其原因有两个方面,一是个体对于某种物质的反应有很大差异,取决于个人的健康状态、接触时间和个人生活习惯(例如吸烟和饮酒);二是因为TLV是基于现有科学知识的,会随着新证据的出现而不断修订。

表1.23 化学工业最常见气体性质

名称	分子式	相对分子质量	相对密度(空气为1)	气味、颜色、味道	危害性	参考阈限值	检测方法①	空气中燃烧极限,%
甲烷	CH_4	16.04	0.554	无	爆炸、窒息性	1%:断电;2%:人员撤离	催化氧化、热导池、光学、声学、火焰灯	5~15
二氧化碳	CO_2	44	1.519	气味和味道微酸	促进呼吸速率加快	TWA=0.5%;STEL=3.0%	光学、红外	
一氧化碳	CO	28.01	0.967	无	高毒性、爆炸	TWA=0.005%;STEL=0.04%	电化学、催化氧化、半导体、红外	12.5~74.2
二氧化硫	SO_2	64.06	2.212	味道酸,令人窒息的气味	剧毒、刺激眼睛、咽喉和肺	TWA=2ppm;STEL=5ppm	电化学、红外	
一氧化氮	NO	30.01	1.036	刺激眼睛、鼻子和咽喉	快速氧化为NO_2	TWA=25ppm	电化学、红外	
一氧化二氮	N_2O	44.01	1.519	气味甜	麻醉性(笑气)	TWA=50ppm	电化学	
二氧化氮	NO_2	46.01	1.588	红棕色,气味和味道酸	剧毒、刺激咽喉和肺、肺感染	TWA=3ppm;TLV-C=5ppm	电化学、红外	
硫化氢	H_2S	34.08	1.177	臭鸡蛋气味	高毒性;刺激眼睛和呼吸道;爆炸	TWA=10ppm;STEL=15ppm	电化学、半导体	4.3~45.5
氢气	H_2	2.016	0.0696	无	极易爆炸		催化氧化	4~74.2
氡	Rn	222	7.66	无	放射性;衰变为放射性粒子	每年1WLM② 和4WLM	放射性检测器	
水蒸气	H_2O	18.016	0.622	无	影响气候环境		干湿计:介电效应	

译者注:①除了所列的检测方法之外,大部分气体都可用气相色谱和气体检测管测定。②WL(工作水平)是氡子体α浓度单位。定义是:按任何比例混合的1L氡子体,其最终能释放出1.3×10^5MeV的α潜能,这样的氡子体浓度就称为一个工作水平,在这样的浓度中照射一个月(170h),其受照剂量就称为一个工作水平月(WLM)。

为确保符合法规的要求,空气处理/环境工程师和工业卫生专家应该熟悉所在国家或地区制定的各种强制性TLV数据。

在表1.23中规定有3种阈限值。时间加权平均浓度(TWA)是指几乎所有工人在工作8h和每周工作40h反复接触而没有已知的不利影响的浓度。但是,很多物质毒性很大,在高浓度下短时间接触就会造成伤害,甚至导致死亡。

短时间接触阈限值(STEL)是15min之内的时间加权平均浓度,也就是说,浓度高于TWA而低于STEL的持续时间不能超过15min,同时还建议这种情况每天不能出现4次以上,而且出现的时间间隔不能低于1h。阈限值上限(TLV-C)是任何时间都不能超过的浓度值,这主要是针对毒性最大的物质或者具有直接刺激性的物质。

1.7.2 甲烷(CH_4)

甲烷是最常见的地层气之一。它没有毒性,但由于其为易燃性气体,并能与空气形成爆炸混合物,因而具有特别的危险性。这一原因曾经导致成千上万矿工的死亡。甲烷-空气混合物也称作瓦斯。

甲烷本身没有异味,但由于其一般会含有较重的链烷烃类气体,而带有特有的油味。由表1.23可见,甲烷的密度略大于空气密度的二分之一。甲烷在空气中燃烧会产生淡蓝色的火焰,在其浓度低至1.25%时,通过安全灯上减小了的火焰可以观察到这一现象。在足量的空气存在下,甲烷气体燃烧将生成水蒸气和二氧化碳。

空气中甲烷的爆炸极限为5%~15%(体积分数),最剧烈爆炸浓度为9.8%。爆炸极限的下限相对比较稳定,而上限会随着空气中氧气含量的降低而降低。

燃烧时,火焰会沿着混合物蔓延,因而混合物仍维持在可燃浓度范围内。图1.10给出了科沃德最早于1928年提出的甲烷、一氧化碳和氢气的著名爆炸三角,图1.11给出了氧气存在下甲烷的科沃德爆炸三角。这可以用于不同组成甲烷和空气混合物的可燃性监测。

1.7.3 二氧化碳(CO_2)

二氧化碳来源很多,包括地层排放、含碳物质的氧化、内燃机、爆破、着火、爆炸和呼吸。二氧化碳会出现在地下空间内。

除了在空气中稀释了氧气之外,二氧化碳能够刺激呼吸和中枢神经系统。二氧化碳的溶解度大约是氧气的20倍,在血液中的扩散速度很快,很快就能对呼吸速率和深度产生影响。用于患者复苏的氧气钢瓶中一般含有约4%的二氧化碳,作为呼吸的兴奋剂(卡波金气体)。文献中报道的二氧化碳的生理作用列于表1.24。

幸运的是,采用氧气进行治疗、保持温暖,并避免劳累,通常能够恢复,且没有已知的长期效应。

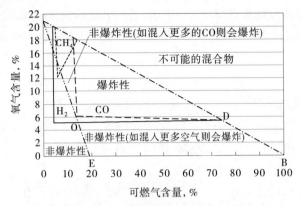

图1.10 甲烷、一氧化碳和氢气的科沃德爆炸三角

(Elsevier授权转载：[50] J. Cheng, Y. Luo/Modified explosive diagram for determining gas-mixture explosibility, Journal of Loss Prevention in the Process Industries, in press (2013)
http://dx.doi.org/10.1016/j.jlp.2013.02.007

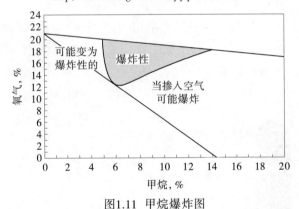

图1.11 甲烷爆炸图

(Elsevier授权转载：[60] C.Ö. Karacan et al./International Journal of Coal Geology 86 (2011) 121–156)

表1.24 二氧化碳的生理作用

空气中二氧化碳浓度，%(体积分数)	影 响
0.037~0.038[①]	无影响，空气中二氧化碳的正常浓度
0.5	肺通气增加5%
2	肺通气增加50%
3	肺通气增加1倍，气喘
5~10	剧烈的喘息导致疲劳，头痛
10~15	无法忍受的喘息，严重头痛，迅速衰竭直至崩溃

注：①在过去的一个世纪中，空气中二氧化碳浓度不断升高，当前的升高速率约为每年1.5ppm (0.00015 %)，这种升高是叠加性的，并且由于植物季节性反应，每年会有5ppm的周期性波动。

1.7.4 一氧化碳(CO)

一氧化碳的高毒性以及无色、无味的特征,使其成为最危险的气体。一氧化碳极其易燃,燃烧时火焰为蓝色,空气中燃烧极限为12.5%~74.2%,最易爆炸浓度为29%。

一氧化碳密度与空气很接近,容易与空气形成混合气流,但如果被火焰加热,它会沿着屋顶进入烟层。一氧化碳是含碳物质不完全燃烧的产物。

一氧化碳可以来源于内燃机、爆破和煤矿中的自发燃烧。一氧化碳是水煤气(一氧化碳和氢气)的成分之一,当用水进行灭火时,水遇到正在燃烧的煤时会产生水煤气。

血红蛋白与一氧化碳的结合能力大约是氧气的300倍。但更糟糕的是,一氧化碳与血红蛋白结合后形成的新物质——碳氧血红蛋白(CO.Hb)相当稳定,不容易分解。造成的结果是很低浓度的一氧化碳便会导致碳氧血红蛋白的生成并在血液中累积,因而降低能携带氧气到达全身的红细胞的数量。出现一氧化碳生理症状的原因是因为生命器官,特别是大脑和心脏的氧气匮乏。

一氧化碳引起的生理反应取决于气体浓度、接触时间和肺通气量,而后者主要受体力活动的影响。为了将一氧化碳中毒的症状与一个单独的参数关联,采用了血液中碳氧血红蛋白的饱和度的概念。尽管个体之间存在差异,不同程度的症状表现见图1.12。

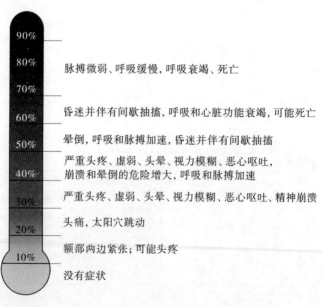

图1.12 不同程度CO中毒的症状

对一氧化碳中毒者应保持温暖，并将其从污染的空气中转移出来，最好是在担架上。血液从一氧化碳饱和水平恢复到正常值可能需要超过24h，在此期间，可能会经历严重的头痛。

施用纯氧能够极大加速血液恢复到正常的血氧饱和水平。由于一氧化碳被血液吸收得快，而释出得慢，这对于反复进入一氧化碳污染区域的消防员来说，其血液难以恢复到正常血氧水平而比较危险。

一氧化碳中毒除了会引起上述生理症状之外，经历过矿井火灾的人还会表现出严重的心理反应。血液中一氧化碳浓度较低时，人会表现出陶醉的感觉，步履蹒跚，随后会晕倒。受害者可能会变得沉默、孤僻并可能抵制或不理解安全操作指南。时间感也可能会受到影响，特别明显的症状时，可能损坏自救设备。这些反应会因为个体不同而差别很大。但是，在一氧化碳浓度高时，很快就会全面崩溃。

反复接触低浓度一氧化碳的人，会产生一定的适应性，比如有吸烟习惯的人，原因可能是由于血液中红细胞数量增加。

1.7.5 二氧化硫(SO_2)

二氧化硫(SO_2)是一种高毒气体，但由于它的酸味，或者通过它对眼睛和呼吸道的灼烧感，在极低浓度时就容易被觉察到。灼烧感是由于二氧化硫在水中具有高溶解性，生成亚硫酸造成的，反应式如下：

$$H_2O+SO_2=H_2SO_3 \tag{1.6}$$

生成的亚硫酸可以氧化生成硫酸(H_2SO_4)。

表1.25列出了二氧化硫造成的生理反应。

表1.25　二氧化硫造成的生理反应

二氧化硫浓度/ppm	反　应
1	酸味
3	可辨别气味
20	刺激眼睛和呼吸道
50	眼睛、鼻子、咽喉有严重的灼烧感
400	对生命有直接危险

如果发生二氧化硫中毒，首先采取的救助措施为输氧、保持安静和保暖。长期的治疗主要是处置对眼睛和呼吸道的酸侵蚀。

1.7.5.1 降低硫氧化物(SO_x)排放的控制技术

与氮氧化物相反，硫氧化物的排放与燃料中初始硫含量有直接关系，而燃烧条件不会影响其排放量。降低硫氧化物排放有两种途径：防止其生成(应用低硫燃料、燃料脱硫)或者烟气脱硫(干法或湿法、双碱法、喷雾干燥、威尔曼-洛特(Wellman-Lord)工艺等)。燃烧后的烟气脱硫有很多技术可供选择,几乎所有的技术都是采用酸碱反应的原理,将SO_2(和SO_3)与碱性剂进行反应,如石灰或石灰石、苛性钠、氢氧化镁或氨。其他技术则是采用选择性吸附或吸收技术。

烟气脱硫技术在热电厂广泛应用,而在炼油厂几乎没有烟气脱硫工艺,仅有日本的炼油厂主要使用干法工艺。以下介绍4种主要技术的原理。

1.7.5.2 石灰和石灰石工艺

石灰和石灰石工艺是一种湿法工艺,不能再生,最后生成石膏。石灰洗涤工艺和石灰石洗涤工艺类似,二者的区别是应用石灰(CaO)还是用石灰石($CaCO_3$)制备浆液。碱性的浆液喷雾进入吸收塔,并与烟气中的SO_2进行反应。发生的反应方程式如下:

SO_2解离:

$$SO_2(气) \longrightarrow SO_2(溶液) \tag{1.7}$$

$$SO_2 + H_2O \longrightarrow H_2SO_3 \tag{1.8}$$

$$H_2SO_3 \longrightarrow H^+ + HSO_3^- \longrightarrow 2H^+ + SO_3^{2-} \tag{1.9}$$

石灰或石灰石溶解:

$$CaO(固) + H_2O \longrightarrow Ca(OH)_2(溶液) \longrightarrow Ca^{2+} + 2OH^- \tag{1.10}$$

或

$$CaCO_3(固) + H_2O \longrightarrow Ca^{2+} + HCO_3^- + OH^- \tag{1.11}$$

离子之间的反应为:

$$Ca^{2+} + SO_3^{2-} + 2H^+ + 2OH^- \longrightarrow CaSO_3 + 2H_2O \tag{1.12}$$

如果存在氧气过量,会发生如下反应:

$$SO_3^{2-} + 1/2O_2 \longrightarrow SO_4^{2-} \tag{1.13}$$

$$SO_4^{2-} + Ca^{2+} \longrightarrow CaSO_4(固) \tag{1.14}$$

石灰和石灰石工艺是应用最为广泛的公用工程锅炉烟气脱硫技术,二氧化硫脱除率可以达到95%以上。此类工艺的另外一个优点是生产的石膏可以作为商品出售。尽管如此,此类工艺在炼油厂的应用却很有限。

1.7.5.3 双碱法

双碱法也是一种不需要再生的工艺,应用氢氧化钠溶液和石灰或石灰石来脱除烟气中的二氧化硫。发生的化学反应如下:

吸收过程的主要反应:

$$2NaOH + SO_2 \longrightarrow Na_2SO_3 + H_2O \tag{1.15}$$

$$NaOH + SO_2 \longrightarrow NaHSO_3 \tag{1.16}$$

$$Na_2CO_3+SO_2+H_2O \longrightarrow 2NaHSO_3 \tag{1.17}$$

$$Na_2CO_3+SO_2 \longrightarrow Na_2SO_3+CO_2 \tag{1.18}$$

$$Na_2SO_3+SO_2+H_2O \longrightarrow 2NaHSO_3 \tag{1.19}$$

$$2NaOH+SO_3 \longrightarrow Na_2SO_4+H_2O \tag{1.20}$$

$$2Na_2SO_3+O_2 \longrightarrow 2Na_2SO_4 \tag{1.21}$$

再生过程的反应：

$$2NaHSO_3+Ca(OH)_2 \longrightarrow Na_2SO_3+CaSO_3 \cdot 1/2H_2O \downarrow +3/2H_2O \tag{1.22}$$

$$Na_2SO_3+Ca(OH)_2+1/2H_2O \longrightarrow 2NaOH+CaSO_3 \cdot 1/2H_2O \downarrow \tag{1.23}$$

$$Na_2SO_4+Ca(OH)_2 \longrightarrow 2NaOH+CaSO_4 \downarrow \tag{1.24}$$

由于双碱法具有很高的二氧化硫脱除率，而且能够缓解结垢的问题，因此很具有吸引力。

1.7.5.4 活性炭工艺

活性炭工艺是炼油厂采用的主要干法技术。循环的活性炭在100~200℃温度范围内吸收二氧化硫。此工艺也可以脱除烟气中的氮氧化物(NO_x)。发生的化学反应如下：

活性炭吸收二氧化硫并转化为硫酸：

$$SO_2+1/2O_2+H_2O \longrightarrow H_2SO_4 \tag{1.25}$$

NO_x被氨气还原：

$$4NO+4NH_3+O_2 \longrightarrow 4N_2+6H_2O \tag{1.26}$$

活性炭在400℃再生：

$$H_2SO_4 \longrightarrow H_2O+SO_3 \tag{1.27}$$

$$2SO_3+C \longrightarrow 2SO_2+CO_2 \tag{1.28}$$

SO_2经过提浓后，送往克劳斯(Claus)装置。通过此工艺，SO_2脱除率可以达到90%，NO_x脱除率可以达到70%。

1.7.5.5 威尔曼-洛特工艺

威尔曼-洛特工艺采用含钠的溶液吸收SO_2，然后进行再生。发生的反应如下：

SO_2捕集：

$$SO_2+Na_2SO_3+H_2O \longrightarrow 2NaHSO_3 \tag{1.29}$$

$$Na_2SO_3+1/2O_2 \longrightarrow Na_2SO_4 \tag{1.30}$$

再生：

$$2NaHSO_3 \longrightarrow SO_2+Na_2SO_3+H_2O \tag{1.31}$$

SO_2富气的处理：

$$2SO_2+6H_2 \longrightarrow 2H_2S+4H_2O \tag{1.32}$$

$$2H_2S+SO_2 \longrightarrow 3S+2H_2O \tag{1.33}$$

最终的尾气送往克劳斯装置。此工艺经常用于公用工程和工业锅炉。其优点是洗涤溶液可以再生，并能生产可以销售的产品。但是该工艺的建设投资和操作成本高于石灰和石灰石工艺以及双碱法工艺。

1.7.6 氮氧化物(NO_x)

一氧化氮(NO)、一氧化二氮(N_2O)和二氧化氮(NO_2)在内燃机中或在爆炸时可以生成。一氧化二氮的比例通常较低。另外，一氧化氮在空气和水蒸气存在下会转化为二氧化氮：

$$2NO+O_2 \longrightarrow 2NO_2 \tag{1.34}$$

由于二氧化氮是氮氧化物中毒性最高的，它对人体的生理影响受到广泛关注。在地下洞室的温度下，二氧化氮可能会与其二聚体四氧化二氮(N_2O_4)伴生，四氧化二氮对人体生理的影响与二氧化氮类似。二氧化氮为棕色烟雾，极易溶于水生成亚硝酸(HNO_2)和硝酸(HNO_3)：

$$2NO_2+H_2O \longrightarrow HNO_2+HNO_3 \tag{1.35}$$

这些酸会造成刺激，在高浓度下会侵蚀眼睛和呼吸系统，其引起的症状见表1.26。

表1.26　氮氧化物(NO_x)引起的症状

二氧化氮浓度/ppm	影　响	二氧化氮浓度/ppm	影　响
40	可以闻到气味	150	严重不适，可能诱发肺炎
60	微弱刺激咽喉	200	可能致命
100	开始咳嗽		

对于二氧化氮中毒的患者，可直接采取与二氧化硫中毒患者类似的措施，即输氧、静卧和保暖。二氧化氮中毒的一个潜伏的危害是，开始时可以明显康复，但随后很快就发展为支气管肺炎。

1.7.6.1 减少NO_x排放的控制技术

若要减少锅炉和工艺加热炉的NO_x排放，可以通过燃烧改进和烟气处理措施，或者同时采用这两种措施来实现。可以根据锅炉或加热炉的类型和规模、燃料的性质和改进措施的灵活性来选择采用何种技术。实际上，NO_x的减少包括热力型NO_x的减少和燃料型NO_x的减少。热力型NO_x是指在高火焰温度下，助燃空气中的氮气和氧气反应生成的NO_x，无论采用燃料油还是燃料气都会生成。燃料型NO_x是指燃料中所含的氮与助燃空气中的过量氧反应生成NO_x，当使用含氮燃料油时才会出现这一问题。当采用的燃料含氮量很低时，则需要控制的就只有热力型NO_x。

燃烧的控制包括三种方法：

① 降低燃烧区的峰值温度；

② 减少气体在高温区的停留时间；

③ 降低燃烧区的氧气浓度。

通过工艺改进或操作条件的优化可以实现这些方法。另外，烟气处理可以减少NO_x排放。

以下将对不同的技术进行简短概括性的介绍，综合了这些技术在石油工业中的工艺加热炉或锅炉中的有效性和适用性，包括使用燃料油或燃料气。这里仅列出了在工艺加热器或锅炉中实现工业应用的方法，而实际上还存在许多其他技术。

1.7.6.2 低NO_x燃烧炉(LNB)

低NO_x燃烧炉是通过控制燃料与空气的混合状态来降低火焰温度，从而减少NO_x生成的一项技术。一般设计为分级燃烧，通过空气分级或燃料分级来实现。可适用于各种尺寸的切圆和墙式燃烧锅炉和加热炉，能够减少排放40%~60%。

低NO_x燃烧炉的主要原理是采用空气和燃料分别喷入到燃烧炉中，以破坏火焰中的NO_x(富燃料燃烧区)，并降低火焰峰温。而且，由于空气流分布更加合理，使得燃料的点燃和火焰更加稳定。

1.7.6.3 空气分级燃烧(SCA)技术

空气分级燃烧技术是通过减少空气量，使之低于完全燃烧所需的空气量，从而减少燃料型NO_x的生成，将助燃空气的另一部分，在富燃料的第一级燃烧区的下游送入，而实现空气分级燃烧。

根据锅炉的不同类型，实现空气分级燃烧有多种方式，如燃烧器停运(BOOS, burners out of service)、燃烧偏流法或火上空气法(OFA)。空气分级燃烧技术对于氮含量高的燃料很有效，如渣油燃料，可以降低NO_x排放20%~50%。

1.7.6.4 烟气再循环 (FGR)技术

烟气再循环技术是将一部分烟气从烟道返回到炉内，这样就降低了炉内温度及氧气浓度，热力型NO_x也会因此减少。采用烟气再循环技术对于旧锅炉的燃烧器及风箱改动的费用很高，因此更适合于新建锅炉。

1.7.6.5 注水或注汽(WI/SI)技术

向火焰注水或注汽可降低火焰峰值温度，从而减少热力型NO_x的生成。该技术的实施成本较低，被认为是对小型锅炉相对有效。但是该技术会造成热力损失，并增加CO的排放。

1.7.6.6 选择性非催化还原技术(SNCR)

SNCR是一种后燃烧技术，通过将氨或尿素注入燃烧烟气中，氨或尿素与NO_x

发生反应,生成氮气和水。目前还没有很多应用经验可以评价这种技术的效果。

1.7.6.7 选择性催化还原技术(SCR)

SCR也是一种后燃烧技术,是在催化剂存在下,将氨或尿素注入到燃烧的烟气中,将NO_x还原为氮气和水。采用这种技术,NO_x排放可以减少75%~90%。此技术的应用已经相当普遍。SNCR和SCR技术都会受到烟气中硫含量的影响。

1.7.7 硫化氢(H_2S)

硫化氢这种极毒的气体有其特征性的臭鸡蛋气味,环境中如果存在硫化氢,很容易被察觉。但是硫化氢对神经系统具有麻醉作用,包括嗅觉神经的麻痹,所以短时间接触后,就不能再依靠嗅觉来辨识。

硫化氢是由硫矿石在酸性作用或在加热的影响下而产生的。自然界中,它是由有机物通过细菌或化学分解而形成的,通常在地下矿井中的积水池附近可以检测到。硫化氢可能存在于天然气或石油矿藏中,并可在地层中以弱酸性水溶液的形式迁移。它也可以在采空区火灾产生。在这些情况下,可能会通过部分氧化反应沉积游离硫。

$$2H_2S+O_2 \longrightarrow 2H_2O+2S \tag{1.36}$$

燃烧过后,有时会在地面发现一些黄色的沉积物。然而,当空气供应充足时,硫化氢会燃烧发出明亮的蓝色火焰,生成二氧化硫。

$$2H_2S+3O_2 \longrightarrow 2SO_2+2H_2O \tag{1.37}$$

不同浓度硫化氢对人体的生理影响见表1.27。

表1.27 硫化氢的生理影响

硫化氢浓度/ppm	影 响
0.1~1	嗅觉可以觉察
5	开始具有毒性
50~100	对眼睛和呼吸道轻微刺激,头痛,15min后闻不到臭味
200	对鼻腔和咽喉刺激增强
500	眼睛严重发炎,鼻分泌物、咳嗽、心悸、晕厥
600	由于呼吸系统受到侵蚀而胸痛,可能致命
700	抑郁,昏迷,可能死亡
1000	呼吸系统瘫痪,很快死亡

经受过硫化氢中毒的受害者恢复后,可能导致长期性结膜炎和支气管炎。

1.7.8 氢气(H_2)

尽管氢气没有毒性,但它是矿井所有气体中爆炸性最强的气体。氢气燃烧时火焰呈蓝色,爆炸极限的范围很宽,在空气中为4%~74.2%。在温度低至580℃时,氢气即能被点燃,并且其点火能约为甲烷的一半。氢气有时会存在于地层气中,有时也可能出现在爆炸或火灾后形成的有毒气体中,其浓度与一氧化碳相同。

在电池正在充电的地方可能会发生危险的氢气积累,由于氢的密度只有空气密度的约0.07,因此,它往往会上升到屋顶上。电池充电站应设置进气管,或在屋顶水平设置开口,并连接到一个回风风道。

1.7.9 氡气(Rn)

氡这种化学惰性气体是铀系放射性衰变过程中形成的元素之一。虽然它的存在是铀矿中最严重的问题,但它也可能会存在于许多其他类型的地下开口。事实上,已经发现氡会从地面渗透到地表建筑物的地下室,从而造成严重的健康危害。

氡来自于岩石基质,或经过放射性矿物的地下水。它的半衰期为3.825天,并能发射α射线。氡发生放射性衰变的直接产物是被称为氡子体的微小固体颗粒,能够附着在灰尘颗粒的表面,并发射α、β和γ射线。

1.8 气体混合物

前面已经将在化学和石油工业中常见的气体分别予以讨论,但是在通常情况下,几种气体污染物会作为气体混合物同时出现。此外,一些设施所采用的材料范围不断扩大,也会带来额外的气体排放到环境中的风险。应特别考虑采用TLV来评估暴露于两种或两种以上物质的混合物对健康可能造成的危害。对于混合物TLV的制定以及制定方法的基本思路,将在下面章节予以简单讨论。

1.8.1 气体混合物的阈限值(TLV)

TLV指空气中物质的某一浓度,在此条件下,所有的工人可能每天反复接触,而没有不良的健康影响。

这些限制作为指南或建议,用于工业卫生的潜在健康危害的控制实践,不能作为其他的用途,例如评价或控制社区空气污染的危害,在连续、不间断的接触或延长工作时间时潜在的毒性估算,作为现有疾病或身体条件的证据或反证。

1.8.1.1 定义

阈限值(TLV)规定有三种限值,分别介绍如下:

① 阈限值–时间加权平均浓度(TLV–TWA):是正常8h工作日或40h工作周的时间加权平均浓度,在此浓度下反复接触对几乎全部工人都不至于产生损害效应。

② 短时间接触阈限值(TLV–STEL):在此浓度下工人能够短时间连续接触而不至于引起下列伤害:

(a) 刺激作用;

(b) 慢性或不能恢复的组织改变;

(c) 麻醉的程度达到足以增加意外伤害的危险、自救能力减退或工作效率明显降低。前提是没有超过每天的TLV-TWA。STEL不是一个单独的独立接触限值，相反，它是对TWA限值的补充，因为某些慢性毒物具有公认的急性不良效应。只有在人或动物的短期接触的毒性效应报告之后才会推荐STEL限值。

STEL限值是指工作时间内的任何时间，15minTWA都不能超过的浓度值，即便8hTWA没有超过TLV-TWA。当超过了TLV-TWA，达到STEL时，每次接触时间不得超过15min的时间加权平均接触限值，每天接触不得超过4次，且前后两次接触至少要间隔60min。当发现确实具有生物学影响时，需要规定另外的平均接触时间，而不一定是15min。

③ 阈限值上限(TLV-C)：是任何时间都不能超过的浓度值。

在常规的工业卫生实践中，如果瞬时监测不能实现，除了短时间接触就能造成直接刺激的物质之外，可以通过15min采样一次的方式评价TLV-C。对于一些物质，如刺激性气体，仅有一类与TLV-C有关。对于其他物质，相关的有1~2类，这取决于它们的生理效应。如果预先假定某种物质具有潜在的危害，观察该物质是否超过TLV就非常重要。

不应认为基于物体刺激的TLV的约束力低于基于身体损伤的TLV，越来越多的证据表明，对身体的刺激可能会通过与其他化学或生物药剂的相互作用，诱发、促进或加速身体的损伤。

TWA允许其高于TLV的浓度值偏差，但前提是通过工作日浓度值低于TLV-TWA的等价的偏离值来补偿。在一些情况下，可能允许计算工作周的平均浓度，而不是工作日平均浓度。

TLV与允许偏差之间的关系是一种经验法则，在某种情况下并不适用。超过了TLV，且不对健康造成伤害，其可以超出的幅度取决于多种因素，如污染物的性质、高浓度(即使在短时间内)是否造成急性中毒、毒害效果是否累积、高浓度发生的频率以及高浓度的持续时间等。所有因素都必须予以考虑，才能够确定所处条件是否有害。

为了拓宽本节的适用范围，其他多种气体和蒸气的推荐TLV浓度值列于表1.28，并按照可能的来源进行归类。另外提醒，这些TLV仅仅是指导值，为确保遵守相关法律，应该查阅当地国家或地区颁布的限值。

如果在某地区空气中，存在两种或两种以上空气传播的污染物(气体或颗粒物)对人体的同一部位都具有不良影响，在评估TLV时应该考虑它们的共同作用。这可以通过其无量纲总和来计算：

$$\frac{C_1}{T_1} + \frac{C_2}{T_2} + \cdots\cdots \frac{C_n}{T_n} \tag{1.38}$$

式中：C——测定的浓度值；

T——相应阈限值。

如果该系列的总和超过了1，该混合物的浓度则被视为超过了TLV。

表1.28 其他气体和蒸气(某些可能存在于地下)的TLV

	物质	TWA指导值/(ppm)		物质	TWA指导值/(ppm)
清洁剂和溶剂	丙酮	750(STEL=1000)	焊接和钎焊	臭氧(电弧焊)	0.1ppm(TLV-C)
	氨	25(STEL=35)		氟化物 (助焊液)	2.5mg/m³
	甲苯	100(STEL=150)	塑料热加工	二氧化碳	0.5%(STEL=3.0%)
	松脂	100(STEL=150)		一氧化碳	50(STEL=400)
制冷剂	R11	1000(TLV-C)		氯化氢烟雾	5(TLV-C)
	R12	1000		氰化氢	10
	R22	1000		氟化氢	3(TLV-C)
	R112	500		苯酚(皮肤吸收)	5
燃料	丁烷	800	爆炸性物质	氮氧化物	25
	汽油蒸气	300(STEL=500)		二氧化硫	2(STEL=5)
	液化气	1000		硝酸烟雾	2(STEL=4)
	石脑油(煤焦油)	100	其他	氯气(杀虫剂)	0.5(STEL=1)
	戊烷	600(STEL=750)		甲酚 (木材防腐剂)	5
	丙烷	1000		汞蒸气	0.05mg/m³
焊接和钎焊	一般焊接烟尘	5mg/m³		油雾(矿物油): 无蒸气	5mg/m³
	氧化铁烟尘	5mg/m³		油雾(植物油): 无蒸气	10mg/m³
	铅烟尘	0.15mg/m³		硫酸烟雾(蓄电池)	1mg/m³

1.8.1.2 计算实例

如果取某回风巷的空气样品进行分析，其气体浓度如下：

二氧化碳：0.2%；

一氧化碳：10ppm；

硫化氢：2ppm；

二氧化硫：1ppm。

如何确定该混合物的TLV、TWA和STEL？

二氧化硫和硫化氢都对眼睛和呼吸系统具有刺激作用，而二氧化碳对呼吸系统有兴奋作用，可以提高肺的通气率。因此可以认为二氧化碳与二氧化硫和硫化氢具有协同作用。

然而一氧化碳影响血液携带氧的能力，不需要与其他气体合并，来确定化合物的TLV。根据表1.23的数据，各种气体的TWA和STEL列于表1.29。

表1.29 计算用的TWA和STEL

组 分	阈限值TWA	阈限值STEL	组 分	阈限值TWA	阈限值STEL
二氧化碳	0.5%	3%	二氧化硫	2ppm	5ppm
硫化氢	10ppm	15ppm	一氧化碳	50ppm	400ppm

一氧化碳浓度的测量值是10ppm，单独进行处理，低于50ppm的TWA限值。混合物中其他气体的当量TLV由下面计算式进行评估：

$$TWA: \frac{0.2}{0.5} + \frac{2}{10} + \frac{1}{2} = 1.1 \tag{1.39}$$

$$STEL: \frac{0.2}{3} + \frac{2}{15} + \frac{1}{5} = 0.4 \tag{1.40}$$

无量纲的TWA大于1，因此认为超过了TWA限值。而STEL低于1，这意味着人在此空气中停留时间不能超过15min，不能全部工作8h都在该空气中。

在某些情况下，尽管知道存在其他污染物或者颗粒物，但实际上仅能够定量监测气体混合物中某一种污染物。此时，比较实用的方法是将所测定物质的TLV减去一个因子，该因子可通过已知其他污染物的种类数量、毒性和估算的浓度来确定。

1.8.2 超限倍数

具有TLV-TWA限值的绝大多数物质，都没有足够毒物学的数据来确定其短期接触限值(STEL)。因此，即使在8h加权平均浓度低于推荐TLV-TWA限值的情况下，应该控制超出TLV-TWA的幅度。TLV推荐表的早期版本包括了这些超限值，其数值取决于问题物质的TLV-TWA。由于不能提供严格的理论基础，仅凭借直观的基本概念设定了这些数值。

在一个控制良好的接触过程中，超限值应该保持在一个合理的范围内。然而毒物学和工业卫生的实际经验都不能提供一个坚实的基础来量化这些限值。本书给出的方法是，推荐的最大超限值应该与实际工业过程通常出现的变化幅度进行关联。对大量的工业卫生调查进行研究，发现短期接触测量值通常是呈对数正态分布的，其几何标准偏差主要在1.5~2的范围内。

由于完整地讨论对数正态分布的理论和性质超过了本节的范围，仅对它的一些重要术语进行简要介绍。

在对数正态分布的描述中，集中趋势的测度是样本值的平均对数的反对数(真数)。由于分布是偏离的，其几何平均值总是小于算术平均值，这取决于几何标准偏差。在对数正态分布中，几何标准偏差是样本值对数的标准偏差的反对数。

如果某一过程与对数正态分布差别很大，说明控制效果不好，应该采取措施恢复控制。这一概念就是下面推荐的超限倍数的理论基础,用于那些具有TLV–TWA限制,而没有STEL限制的物质。

在TLV–TWA没有超限的前提下,一个工作日内工人接触水平可以超限3次,总时间不能超过30min,并且任何情况下都不能允许超过TLV–TWA限值5次。

该方法是对数正态浓度分布理念的一个重大简化,在工业卫生实践中可以方便地使用。如果接触水平的超限值保持在建议的范围内,那么浓度测量的几何标准偏差将接近于2.0,建议的目标就会实现。

当获得了某一物质的毒物学数据,可以确定其STEL限值时,无论这一数值比超限倍数是否更加严格,它都应该被优先采用。

1.8.3 "皮"标识

在备注栏内标有"皮"的物质,表示可因皮肤、黏膜和眼睛接触蒸气,特别是皮肤直接接触到毒物,通过完整的皮肤吸收引起全身效应。在溶液或混合物中行驶的车辆也可以显著提高潜在的皮肤吸收。

值得注意的是,虽然一些材料会造成个人皮肤的刺激、皮炎和过敏,但这些属性不被认为是与指定"皮"标识相关的。然而应当指出,患有皮肤病时可以显著影响皮肤吸收的潜力。

由于目前对于气体、蒸气和液体被工人皮肤吸收的定量数据相对有限,建议对动物或人类的急性皮肤研究数据和重复剂量皮肤研究数据,以及化学物质被吸收的能力进行整合,可用于决定是否适宜标注"皮"标识。

一般情况下,在工作时通过手和前臂的潜在吸收很重要,尤其是对TLV较低的化学物质,这方面获得的数据可以作为设置"皮"标识的证据。从动物急性毒性数据来看,皮肤吸收半数致死量(LD_{50}, 1000mg/kg体重或更少)较低的物质,应该设置"皮"标识。对于重复皮肤应用研究已经证明处理后存在显著的全身性影响的物质,可以考虑设置"皮"标识。

当某种化学物质(有较高的正辛醇–水分配系数)容易穿透皮肤,从其他接触途径的系统性影响的推断表明,皮肤吸收可能是重要的中毒途径时,可以考虑设置"皮"标识。

对于具有"皮"标识且TLV较低的物质,在空气中浓度较高时,进行操作可能会涉及特殊的问题,特别是在皮肤暴露面积大、接触时间长的条件下。在这种情况下,必须要求有特殊的预防措施,以显著减少或排除皮肤接触的可能性。

还应该考虑到生物监测的方法,以确定皮肤直接接触对吸收总剂量的相对贡献。

1.8.3.1 "敏"标识

在备注栏内标"敏"，是指已被人或动物资料证实该物质可能有致敏作用，并不表示致敏作用是制定TLV所依据的关键效应，也不表示致敏效应是制定TLV的唯一依据。如果已经得知某物质的致敏能力数据，当推荐其TLV限值时应该认真考虑。对于那些TLV限值是基于其致敏能力的物质，其目的是在保护劳动者避免诱发致敏效应，但不保护那些已经致敏的劳动者。

在工作场所，呼吸道、皮肤、结膜可能会接触到致敏剂，同样，致敏剂也可能会引起呼吸道、皮肤、结膜反应。在这个时候，使用"敏"的标识不能明显区分所致敏的器官系统，未标注"敏"标识的物质并不表示该物质没有致敏能力，只反映目前尚缺乏科学证据或尚未定论。

致敏作用通常通过免疫机制发生，不能与其他情况或术语混淆，如高反应性、易感性或敏感性。最初，某人可能对致敏剂有很少或没有反应，然而当被致敏后，即使在低浓度(远低于TLV限值)下，随后的接触也可能引起激烈反应。这些反应可能对信念产生影响，并可能立即或延迟发作。当一个劳动者被某一特定物质致敏后，可能表现出对类似的化学结构的其他物质的交叉反应。

减少对致敏物及其结构类似物质的接触，可减少个体过敏反应的发生率。然而，对某些敏感的个体，防止其特异性免疫反应的唯一方法，是通过职业和非职业性的设置，完全避免接触已经识别的致敏物及其结构类似物。

对于带有"敏"标识并且TLV较低的物质，在某种场合会有特殊的问题。应通过工艺控制措施和个人防护用品来有效地减少或消除呼吸系统、皮肤和黏膜的接触。对工作中接触已知致敏物的劳动者，必须进行教育和培训(如检查潜在的健康效应、安全操作规程及应急知识)。

如需要了解某种特定物质的有关致敏作用的更多信息，请参阅该物质的标准文件。

虽然运用TWA来监测空气中的污染物是否符合TLV的要求是一种满意、实用的方法，但对于有些物质却是不适合的。这类物质主要是因为其生效速度很快，运用TLV监控这类物质的浓度更为合适。对于这种类型的物质，最好是控制其浓度上限(TLV-C)，任何时候都不应该超限。

以上这些解释说明，对于不同类别的物质，确定其是否超限的取样方式应该是不同的，比如某一物质适合用TLV-C，它就不适合用TWA；而很多物质在整个操作周期或者工作时段仅需要符合TWA浓度限值。

鉴于TLV-C设置了明确的绝不允许超出的浓度边界，TWA则需要对允许超出TLV的超限倍数有清晰的限制。值得注意的是，化学物质TLV委员会使用了同一个因子，以确定STEL数值大小，或决定TLV-C清单中是否包括或排除某一物质。

1.8.4 单纯窒息剂——"惰性"气体或蒸气

有很多的气体和蒸气，当在空气中浓度较高时，是简单的窒息剂，并没有其他明显的生理效应。对每一种窒息剂没有建议TLV限值，可能因为它仅会影响到可用的氧气。常压下空气中最小的氧含量应为18%(体积分数)(相当于氧分压为135mmHg)。环境中缺乏氧气，不足以使人产生警告，而且单纯的窒息性气体是无味的。但是，有几种单纯窒息剂存在爆炸危险，应该考虑这个因素，以限制窒息剂的浓度。

1.8.5 生物接触指数(BEI)

当建议某种物质的生物接触指数(BEI)时，表中备注栏中会注释"BEI"。对此类物质应该建立生物监测方法，以评价所有来源的接触情况，包括皮肤、摄入或非职业因素。具体请参阅有关物质TLV和BEI的标准。

1.8.6 物理因素

人们普遍认为，热、紫外线和电离辐射、湿度、异常气压(海拔高度)等物理因素，可能增加机体的应激以至于改变机体在TLV水平的接触效应。这种应激可能增强机体对外源物质的不良毒性反应。虽然大多数TLVs包含一些不确定因素以预防正常作业场所中等偏差所产生的不良健康效应，但对于大多数物质来说，安全因素还未达到能抵消显著偏差的程度。例如，在温度高于25℃的环境中，连续繁重的工作或加班延长工作时间超过25%，应该认为是显著偏离。在这种情况下，是否应适宜地调整TLVs必须进行正确判断。

1.8.7 未列出的物质

TLV标准物质清单不可能是一个完整的、包括工业中使用的所有有害物质的标准清单。对于大量的公认的毒性物质，可用的数据很少或没有，难以用来确定其TLV。没有出现在TLV清单的物质不应被认为是无害或无毒的。当清单中没有列出的物质被引入到工作场所时，应该查阅医学和科学文献以确定其潜在危险的毒性作用。进行初步毒性研究是必要的。在任何情况下都必须保持警觉，对工人不利的健康效应可能与新材料的使用有关。

1.8.8 未分类颗粒物

当致纤维化粉尘(矿物粉尘)吸入过量时，会在肺部形成疤痕组织(纤维化)。与其不同的是，所谓的滋扰粉尘在很长一段时期内被认为是对肺几乎没有不良影响的，当接触在合理的控制范围内时，不会产生显著的有机病变或中毒效应。这种粉尘以前也被称为(生物学上的)"惰性"粉尘，但是"惰性"粉尘这种提法不是很合适，因为在一定程度上，没有任何灰尘在肺吸入足够量时，不会引起某种细胞反应。

然而,由于吸入未分类颗粒物(PNOC)造成的肺组织反应具有以下特征:

(1) 肺的含气区结构保持完好;

(2) 形成的胶原质(疤痕)程度不严重;

(3) 组织的反应可能是可逆的。

如果工作场所空气中的未分类颗粒物浓度过高,会严重降低能见度,可能会在眼睛、耳朵和鼻腔中沉积(例如硅酸盐水泥),也可能通过化学作用、机械作用或在皮肤清洗除尘过程中剧烈的清洗动作,会造成对皮肤或黏膜的伤害。

对于粉尘中不含石棉且石英比例低于1%的此类物质,推荐的TLV–TWA为$10mg/m^3$,对于没有确定TLV的其他物质,也采用此限值。

1.9 空气中一般污染物的监测

空气污染物对于人体健康、植物和动物的影响人所共知。为确保所有重要的减排方法都考虑进来,下面将介绍与空气中一般污染物监测有关的所有有价值的方法,并涉及到工业过程实际的最大减排情况。其优点是这些监测方法都是已经采用的方法,能够对结果进行充分的比较。

下一节将详细介绍有关材料、操作、试验、检查的最低要求,并包括现场和过程监测、仪器的校准和安装。

1.10 空气污染物的现场和过程监测

现场和过程监测分为以下两部分:

第1部分:固定式监测;

第2部分:移动式监测。

1.10.1 固定式监测

1.10.1.1 固定式或在线监测

质谱仪是可用于石油化工厂、炼油厂和环境监测的一种最快、最易于操作的分析仪。通常来看,这种仪器设计用于测量可电离的气体,其取样系统采用一个排气电磁阀。

在质谱仪中,样品要被转化为正离子,才能够被分离和表征。图1.13给出了一种典型的分析用质谱仪基本部件的示意。

仪器的构筑和安装必须按照生产厂家的建议和采购的要求来进行,但总体上讲,仪器必须放置在安全的地点,具备一些必要的条件,如电、气和水的供应,并且应该远离污染气体,不受震动的影响,不能被可燃性气体引燃。性能测试后仪器的操作应遵守生产厂家提供的操作手册的要求。

应根据供应商的建议提供所有必要条件,如电力、载气、标准气体、供水、地点安全、排水、实验设备和实验运行。

仪器的校正必须遵守操作手册的要求,可以每月或每周进行一次。校正所用的所有物品应该由生产厂家提供。

工业上常用的另外一种固定式仪器是SO_2、NO_x和O_2分析仪。此仪器的原理采用分光光度法,采用过程二极管陈列作为监测SO_2、NO_x的检测器,能够同时进行NO和NO_2的直接检测。

仪器的构筑和安装必须按照供应商的建议来进行,对于连续排放的检测,必须放置在距离305m(1000英尺)之外的地点,所有的必要条件应该遵循生产厂家的建议。

性能测试后仪器的操作应遵守生产厂家提供的操作手册的要求。应根据供应商的建议提供所有必要条件,如电力、载气、标准气体、供水、排水、实验设备和实验运行。

仪器的校正必须遵守操作手册的要求。

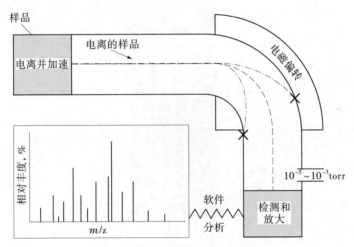

图1.13 分析用质谱仪示意图

1.10.2 移动式监测

移动式设备用于监测下列物质:

(a) 有毒气体;

(b) 烃类气体;

(c) CO_2、CO和O_2。

1.10.2.1 有毒气体监测

此类设备用于监测H_2S, HCN, Cl_2, CO_2, SO_2, NH_3, HF, HCl, NO_2, H_2, CO,

F_2，Br_2，AsH_3，PH_3，SiH_4，B_2H_6和GeH_4。其基本原理是电化学扩散式气体传感器。此类设备无需安装，可以在$-40\sim40℃$的温度范围内进行工作。性能测试后仪器的操作应遵守生产厂家提供的操作手册的要求。

一般情况下，此类设备由生产厂家进行校正，在发生故障后，应该返回厂家维修；但有时，用户中负责仪器控制的专业人员按照供应商的操作说明中的指令，可以进行校正。

1.10.3 烃类气体监测

检测系统采用氢火焰离子化检测器(FID)，见图1.14，此系统可用于烃类气体的检测，如天然气、乙烯、丙烷和丁烷，另外还能检测低浓度的含氯化合物。该检测器已经广泛用于气相色谱，是气相色谱中应用最多的检测器。氢火焰离子化检测器具有独特的性质和性能，使其超越气相色谱(或用于检测烃类物质的其他类型的色谱)普遍应用的其他类型的检测器。它无需安装，但对于每一种气体，需要使用不同装置。

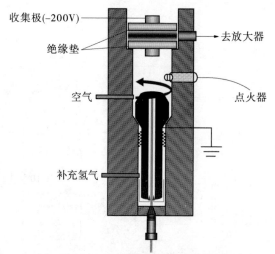

图1.14 检测烃类气体的氢火焰离子化检测器(FID)

性能测试后仪器的操作应该遵守制造商提供的操作手册。从性能方面来说，FID能够查找出低至1ppm的气体泄漏，并对潜在的危险状况进行预警。

一般情况下，此类设备由生产厂家进行校正，在发生故障后，应该返回厂家维修；但有时，用户中负责仪器控制的专业人员按照供应商的操作说明中的指令，可以进行校正。

1.10.4 CO_2、CO和O_2监测

使用奥氏(Orsat)气体分析仪可以很容易地检测CO_2、CO和O_2的浓度。奥氏分

析仪采用三个玻璃瓶和一个滴定管，P瓶中装有氢氧化钾或氢氧化钠溶液，P′和P″瓶中分别装有焦性没食子酸钾和氯化亚铜溶液。在订购之前应该在材料规格方面向制造商咨询。

奥氏气体分析仪的基本结构见图1.15。此仪器的操作应该遵循供应商的操作手册，所有的溶液应该在使用时及时配备。

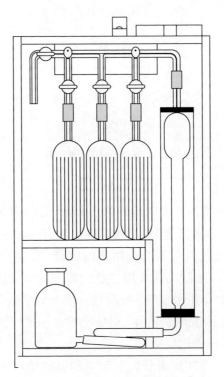

图1.15 奥氏气体分析仪的基本结构

仪器使用前应使用已知浓度的混合气体进行标定。制造商提供的有关仪器标定的注意事项应该予以充分考虑。

1.11 气体污染物的采样和标定

对于气体污染物，应该使用的、最简单的采样方法之一是抓取采样(简单采样)。抓取采样是空气污染研究中常用的一种技术。在这种类型的试验中，需要用一定体积的空气进行分析。

容器的材质通常是弹性塑料、钢、玻璃，或使用皮下注射器。在订货前应向制造商进一步咨询材质的规格。应该注意注射器材料的选择，以防止气体样品被污染。必须进行重复预处理，以避免污染物的不可逆吸附。使用注射器前，应检查其性能,以确保它能正常发挥功能。

抓取采样的主要结构示意图见图1.16。

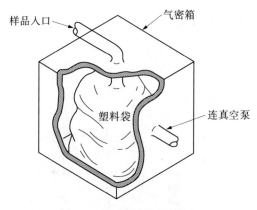

图1.16　抓取采样用塑料袋

1.12 吸附采样

吸附剂可以用来分离多种气体污染物。可以作为吸附剂的材料包括活性氧化铝、硅胶、分子筛、木炭和硅藻土。制造商应进一步提供详细的规格,供买方考虑。

待测气体样品应通过一个装有吸附剂的容器,其温度要保持在室温或低于室温。被吸附的物质可以通过加热或用合适的溶剂洗涤脱除。

如果在样品物流中存在水蒸气,吸附剂可能会失去活性。由于某些气体和吸附剂的性质,在吸附气体脱除过程中,可能会发生分解反应。此外,人们已经知道,某些吸附剂会导致异构化反应。

吸收是将一种或多种气体组分转移到它们能够溶解的液体或固体介质中的过程。

1.13 吸收管和采集器

吸收管和采集器是一种捕获大气中特定气体的设备,所获得的气体用于气体分析。将要分析的气体通过一根管,管的另一端吹向一个液体的表面。扩散管应该是一个两端开放的或带有多孔材质(材料含有很多50~100μm的孔)。多孔材质可以是玻璃、塑料和陶瓷。有关材料规格,应在订货前向制造商进一步咨询。

图1.17给出几种吸收管和集尘器的不同设计方案。

1.14 低温采样

低温采样技术设计用于富集化学物质,也称冷阱。冷阱常用的冷却剂是冰水、固体二氧化碳、异丙醇、液态氧、液氮和液氦。

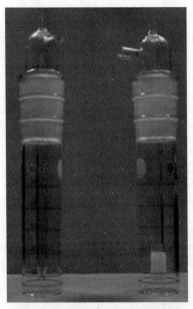

图1.17 典型吸收管和采集器装置

低温采样技术所用的其他设备包括泵、顺序采样器和操作电源等设备。制造商应该提供详细的材料规格供买方考虑。

低温空气采样法利用了低温泵的原理。由于低温冷却液的作用,空气中的大部分主要组分直接凝结成固体,因此低温泵可以持续地抽空。许多情况下选用液态氦或液态氖作为冷却剂。使用低温泵的采样系统不需要任何机械泵系统,也不需要动力,它适合作为飞机上采用的采样系统。一般来说,采样量不受采样高度的限制。当采样筒体与抓取采样的体积相同时,采用该方法,即使在30km以上的高度,也可以实现1000倍的采样量。

由于液体氖比液态氦具有更大的潜热,它可以更有效地冷凝空气。在液态氖的沸点温度时,氖、氢和氦是以气体形式存在的。这些气体在空气中是稀有气体,因此,它们对浓度测量没有影响。另一方面,液态氦的温度低于液态氖,只有氢和氦以气体形式存在;在液态氦的沸点温度时,氢气的饱和蒸汽压仅为0.0001Pa。

尽管液态氦的潜热比液态氖低,在空气采样量相同时所需要的量更多,但它的热容量,主要是显热,在低温气体有效热交换过程中可以被利用。在大气中的氦不能被冷凝,但它对微量成分的浓度测量没有影响,因为它的含量随着大气压力的降低而迅速下降。

在空气的其他成分被吸入到气缸的过程中,由于采取了防止逆扩散的措施,氦可以被采集并存储。因为冷却液存在于低温采样系统中,环境空气可以被吸入到采样筒中。其结果是，相对于上述抓取采样的方法，可以回收更大量的空气。此外，采样筒可以使用较小的体积，因而在内表面上发生吸附和反应的可能性也显著降低。

如果采样量没有得到适当的控制，当空气温度上升到室温时，采样筒内的气压可能会很高，从而造成安全问题。除了抓取采样方法之外，包括高压和低温技术，还有些技术问题有待于解决。微量成分研究的一般预防措施与抓取采样是相同的。

低温采样系统的基本原理示意见图1.18。

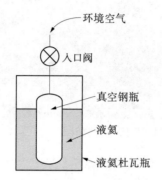

图1.18 低温采样系统基本原理示意

1.15 烃类和二氧化碳

非色散红外检测器(NDIR)是测定碳氧化物(CO和CO_2)浓度的工业标准方法。样品中的每种气体成分都会吸收特定频率的红外光，用红外光束照射通过样品池(含有CO和CO_2)，利用NDIR检测器测量样品在特定波长的红外吸收量，便能够测定出样品中CO和CO_2的体积浓度。

一个安装在探测器前面的斩波轮不断校正分析仪的偏移和增益，并允许一个单独的采样头来测量两种不同气体的浓度。燃烧快速NDIR采用独特的采样系统，加上小型化的NDIR技术提供毫秒级的响应时间。燃烧快速NDIR具有两个远程采样头，由主控制单元控制，能够在两个位置同时进行CO和CO_2采样。

碳氧化物是空气污染物。在实验室对这些气体进行测量，可以使用新的仪器技术，也可以使用ASTM的其他方法。

NDIR分析仪的原理是基于污染气体对红外能量的吸收。该仪器包括一个样品池和一个参比池、两个红外光源和一个检测器单元。参比池是密封的，其中包含的气体对红外没有吸收。应从制造商获得进一步的规格信息供买方考虑。仪器的基本结构如图1.19所示。水蒸气的存在会干扰一氧化碳的分析，必须采用冷冻法或使用干燥剂对样品进行干燥。

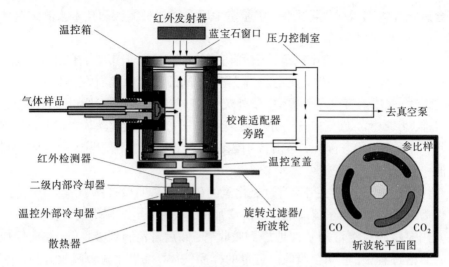

图1.19 非色散红外(NDIR)分析仪

1.16 气相色谱

气相色谱仪可用于检测所有烃类、甲烷和一氧化碳(CO)。采用氦气作为载气，将气体样品携带经过色谱柱，色谱柱中可装填不同的物质，能够对气体进行分离。

分离后的各种气体到达检测器，用FID检测器可以对不同组分进行分析。可以应用不同的载气和检测器，取决于分析方法的不同。有关材料规格的进一步介绍应从制造商获得，供买方考虑。

气相色谱仪的结构框图如图1.20所示。仪器的构筑和安装必须按照生产厂家的建议来进行，性能测试后仪器的操作应遵守生产厂家提供的操作手册的要求。

应根据供应商的建议提供所有必要条件，如电力、载气、标准气体、供水、实验设备和实验运行。仪器的校正必须遵守操作手册的要求。

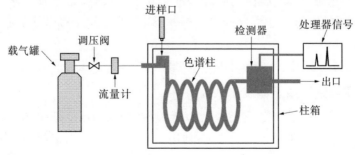

图1.20 用于所有烃类(THC)、甲烷(CH$_4$)和一氧化碳(CO)的气相色谱分析仪

1.17 含硫化合物

含硫化合物都是空气污染物。实验室中可采用几种方法和技术来测定这些气体,下面将分别予以介绍。

对于硫氧化物的固定排放源,还没有实时监测系统,但市场上有二氧化硫的自动分析仪可以购得,用于此类测定。它们采用不同的测量原理,包括NDIR吸收法、紫外吸收法、气体溶解电导分析法、紫外荧光法、控制电位电解法和干涉测量法。

目前,大多数二氧化硫自动分析仪采用非分光红外吸收法。二氧化硫易溶于冷凝水,且吸附性好。因此,必须特别考虑预处理单元的配置、接触气体的材料和其他一些因素。

气体溶解电导分析法用含有过氧化氢的硫酸溶液吸收气体中的二氧化硫,使其转化为硫酸,然后测量硫酸电导率的增加值,从而测定二氧化硫浓度。

使用泵将吸收溶液间歇性地送到吸收管,然后自发滴到吸收管。在向反应管底部的滴落过程中,液滴会吸收一定量的样品气体。二氧化硫被吸收并与液滴反应。将得到的溶液送到测量单元,并测量其导电性,以得出二氧化硫的浓度。如果可以忽略或消除其他的任何碱性或酸性物质的干扰效果,可以采用此方法,但其响应速度慢。

1.18 颗粒物的取样

空气中的颗粒物或气溶胶含有的液体或固体颗粒,直径范围低至0.01μm或更低,高达100μm。这些可以通过沉降、过滤、冲击、离心、静电沉淀或热沉淀等方法进行分离。更详细的介绍,请参考ASTM Vol. 11.03, Section 11, 1989。

对于采样后的颗粒物中无机元素的测定,可以采用几种方法。在本节中,仅对两种重要的方法进行说明,其他方法请参考ASTM Vol. 11.03, Section 11, 1989。

在原子吸收分析法中,待测元素必须还原成原子状态,形成原子蒸气,并从辐射源外加至辐射光束。所使用的仪器带有分光光度计,它包括光源、单色器、样品容器、火焰原子化器、检测器和放大指示器。详细的说明可以从制造商处获得,供买方考虑。

原子吸收分光光度计的基本部件见图1.21。

1.19 电感耦合氩等离子体发射光谱

气体离子或分子,当受热激发或电激发时,会发生出特有的辐射,其波长位于紫外和可见光区域。发射光谱就是利用这种方式产生的辐射波长特征和强度进行分析的。

所使用的仪器带有分光光度计,它包括等离子体源、单色器、样品容器、检测器和放大指示器。

电感耦合氩等离子体发射光谱仪的基本结构见图1.22。

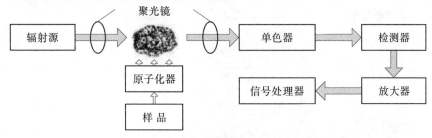

图1.21 原子吸收分光光度计的基本部件

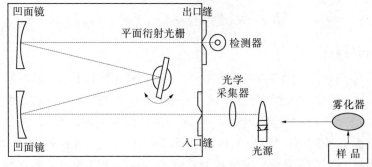

图1.22 电感耦合氩等离子体发射光谱仪(ICP)的光路示意

1.20 颗粒物的脱除

颗粒物脱除的设备选择:颗粒物(灰尘和细沙)的大小、颗粒载荷、形状、化学组成、密度等多种多样,颗粒物的脱除设备一般主要有4种基本类型:

(a) 机械式除尘器;

(b) 袋式除尘器;

(c) 湿式除尘器;

(d) 电除尘器(也可参见ISO 6584)。

1.20.1 机械式除尘器

1.20.1.1 重力沉降室

该除尘器通过将气体从输送速度减慢到沉降速度,灰尘可以在重力的影响下沉降下来。这种除尘器的部件包括气动泵、喷嘴、灰斗、电源。详细规格可从制造商处获得。

1.20.2 构造

图1.23给出了典型的重力沉降室示意,这种类型的机械式除尘器对于细小和

相对细小粉尘的除尘效率很低。该设备的安装和检查应该按照制造商提供的手册指示来进行。

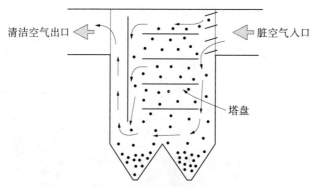

图1.23 颗粒物脱除设备(重力沉降室)

1.21 循环挡板除尘器

采用循环挡板除尘器时,被清洁的空气高速引入到挡板下。这种除尘器的部件包括气动泵、管道清洗挡板、循环流量控制挡板、灰槽、灰斗和电力设备。

典型的循环挡板除尘器如图1.24所示。在这种类型的除尘器中,气体被高速引入水平挡板下,挡板由间距为12.5mm的多个杆组成。通过膨胀的粉尘槽和循环流量控制挡板,将循环流动的速度控制在标称速度。该设备的安装和检查应该按照制造商提供的手册指示来进行。

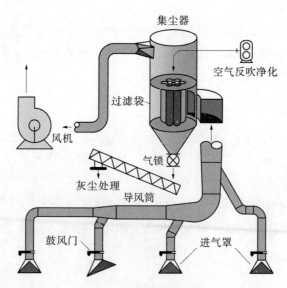

图1.24 循环挡板除尘器

1.22 高效旋风除尘器

高效旋风除尘器是一种惯性分离器,采用了旋转流的原理。在离心力的作用下,微粒从气体流中沿着径向分离出去。

(a) 材质

旋风除尘器可以由多种材质制造,包括低碳钢、低合金钢和不锈钢。为了防止侵蚀,旋风器可以内衬柔软的天然橡胶、氯丁橡胶和聚氯乙烯(PVC)。

(b) 构造

旋风除尘器有多种类型,图1.25给出了一种典型的单级高效旋风除尘器的示意。该设备的安装和检查应该按照制造商提供的手册指示来进行。

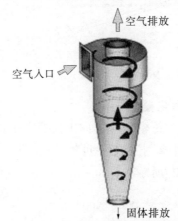

图1.25 单级渐开式旋风除尘器

1.23 袋式除尘器

袋式除尘器是一种利用多孔层过滤作用的分离器,在气体流经多孔层时,可以阻挡住颗粒物。

1.23.1 袋式除尘分离器

袋式除尘分离器是一种过滤型的分离器,它通过采用一种介质将颗粒物分离,介质可以是天然纤维、矿物纤维、合成纤维或金属纤维通过织造或非织造而成的材质。过滤介质通常会制成袋状。

典型的袋式过滤分离器示意图见图1.26。该设备的安装和检查应该按照制造商提供的手册指示来进行。

1.24 湿式除尘器

湿式除尘器通过某种力,促进颗粒物从气态流转移到液相,然后再通过其他原理从气相流中脱除。

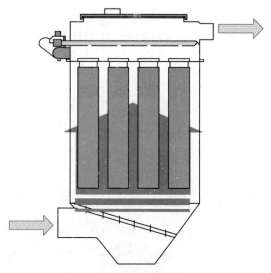

图1.26 袋式除尘器示意图

1.24.1 泡沫洗涤器或填料床除尘器

在这种类型的除尘器中,含粉尘的气体向上流经曲折的间隙。多种多样的填料都可以使用,包括玻璃、塑料球、拉西环、贝尔鞍、泰勒瑞德、隔环等。

典型的单床除尘器如图1.27所示。

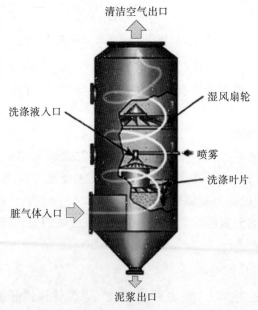

图1.27 逆流除尘器

填料洗涤段的厚度可大可小，也可以采用多层，中间可进行水的重新分布。该设备的安装和检查应该按照制造商提供的手册指示来进行。

1.25 喷雾洗涤器

在喷雾洗涤器中，用水形成的良好喷雾洗涤气体，将粉尘沉降下来，在泥浆罐形成泥浆(参见ISO 6584)。一般情况下，洗涤器的罐体采用低碳钢制成。

喷雾洗涤器的基本原理如图1.28所示，它包括粉尘循环、除雾单元和水循环。冲洗下来的湿粉尘成为雾沫，在重力作用下沉降到水池表面。

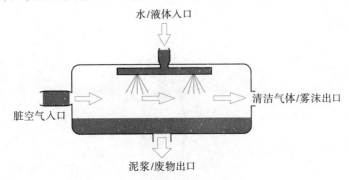

图1.28 喷雾洗涤器

1.25.1 水循环

每处理气体28.32m³，水的循环流量为3.78~37.8L/min。

该设备的安装和检查应该按照制造商提供的手册指示来进行。

1.26 限流洗涤器

限流洗涤器是一种湿式除尘器，含粉尘气体被引入其中，在一个限制的区域与洗涤液体接触，这会导致输送气体的文丘里管或孔板洗涤器和气体洗涤器的压力或速度的变化(参见ISO 6584)。

气体垂直向下流动，文丘里洗涤器的构造见图1.29，其中洗涤液通过圆形溢流堰进入文丘里管的锥形入口段。液体通过管道切向进入溢流堰，从而可消除喷嘴堵塞问题。这种设计可以使用含有大量固体的水。

该设备的安装和检查应该按照制造商提供的手册指示来进行。

1.27 电除尘器

电除尘器将气流中夹带的颗粒物从气体流中分离时，先将颗粒物负载负电荷，再将其沉淀到接地收集电极上。

在这种类型的除尘器中，应使用电绝缘的接地收集电极。除尘器所用电压应为50000V。主要组件除了气密外壳之外，还包括：

(a) 灰斗；

(b) 高压放电电极系统；

(c) 接地收集电极系统(冷轧钢)；

(d) 高压电源(硅二极管电源组)。

电除尘器的基本工作流程为气体电离、粉尘荷电、粉尘沉降、粉尘层建立、收集电极振动、粉尘落入灰斗。

该设备的安装和检查应该按照制造商提供的手册指示来进行。

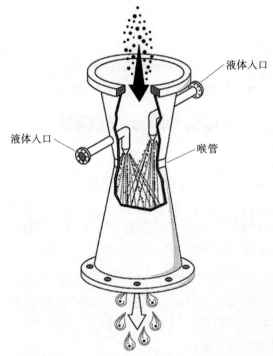

图1.29 气体垂直向下流动文丘里洗涤器

1.28 气体废物处理设备

在本节，将介绍适用于除去气体污染物的各种设备。

1.28.1 用烟囱分散

除去污染物最简单的方法就是分散。采用此方法，气体通过烟囱直接排入大气中时，可以随风分散开，被空气稀释(雾消散)。

小直径的烟囱应该完全用金属(钢、不锈钢)来制造。

1.28.2 吸收法

可以通过或不通过化学反应来进行吸收。废气吸收工艺所采用的装置包括5

种类型:

     (a) 填料塔;

     (b) 板式塔;

     (c) 喷雾塔;

     (d) 高效洗涤塔;

     (e) 气-固吸收塔。

1.28.3 填料塔

填料塔的设计材质应能抵抗所吸收的气体-液体混合物的腐蚀。填料部分的材质可以是陶瓷金属或塑料,单位体积填料应具有大的表面积。

在填料上方应使用分配器用于改善液相的分布。

典型的填料塔结构如图1.30所示。在一个或多个填料段之间进行吸收液循环,可以增加吸收气体的浓度。尾气将从塔顶流出。

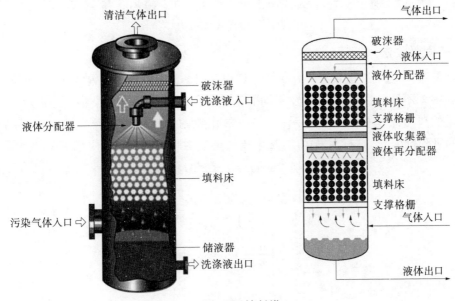

图1.30 填料塔

该设备的安装和检查应该按照制造商提供的手册指示来进行。

1.28.4 板式塔

当希望液相流速较低时,可以采用板式塔对气体和蒸气进行吸收。板式塔可以有各种类型,如泡罩塔、鼓泡塔和筛孔板塔。更详细的规格应从制造商处获得。在板式塔中,由于其分配原理,对于少量气相溶质的吸收,所需要的液体溶剂较少。典型的板式塔结构如图1.31所示。

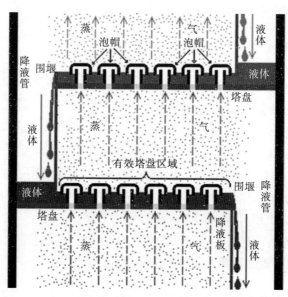

图1.31 典型板式塔结构

1.29 气固吸收法

当处理的气体流量较大、污染物含量很高时，应采用气-固吸附法。

有很多不同的固体吸附剂及不同的工艺可用于去除气体污染物。用于去除二氧化硫的典型结构如图1.32所示，含有二氧化硫的烟气送入脱硫室的入口，用粉末状的吸附剂(石灰或石灰石)将二氧化硫从烟气中脱除。基本反应如下：

$$CaO+1/2O_2+SO_2 \rightarrow CaSO_4 \tag{1.41}$$

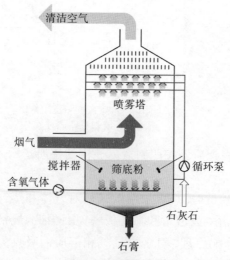

图1.32 气固吸收塔

由于吸附剂的颗粒小(1~10μm)，采用优化的操作温度(850~1100℃)，超过80%的硫能够被吸收。

1.30 冷凝法

当废气中含有大量的可凝性物质时，如空气中含有饱和水蒸气或其他蒸气，可以考虑采用冷凝法。

可以应用于此工艺的设备包括：

(a) 管式表面冷凝器；

(b) 管式空气冷凝器；

(c) 直接接触式冷凝器。

1.31 燃烧法

利用燃烧方法将废气或蒸气破坏的过程称为焚化。焚化有三种类型：

(a) 直接燃烧；

(b) 热焚化；

(c) 催化焚化。

1.31.1 直接燃烧

当需要处理的气体废物与空气混合后，处于其燃烧低限或接近燃烧低限时，可以采用直接燃烧法。另外，当废气本身是可燃混合物，不需要加入空气时，也可以采用直接燃烧法。

直接燃烧法所用的设备为燃烧器或燃烧室，火焰排入密闭或开放的火炬中。

1.31.2 热焚化法

采用热焚化法，废气直接排入燃烧器，燃烧器需要辅助燃料，如天然气。

热焚化炉的典型类型为管型燃烧器，其中有一根带有很多孔的气体管，在着火温度下喷射辅助燃料，如天然气，进入到废气物流中，将废气燃烧。

管型燃烧器的结构如图1.33所示。

该设备的安装和检查应该按照制造商提供的手册指示来进行。

1.31.3 催化焚化法

气体废物含有可燃性物质和空气量较低时，可以考虑采用催化焚化法。

催化剂的类型有很多种，但通常采用的是贵金属催化剂，如负载于催化剂载体(氧化铝)上的铂或钯催化剂。

采用催化焚化法时，气体应该先预热到一定温度，使其能够在催化剂表面发生反应。此类设备的典型示意图见图1.34。

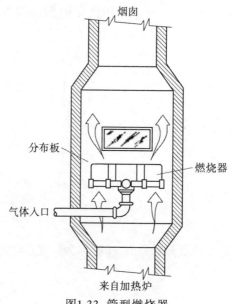

图1.33 管型燃烧器

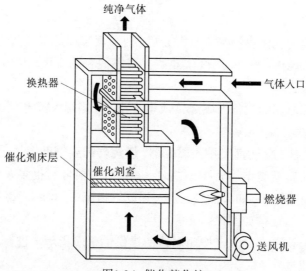

图1.34 催化焚化炉

1.32 卸放系统的选择

石油工业工艺装置都配备了一个收集装置,称为卸放系统。它可以将烃类液体和蒸气排入到减压阀或从装置引出,从而实现安全处置。该系统还可以在装置停工的情况下用来清理装置。卸放的物料为一部分液体和一部分蒸气。液体馏分可以循环回到炼油厂或送到废水处理单元;气体馏分可以循环回到装置,或直接排放到大气中或送入火炬系统。当直接排放到大气中时，排放物主要为烃类物质。当送到火炬系统时，排放物为硫氧化物。卸放系统的排放速率取决于其服务的设备数量、排放频率和卸放系统的控制。

下面将介绍多种系统，用于处理自主或非自主排放的蒸气或液体，卸放系统的实际选择应根据预期频率、运行时间、所需的处理能力和流体性质来进行。

1.32.1 蒸气泄放流的卸放系统

采用卸放系统处理自主或非自主排放的蒸气，将其排放到：

(1) 空气；

(2) 低压工艺罐或系统；

(3) 密闭卸压系统和火炬；

(4) 酸性气火炬

1.32.2 蒸气排放至空气

当满足以下所有条件时，蒸气泄放流可以直接排入空气中(有关此问题的完整论述，请参见API RP 521)：

(1) 这种处置方式不违反当地有关污染和噪声的法规；

(2) 排放的蒸气实质上无毒并无腐蚀性；

(3) 蒸气比空气轻，或蒸气中所有分子是不可燃的、无害的且不凝的；

(4) 不存在可燃性或腐蚀性物质凝结的风险；

(5) 不存在与除水之外的液体同时释放的机会；

(6) 将可燃烃类化合物直接释放到大气中，应限于能够确保烃类将被空气稀释至低于其燃烧低限的情况下。在烃类可能接触任何点火源之前，应保证其被完全稀释。

如果所释放的蒸气密度小于空气密度，上述条件最容易得到满足。然而，如果卸压排放的设计合理，在排放高密度蒸气的某些情况下，也可以实现其被空气充分稀释的效果。有关的计算方法请参见API RP 521中4.3一节。

例外的情况包括：

(1) 减压阀排出的蒸气应该送入到密闭卸压系统。

(2) 蒸气中硫化氢体积分数达到1%，应该送入到密闭卸压系统。

1.32.3 蒸气排放至低压工艺罐或系统

单独的安全阀/卸压阀可以排放到一个较低压力、能够处理排放物的工艺系统或容器。

虽然这种类型很少使用，但当排放物中含有必须回收的物质时，它是很有效的。

1.32.4 蒸气排放至密闭卸压系统和火炬

火炬燃烧是一种用于石油工业以确保气体安全处理的安全措施。火炬是一种将从紧急处理排气口或泄压阀排出的烃类化合物燃烧的装置。通常认为,火炬的燃烧效率至少为98%。

燃烧过程的反应为:

$$C_xH_y+(x+y/4)O_2 \longrightarrow xCO_2+y/2\ H_2O \qquad (1.42)$$

火炬排放的物质主要是二氧化碳,但也有有机化合物和一氧化碳、NO_x、SO_x和烟炱。实际上不可能预计火炬的排放物,然而,可以采取以下措施来减少这几种污染物的排放:

(1) 应用高效火炬头并优化燃烧喷嘴的尺寸和数量;

(2) 通过控制和优化火炬燃料/空气/蒸汽的比例,将燃烧效率最大化;

(3) 在不影响安全的情况下,通过吹扫气减少装置、火炬气回收装置、惰性气吹扫等措施,尽量减少吹扫气进入火炬系统;

(4) 在适当的地方安装高完整性仪器压力保护系统,减少因装置超压引起的事故,并避免或减少向火炬的排放;

(5) 采用合适的液体分离系统,尽量减少火炬气流中的液体夹带;

(6) 实施燃烧器维护和更换计划,以确保火炬的最高效率能够持续。

在蒸气常压排放或释放到低压系统不被允许或不可行的所有情况下,蒸气都应该收集在一个封闭的、终端连接到火炬的泄压系统,即火炬系统。

在气体中H_2S浓度达到可能出现酸性气凝结的情况下,应该考虑设置一条单独的伴热管线。在所有情况下,安装封闭的泄压系统,都将减少空气污染和燃烧产物的释放。

1.33 酸性气火炬

在工厂中,当含硫化氢的物流需要送往火炬燃烧时,应该考虑单独安装一个火炬头和火炬烟囱,用于含硫化氢的物流。设置酸性气火炬时应该考虑以下事项:

(1) 燃料气的自动喷射应该位于硫化氢的下游,以保证燃烧稳定;

(2) 在硫化氢火炬头,不能采用水蒸气进行除烟操作;

(3) 应该使用普通的引燃器将包括酸性气火炬在内的所有火炬引燃;

(4) 硫化氢用的火炬头和二级火炬头应该伴热,以防止酸性气凝结。

1.34 处理系统构件的设计

根据工艺装置的不同,处理系统可能包括下列构件:管道、气液分离罐、急冷罐、密封罐、火炬烟囱、引燃系统、火炬头和燃烧坑。

1.34.1 管道

通常,处理管道的设计应该符合ANSI/ASME B31.3的要求,管道的安装应符合API操作规程建议520第二部分(API Recommended Practice 520, Part Ⅱ)中的一些具体要求。

入口管道的设计要符合API RP 521, Sect. 5.4.1的有关要求。

管道的尺寸应符合API RP 521, Sect. 5.4.1.2和API RP 520第一部分Section 7。

1.34.2 排水系统

处理系统的管道应能够自行排空到排放端。排放管线上应避免U形管,出现口袋现象。在卸压阀处理黏度大的物质或冷却后可能固化的物质时,排放管线应采取伴热措施。当管线无法连续下行至分液罐或排污罐时,在管线的低点可能需要设置一个小的疏水罐或集液包。应该避免使用疏水阀或其他带有操作机制的设备。

1.34.3 详细说明

1.安全阀/卸压阀与总管的连接

正常情况下,独立卸压装置的侧管都应该从上部进入到总管。

2.当安装在卸压总管下方时安全阀/卸压阀的连接

位置高于总管的独立卸压阀的侧管应该排到总管。应该避免将安全阀安装在低于密闭系统中总管的高度。如果独立阀必须要安装在总管的高度之下,其侧管必须连续提升高度,进入到总管入口点。无论如何,都必须采取措施,防止液体在阀门出口一侧的积累。对于这个方面,应该考虑以下内容:

对于必须在低于总管的高度连接的支管,例如火炬管墩,必须安装疏水罐。

如果安全阀/卸压阀必须安装在火炬总管的下方,去往火炬总管的出口管线,从安全阀/卸压阀一直到管线最高点,必须采取伴热措施。对于安全阀/卸压阀的布置必须进行审查,不允许出现安全阀/卸压阀排放的介质留下一些残留物的情况。如果安全阀/卸压阀所处理的产物能够完全蒸发,或即使在最低的环境温度下完全不会凝结,可以省略伴热措施。

3.干气密封的气体吹扫

(a) 在总管和所有主要的二级总管的端口应该安装连续的燃料气吹扫设施。燃料气的吹扫可以通过节流孔板来控制。

(b) 确定吹扫气的流量,应保证正压状态,并防止空气进入。

4.火炬管线的绝热

一般情况下,火炬管线(包括安全阀/泄压阀的出口管线)不需要绝热措施,除非是为了人员防护。但是为了避免水合物的生成或结冰积累等问题，火炬管线也可以考虑加装绝热材料或采取伴热措施。

5.安全阀/泄压阀的位置

在安全阀/泄压阀和设备之间有足够口径的管线连接，并且连接线上没有截止阀的情况下，一个普通的安全阀/泄压阀能够保护至少一种设备。

6.安全阀/泄压阀进出口管线阀门

除非公司另有规定，所有安全阀/泄压阀的进口和出口都应该安装截止阀，但这些截止阀都必须是全通径且锁定常开状态。如果安全阀向空气排放，其出口不用安装截止阀。每一个安全阀都应配有一条带阀门的管线作为旁路。

7.排液孔安装的规定

在独立阀门排放到大气的情况下，应在低点设置一个适当的排液孔(通常认为标称尺寸DN15的管道比较合适)，以确保没有液体聚集在阀门的下游。在排放过程中通过这个排液孔的蒸气量一般不是很大，但每种情况都应检查，看看排液是否通过管道连接到一个安全的位置。从排液孔逸出的蒸气不得冲击容器的壳体，因为这种排气流意外点火会严重削弱壳体。

8.卸放总管的入口角度

侧管进入总管的角度，在总管轴向45°(0.79rad)甚至30°(0.52rad)，相对于大多数工艺管道系统，在卸放系统更为常用。

9.卸放总管阀门和盲板的安装

为了安全和维修方便，必须安装阀门和盲板，将每套装置与火炬系统隔离。

在阀门和盲板的使用过程中，应该特别谨慎，确保操作中的装置不能与其卸放系统隔离。在总管系统如果使用了阀门，应保证其在关闭状态时不发生故障(例如，闸门落入关闭位置)。

10.火炬总管的斜率

对于火炬总管，推荐每500m落差1m。

11.弯曲管道吸收总管热膨胀

(a) 一般来说，总管的设计应能保证总管的受热膨胀可以被其弯曲部分吸收，换句话说，总管的管道路线应该包含几处弯曲。

(b) 如果热膨胀不能被上述方法吸收，应该考虑采用环形管道进行吸收，但环形部分不能有积液包。

12.膨胀节吸收热膨胀

(a) 一般情况下不需要使用膨胀节，膨胀节仅限于因管路较短、热膨胀不能被管道自身吸收的情况下使用，例如密封罐(或分液罐)与火炬烟囱之间的管路。

(b) 在液体容易残留的波纹管或其他下凹部位应该安装排液管。

(c) 选择波纹管(设计条件、材质)的前提条件应该明确规定。

13.固体的生成

必须认真研究在处理系统生成固体的可能性,应考虑相关的各个方面,如水合物的生成、水和重质烃类的存在、自冷作用。应考虑采取分别的处理系统,以消除固体形成的可能性。

1.35 急冷罐

设置急冷罐是一种防止液体烃类在火炬系统凝结的措施,以减小对火炬处理能力的需求,或防止可凝性的烃类排入大气。在某些情况下,它又用于另外的目的,即降低火炬气的最高温度,从而可减小火炬总管机械设计有关的热膨胀问题。

急冷罐采用直接接触的方式,用水喷雾装置将进入急冷罐的重质烃类蒸气冷凝。冷凝的烃类和废水通过密封口进入下水道,或泵入泥浆罐。未被冷凝的烃类蒸气排入到火炬中或放空。图1.35给出了一种典型的急冷罐照片。

图1.35 典型急冷罐

1.35.1 详细说明

(a) 急冷罐的设计压力应能够承受最大的背压。最小设计压力为350kPa(表压)。

(b) 水的需求量通常根据将气体和液体出口温度降低至约50℃计算,最佳温度的选择应考虑输入物流的温度和成分,以及急冷罐下游所能承受的流出蒸气的凝结程度。

人们普遍认为,不超过40%~50%的液体将被汽化。供水应采取一个可靠的水源系统。如果使用循环冷却水系统,那么循环泵和冷却水池必须有足够的处理能力,可以保证急冷罐20min的最大需求量。

液体的排出管线(假设100%水)的水封高度为最大工作压力的175%,或者是3m,取其中较大的一个值。

(c) 如果冷却的烃类含有酸性物质,对于处理系统应作适当的规定,并应考虑材质的规格。

1.36 分液罐的尺寸选择

确定分液罐的尺寸通常是一个试差的过程。首先确定夹带液体分离所需要的分液罐尺寸,当蒸气或气体的停留时间等于或大于液滴沉降通过垂直高度所需的时间,并且气体的垂直速度足够低以允许液滴沉降时,液滴将得以分离。这种垂直高度通常被视为液体表面以上的距离。

蒸气或气体的垂直速度必须足够低,以防止携带大量液体进入火炬。因为火炬可以处理微小的液滴,分液罐中气相速度可以保证其能分离直径为300~600μm的液滴即可。物流中微粒的沉降速度根据式(1.43)计算:

$$U_c = 1.15 \sqrt{\frac{gD(\rho_L - \rho_V)}{\rho_V(C)}} \tag{1.43}$$

式中: C ——阻力系数;

D ——液滴直径,m;

g ——重力加速度,9.8m/s²;

U_c ——颗粒沉降速度,m/s;

ρ_L ——液体密度,kg/m³;

ρ_V ——气相密度,kg/m³。

此基本公式被广泛用于各种形式的夹带分离的计算。

确定分液罐尺寸的第二步是考虑分液罐中所含有的液体对减少气/液分离所需的可用空间的影响。这些液体可能来自: ①蒸气释放过程中的冷凝物;②蒸气释放时伴随的液体物流。确定液体所占的体积时,建议按照释放时间持续20~30min计算。

先前释放(卸压阀或其他来源)的所有夹带液体的累积,都必须加进上述两项之中,来确定气相分离的可用空间。然而,当分液罐用于容纳来自卸压阀的大量液体,没有明显的闪蒸现象,且液体可以被迅速移出的情况下,通常没有必要考虑这些液体所占体积对气相脱除的影响。

当确定分液罐尺寸并可能影响采用卧式罐或立式罐的选择时,分液罐的设计应该考虑成本。当希望储存大量液体且气相流量较高时,一般采用卧式罐比较经济。当流量较高时,双流式出口设计可以减小分液罐的尺寸。

一般来说,分液罐直径超过3.3m,应该采用双流式设计比较经济。卧式罐和立式罐都有多种设计形式,主要的区别是气相流动路径的导引方式。

各种不同的设计包括:

(1) 蒸气从卧式罐的一端进入,从另一端的顶部离开(没有内部挡板);

(2) 立式罐在罐体径向有蒸气入口喷嘴,在罐体顶部轴向有出口喷嘴,入口物流在挡板导引下向下流动;

(3) 立式罐在切向安装喷嘴;

(4) 蒸气从两端轴向进入卧式罐,在中间安装出口;

(5) 蒸气从中间进入卧式罐,在两端轴向出罐;

(6) 火炬烟囱基座的一个立式罐和上游一个卧式罐的组合,卧式罐用以脱除蒸气中夹带的大量液体。这种组合可以允许速度方程中数值常数更大。

以下示例计算仅限于第(1)种和第(2)种最简单的设计,第(4)种和第(5)种的计算是相似的,流量减半时确定的容器长度也会减半。

正常的计算将用于第(3)种,这里将不再重复。

【例】假定条件如下:一次单独的偶发事件,形成的流体流量为25.2kg/s,液体密度为496.6kg/m³,蒸气密度为2.9kg/m³,都处于流动状态;压力为13.8kPa(表压),温度为149℃;蒸气的黏度为0.01cP。根据流体方程计算结果得到液体流量为3.9kg/s,蒸气流量为21.3kg/s。

另外,希望在罐中存液量为1.89m³。允许的液滴大小选择为直径300μm。蒸气的体积流量计算方法为:

$$蒸气流量 = \frac{21.3\text{kg/s}}{2.9\text{kg/m}^3} = 7.34\text{m}^3/\text{s} \tag{1.44}$$

阻力常数C根据图1.36计算方法为:

$$C(\text{Re})^2 = \frac{0.13 \times 10^8 (2.9)(300 \times 10^{-6})^3 (496.6 - 2.9)}{(0.01)^2} = 5025 \tag{1.45}$$

从图1.36得到$C=1.3$。

沉降速度U_c的计算方法为:

$$U_c = 1.15 \left[\frac{(9.8)(300 \times 10^6)(496.6 - 2.9)}{(2.9)(1.3)} \right]^{0.5} = 0.71 \tag{1.46}$$

假定一个卧式罐的内径为D_i，圆筒体长度为L，那么横截面的总面积计算方法为：

$$A_t = \frac{\pi}{4}(D_i)^2 \tag{1.47}$$

式中：A_t为分液罐横截面的总面积，m^2；D_i为罐体内径，m。

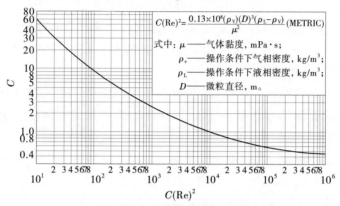

图1.36 阻力常数的确定曲线

对于单独一次释放来说，如果需要计算释放30min的持液量和存液量，为了简便，总管中的体积可以忽略。需要的持液量计算方法为：

(1) 存液1.89m^3将占用的底部面积为：

$$A_{L1}(m^2) = \left(\frac{1.89m^3}{L}\right) \tag{1.48}$$

(2) 冷凝液流量为3.9kg/s，密度为496.6kg/m^3，积累30min，将占用横截面的面积为：

$$A_{L2} = \left(\frac{3.9kg/s}{496.6kg/m^3}\right)\left(\frac{60s}{1min}\right)(30min)\left(\frac{1}{L,m}\right) \tag{1.49}$$

余下的用于蒸气流过的横截面面积为：

$$A_v = A_t - (A_{L1} + A_{L2}) \tag{1.50}$$

式中：A_{L1}为存液占用的横截面(弓形)面积，m^2；A_{L2}为冷凝液占用的横截面面积，m^2；A_v为蒸气流过的可用面积，m^2。

液体和蒸气空间的垂直高度可以用标准几何公式确定，设h_{L1}为存液高度，$h_{L1}+h_{L2}$为所有累积液体的高度，h_v为余下的蒸气流动的垂直空间高度。那么分液罐的总直径h_t计算方法为：

$$h_t = h_{L1} + h_{L2} + h_v \tag{1.51}$$

以下来验证蒸气空间是否充足。液体沉降的高度差等于h_v，液体沉降时间的确定公式为：

$$\theta = \left(\frac{1}{U_c(\text{m/s})}\right)\left(\frac{h_v}{100(\text{cm/m})}\right) \tag{1.52}$$

分液罐长度的确定方法为：

$$L_{\min} = U_v(\text{m/s}) \cdot \theta(\text{s}) \tag{1.53}$$

$L_{\min}$ 应该小于或等于前面假设的分液罐筒体长度 L，而且还要用重新设定的罐筒体长度重复计算。对于卧式罐，设定不同内径来确定其最经济的罐体尺寸，多次的试算结果列于表1.30。

表1.30 卧式分液罐的尺寸优化

试计算次数		1	2	3	4
假设罐体内径 D_i/m		2.24	2.29	2.13	1.98
假设罐体长度 L/m		5.79	6.25	6.86	7.62
横截面面积/m²	A_t	4.67	4.1	3.57	3.08
	A_{L1}	0.33	0.3	0.28	0.25
	A_{L2}	2.45	2.27	2.07	1.86
	A_v	1.9	1.53	1.23	0.98
液体和蒸气空间的垂直高度/cm	h_{L1}	30	29	28	27
	$h_{L1}+h_{L2}$	140	137	133	128
	h_v	104	91	81	70
	d_i	224	229	213	198
液体沉降时间 θ/s		1.45	1.28	1.13	0.98
蒸气线速 U_v/(m/s)		3.9	4.8	6	7
所需罐体长度 $L_{\min}$/m		5.6	6.2	6.7	7.4

1.37 火炬

火炬系统为炼油厂提供了一种安全处置气体废物的方式。依据当地法规的限制情况，火炬系统可用于：

(1) 处理开工和停工造成的大量排放；

(2) 处理工艺装置过剩气体的排放；

(3) 处理紧急情况下安全阀、卸放系统和减压系统的排放。

根据火炬所连接设备的不同和整个系统的复杂程度，火炬系统的设计会有很大不同。火炬系统通常包括一个高架烟囱、维持烟囱顶部燃烧的措施和防止系统内回火的措施。

1.37.1 尺寸的确定

确定火炬的尺寸需要确定烟囱的直径和所需的高度。

由于火炬头是对空气开放的，所以要求此处的气体速率较高。太高的火炬头流速会造成吹脱现象，火焰前段被升高，并最终变为喷射。而流速太低会由于热强度高和冒烟而损坏火炬头。在这种情况下，系统中引入空气并形成可燃性混合物成为可行的方法。因此对于系统稳定操作来说，确定一个合适的火炬直径非常重要。

火炬烟囱的位置和高度应根据火焰的热释放潜力、燃烧时人员接触的可能性以及周边设备的接触情况而定，必须考虑到所制定的各种接触限制。这实际上固定了火炬和物体之间的距离。如果对位置(距离)已有限制规定，那就可以只计算烟囱的高度，否则，应该对最佳的高度和距离之间进行权衡。

风速可以造成火焰的倾斜，从而会改变火焰的距离和热强度。因此，在确定烟囱高度时应该考虑风速的影响。

如果火炬会被吹熄，或者有火炬输出相关的环境危害，应该对下风口可能的危险情况进行分析。

火炬烟囱直径的大小，取决于烟囱内流体的速度，该速度根据允许压力降进行选取。根据最大可能的火炬气流量与预期平均流量的体积比、可能的时机、频率和持续时间，以及为火焰稳定燃烧而制定的设计准则，对于短时间、不频繁的气流，可允许的出口处气体流速峰值为0.5马赫乘以声速，在比较正常的、更频繁的条件下，出口处气体流速应在0.2马赫数乘以声速以下(1马赫=340.3m/s)。无烟火炬的大小应该根据其无烟操作的条件而确定。

已经证明，火炬头的压力降为14kPa比较适合。如果火炬头速度太低，会引起热和腐蚀损害。气体的燃烧变得相当缓慢，火焰受风影响的程度会很大。在烟囱的下风侧的低压区可能导致燃烧气体沿着烟囱向下深入3m或更多。在这种情况下，火炬气体中的腐蚀性物质将会加速侵蚀金属烟囱，因此烟囱顶部的2.4~3m通常是由耐腐蚀材料制造的。

1.37.2 设计细节

1.无烟火炬

有很多方法可以实现火炬的消烟操作，包括注入蒸汽、注入高压废气、强制通风、采用预混合燃烧器、采用多个燃烧器分散燃烧，其中应用最广的是注入蒸汽的方法。由于蒸汽和燃料气的速度高于火炬气，因而所需的辅助介质质量较少，蒸汽和燃料气需要的辅助气量一般为每千克烃类0.2~0.5kg辅助气。

2.回火保护

防止火焰因为空气进入而回到火炬系统的常用方法是设置水封罐。有时会采用阻火器用于回火保护，然而由于其容易堵塞而应用受限。

另外，连续引入吹扫气可用来防止回火。如果保持无氧燃料气的正流量并保证离火炬头7.6m处的氧气浓度不超过6%，那么含有烃–空气混合物的系统就是安全的。需要的吹扫气流量可以通过限流孔板来控制，并确保供应量恒定，不受仪器故障或调节失灵的影响。分子密封可以用来最大限度地减少吹扫气的流量。

3.点火

为了确保火炬气体的点火，建议所有火炬采用连续导燃器(长明灯)进行远程点火。点火器最常用的类型是火焰前锋传播类型，它使用远程位置的火花点燃可燃性混合物(引燃气)。

导燃器的控件位于高架火炬地面基座的安全距离至少30m。

对于引燃气，推荐安装低压报警器，这样，操作人员在控制室就可知道长明灯是否熄灭。

在有风等天气条件下确保导燃器的操作可靠很有必要。

火炬操作大部分是间歇性和不定期的。在紧急情况下，火炬必须能立即发挥作用，以排除任何危险的或对环境有害的物质排放到大气中的可能性。

可以采用防风罩和火焰稳定装置，以确保即使在最不利的条件下也能够连续引燃。

4.燃料系统

引燃气和点火器的燃气供应必须具有高度可靠性。由于正常的工厂燃料源可能会被破坏或失去供应，这就要求提供一个备份系统连接到最可靠的替代燃料源，准备在低压时能够自动切入。应避免使用低热值或燃烧特性不正常的废气。

通常的作法是设置并行仪器以降低压力。火炬燃料系统应仔细检查，以确保不存在水合物。由于管线直径小、运行时间长、烟囱的垂直高度大和压力降等因素，在压力降低后，通常有必要使用液体分离罐或洗涤器。如果在距离、相对位置和成本方面都是可行的，在最后一个调节器或控制阀后，安装一个低压报警装置则是很好的做法，这样在引燃器的燃料供应上如果有任何问题，操作员就可以收到警报。

5. 助燃或吸热火炬

当把低热值气体送往火炬中时，就需要采用助燃火炬或吸热火炬(如硫磺装置尾气)。

一般情况下，送往火炬的气体热值低于$4280kJ/m^3$，就需要助燃火炬，采用高热值的辅助燃气来实现完全燃烧。

6.位置确定

在高大的炼油厂设备附近设置火炬应进行认真检查。在火炬燃烧时，火焰或热的燃烧产物可以随风飘动，这可能会造成一些问题并对这些高架结构上的工作人员造成伤害。正如前文讨论的，火炬高度和距离取决于其辐射强度。当火炬的高度或与装置距离中的一个参数被确定后，另一个参数就可以确定。通常情况下，对距离都有限制，因此就可以计算火炬高度。

如果没有关于确定距离和火炬高度的限制，建议采取以下原则：对于高度小于23m的烟囱，应考虑91m的安全距离；对于高度大于23m的，可以考虑与装置的安全距离为61m。

7.火炬系统应该考虑安装合适的流量计量系统

具体来说，处理来自于单独装置的连续排放的二级总管应该配备流量计。

1.38 火炬设计计算实例

下面给出的样品数据来自于文献，仅用于计算的目的：

(1) 烃蒸气流量：7.23kg/s；

(2) 烃峰值流量：35.23kg/s；

(3) 蒸气的平均相对分子质量：16.23；

(4) 流动温度：312.13K；

(5) 绝热指数：$k=C_p/C_v=1.3$；

(6) 火炬头流体压力：103kPa(绝压)；

(7) 设计风速：85m/s；

(8) 相对湿度：100%。

这些数据用于评估带有空气辅助系统的火炬头的性能。首先，这项研究将基于现有标准，用于核实火炬头尺寸，然后估算过量空气的需求量，以确保火炬头上的燃烧完全。

1.38.1 火炬头直径

火炬头直径的大小，取决于烟囱内流体的速度，该速度根据允许压力降进行选取。根据最大可能的火炬气流量与预期平均流量的体积比、可能的时机、频率和持续时间，以及为火焰稳定燃烧而制定的设计准则，对于短时间、不频繁的气流，可允许的出口处气体流速峰值为0.5马赫乘以声速，在比较正常的、更频繁的条件下，出口处气体流速应在0.2马赫数乘以声速以下。

1.38.1.1 确定尺寸的方程式

直径取决于火炬头流速：

$$马赫数 = 1.702 \times 10^{-5} \left(\frac{W}{p_t d^2} \right) \sqrt{\frac{T}{kM}} \tag{1.54}$$

使用公制单位时，

$$马赫数 = 11.61 \times 10^{-2} \left(\frac{W}{p_t d^2} \right) \sqrt{\frac{T}{kM}} \tag{1.55}$$

计算火炬头直径为：

$$d=\sqrt{11.61\times10^{-2}\times W\times\dfrac{\sqrt{\dfrac{T}{kM}}}{Mach\times p_{\mathrm{t}}}}$$ (1.56)

式中：d——火炬头直径，ft(m)(末端或最小处)；

k——火炬气的绝热指数，$k=C_{\mathrm{p}}/C_{\mathrm{v}}$；

M——火炬气的平均分子量；

Mach——马赫数，火炬气流速与该流体声速的比值，无因次。短期峰值为0.5，正常情况下为0.2；

p_{t}——火炬头(顶端)内火炬气的压力，psi，对于空气排放，$p_{\mathrm{t}}=14.7$psi[101.3kPa(绝压)]；

p_{f}——火炬头火炬气的压力，psi或kPa(绝压)；

T——火炬头内火炬气温度，°R或K；

W——火炬气排放流量，lb/h(kg/s)。

火炬末端(火炬头)的气速的峰值通常认为是0.5Mach，只能短期出现。正常条件下，稳定状态的气速设置为0.2Mach，防止火炬熄灭。

文献中还有另外一个类似的方程，用于计算无烟火炬，得到的结果很接近：

$$d_{\mathrm{t}}^2=(W/1370)\sqrt{\dfrac{T}{M}}$$ (1.57)

式中：d_{t}——火炬头直径，in；

W——气体排出量，lb/h；

T——烟囱中气体温度，°R；

M——气体的相对分子质量。

当气体限速取0.2Mach，$k=C_{\mathrm{p}}/C_{\mathrm{v}}=0.2$时，可以得到接近的结果。

1.38.1.2 火炬头计算结果

根据上面给出的方程式，计算结果列于表1.31。火炬头直径也可以按照下面方法进行快速估算。

表1.31 火炬头直径计算结果

马赫数(Mach)	质量流量/(kg/s)	火炬头直径/in
0.2	7.23 (正常，无烟)	15.58
0.2	35.23 (流量峰值)	34.405
0.5	35.23 (流量峰值)	21.76

气速限制马赫数为0.2，其他数据如下：

$k=C_{\mathrm{p}}/C_{\mathrm{v}}=0.2$

W=35.23kg/s=279350lb/h(紧急情况流量)

W=7.23kg/s=57330lb/h(消烟操作流量)

T=312.15K=562.2°R

测算的直径为：

d=34.14in(紧急情况流量)

d=15.7in(消烟操作流量)

根据式(1.56)和式(1.57)，不同马赫数和气体流量计算的火炬头直径分别见图1.37和图1.38。根据文献中得到的数据，火炬末端(火炬头)的气速的峰值通常认为是0.5马赫，只能短期出现。正常条件下，稳定状态的气速设置为0.2马赫，防止火炬熄灭。根据API RP 521标准和其他文献，0.5马赫可作为峰值，只能短时间发生，正常和大多数情况下为0.2马赫。根据前面给出的数据，表1.31给出的火炬头最大直径(峰值流量，Mach=0.2)将为35in。

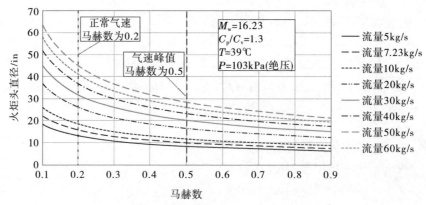

图1.37 火炬头直径计算结果与马赫数的关系

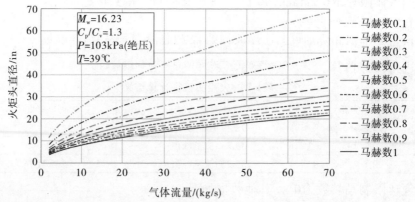

图1.38 火炬头直径计算结果与气体流量的关系

1.39 有机物排放

与炼油厂工艺装置排放VOC成分组成有关的信息来源有限，文献中找到的一些数据汇总于表1.32。

表1.32 炼油厂工艺排放源VOC成分组成数据

化合物	炼油厂工艺操作释放VOC的质量分数，%					火炬
	催化裂化装置(FCCU和MBCCU)	流化焦化	卸放系统	减压蒸馏装置(VDU)冷凝器	硫回收装置(SRU)	
正己烷		3.86	3.86	3.86		
环己烷		0.08	0.08	0.08		
甲醛	51	8.88	8.88	8.88	4.12	0.817
乙醛					0.67	0.082
二甲苯		0.19	0.19	0.19		0.041
苯		0.38	0.38	0.38		0.083
甲苯		0.44	0.44	0.44		0.041
多环芳烃	0.15					0.02

用下面的方程式，将这些信息结合总VOC预测排放量，计算有机物排放量：

$$有机物(kg/h)=[VOC排放量(kg/h)]×[质量分数(\%)/100]$$

微量元素和无机物：炼油厂工艺源排放的微量元素和无机物方面的信息非常有限，仅发布了下列排放源有关的排放数据：

(1) 催化裂化装置(包括流化催化裂化FCCU和移动床催化裂化装置MBCCU)；

(2) 流化焦化操作；

(3) 硫回收装置(SRU)。

然而，必须说明的是，其他工艺源也可能排放金属和其他化合物，但是当前没有可用的数据来定量。在缺乏实测烟囱排放数据的情况下，可用表1.33中给出的排放因子来预测炼油厂上述排放源的*TSP*(总悬浮颗粒物)排放量。

表1.33 炼油厂工艺源的总颗粒物排放因子

炼油厂工艺	总颗粒物排放量/(kg/m³装置原料)
流化催化裂化——未采取控制措施	0.695
流化催化裂化装置(电除尘ESP和CO锅炉)	0.128
移动床催化裂化装置(MBCCU)	0.049
流化焦化——未采取控制措施	1.5
流化焦化——电除尘ESP和CO锅炉	0.0196

当总颗粒物排放量测算完成后，利用表1.34提供的成分组成数据，结合下面

方程式,可以得出成分组成:

$$ER_i=TSP(WP_i/100) \tag{1.58}$$

式中: ER_i——某一化合物i从相关工艺源的排放量, kg/h;

TSP——用排放因子测算的总悬浮颗粒物排放量, kg/h, 二硫化碳的成分组成数据是一个例外, 它必须用于SRU的总VOC测算;

WP_i——表1.34给出的化合物i的质量分数。

表1.34 炼油厂工艺源排放的微量元素和无机物的成分组成数据

金属 (和化合物)	催化裂化 (占总颗粒物的质量分数), %		流化焦化(占总颗粒物的质量分数), %	硫回收装置(占VOC的质量分数), %
	未控制	控制后	未控制	
锰	0.022	未得到数据	0.004	未得到数据
镍	0.088	0.031	0.038	未得到数据
铜	0.02	0.003	0.001	未得到数据
锌	0.017	0.006	0.003	未得到数据
砷	0.002	未得到数据	0.144	未得到数据
硒	0.002	0.003	0.002	未得到数据
锑	0.035	0.002	0.005	未得到数据
铅	0.046	0.01	0.003	未得到数据
钴	0.002	未得到数据	未得到数据	未得到数据
镉	0.009	0.002	未得到数据	未得到数据
汞	0.01	0.001	0.002	未得到数据
二硫化碳			未得到数据	95.2

1.40 工艺无组织排放

炼油厂中典型的工艺无组织排放源包括: 阀; 法兰; 泵; 连接件; 压缩机; 排水系统。

虽然每一个单独排放源的释放量很小, 但因为炼油厂中这种排放源数量巨大, 因此这些排放源造成的总排放量非常可观。

预测工艺无组织排放量需采用以下两个步骤:

(1) 计算总VOC排放量;

(2) 这些VOC排放量预测值利用合适的成分组成数据进行归类。

请注意, 对于无组织排放源的有机物排放有两种类型的定义, 分别是:

(1) VOC(挥发性有机物), 包含除甲烷之外的所有有机物(即相对于非甲烷有机物, NMVOC);

(2) TOC(总有机物), 包括甲烷在内的所有有机物。

在《国家污染物排放清单》中，仅要求报告VOC的排放。然而，为了计算某些有机物的排放量，也可能需要首先计算TOC的排放量。在采用下面的方法测算设备损失时，区分这两个定义非常重要。

1.41 VOC总排放量

在讨论排放测算技术(EET)之前，有必要说明一些炼油厂在应用各种各样的"内部"技术对散逸性的损失进行测算。

1.41.1 VOC总排放量测算方法

定量测算工艺无组织排放VOC的总量主要有3种方法：

(1) 相关方程；

(2) 泄漏/无泄漏排放因子；

(3) 平均排放因子。

这些方法的排名顺序是按照它所需要的设备信息的多少，相关方程需要的数据最多，而平均排放因子法需要的数据最少。

1.41.2 测算VOC排放量所需的数据

对于本节所介绍的用于表征无组织排放的各种EET技术，下面的信息必不可少：

(1) 每套装置中各种类型的元件(即阀、法兰等)数量；

(2) 每种元件的工作介质(即气体、轻质液体、重质液体)；

(3) 每种元件在该介质中工作的时间(即每年多少小时)。

根据所选用的EET技术的不同，可能还需要其他的一些信息，将在相关章节进行详细讨论。

为了选择合适的排放因子，当确定某一特定单元设备的"工作介质"(气体/蒸气、轻质液体和重质液体)类型时，应使用以下定义：

(1) 气体/蒸气：在操作条件下物质呈气相状态；

(2) 轻质液体：物质呈液态，其中20℃蒸汽压大于0.3kPa的组分的总质量分数不小于20%；

(3) 重质液体：不能归类于气体/蒸气或轻质液体的其他物质。

1.42 相关方程法

此方法仅用于经过散逸泄漏检查程序得到检查值[screening value, SV, 单位为ppm(体积分数)]的情况下。

采用此方法时，下面几点很重要：

(1) 排放测算的结果是"总有机物"(TOC)，因此必须进行校正转化为VOC(即

除掉甲烷)的测算结果;

(2) 这些排放因子是基于每个排放源的;

(3) 每一个单独的检查值必须输入相关方程,以测算每套设备的排放量。不能将检查值平均,然后输入平均值来测算排放量。采用相关方程法确定无组织排放量需遵循以下步骤:

步骤1:无组织排放源的测漏

对于每一套测试的设备,检查值分为3类,对每一类将采取各自适用的测算方法:

① 对于检查值为0的设备(即没有检测到排放),采用步骤2进行排放量测算;

② 对于检查值介于低检出限和高检出限之间的设备,采用步骤3;

③ 对于检查值大于高检出限(即排放水平固定)的设备,采用步骤4。

步骤2:缺省因数"0"的应用

如果应用FID没有检测到排放(即测量值低于仪器的低检出限),则应用"缺省排放量0"作为排放因子,除非检测仪器的低检出限大于1ppm(体积分数),这种情况下,则采用检出限的一半(见表1.35)。

表1.35 工艺无组织排放的相关方程

设备类型	缺省0时排放量/(kg/h)	固定水平排放量(体积分数)		相关方程/(kg/h) [SV单位取ppm(体积分数)]
		10000ppm	100000ppm	
连接件(非法兰连接件)	7.5×10^{-6}	0.028	0.03	泄漏量$=1.53 \times 10^{-6}(SV)0.735$
法兰	3.1×10^{-7}	0.085	0.084	泄漏量$=1.53 \times 10^{-6}(SV)0.703$
阀[①]	7.8×10^{-6}	0.064	0.14	泄漏量$=2.29 \times 10^{-6}(SV)0.746$
开口管线	2×10^{-6}	0.03	0.079	泄漏量$=2.2 \times 10^{-6}(SV)0.704$
泵密封	2.4×10^{-5}	0.074	0.16	排放量$=5.03 \times 10^{-5}(SV)0.61$
排水系统	1.5×10^{-3}	无数据	无数据	泄漏量$=1.5 \times 10^{-4}(SV)1.02$
其他[②]	4×10^{-6}	0.073	0.11	泄漏量$=1.36 \times 10^{-5}(SV)0.589$

注:得到的测算值为总有机物排放量,必须除去甲烷以修正;

① 此处的阀不包括卸压阀,卸压阀包括在"其他"种类中;

② "其他"适用于上面种类中未包含的所有设备,包括但不限于装载臂、卸压阀、填料函、孔口、压缩机和仓库杠杆臂等。

步骤3:采用相关因素确定泄漏量

如果检查值通过试验得以确定(即测量值在高、低检出限之间),则利用表1.35中的相关方程确定每个相关设备的泄漏量。

步骤4:固定水平排放量的应用

如果检测出的检查值为固定水平(即水平高于检测仪器的高检出限),则采用

表1.35中"固定水平排放量"的排放因子。

步骤5：校正TOC数值为VOC测算值

对每一个排放源的排放量一旦测算出来，就必须把TOC排放量转化为VOC排放量。要做到这一点，则需要得到产生排放的工艺物流中TOC和VOC的近似质量分数的更多信息。然后，结合每个设备组件的排放量估计如下：

$$E_{VOC}=E_{TOC}(WP_{VOC}/WP_{TOC}) \tag{1.59}$$

式中：E_{VOC}——设备VOC排放量(kg/h)；

E_{TOC}——采用表1.35中排放因子或相关方程计算出的TOC排放量，kg/h；

WP_{VOC}——设备物流中VOC质量分数；

WP_{TOC}——设备物流中TOC质量分数。

如果一定数量的设备件可以因为它们共用相同的工艺物流而归为一类，因而具有相似的VOC/TOC比值，执行步骤5之前，这一类设备组的TOC排放量就可以累计一起，从而帮助减少所需的总计算量。

步骤6：注意工作时间

对于要测算的特定设备，必须预计其每年的工作时间。在以每小时排放量为基准推算每年排放量时需要这一数据。

步骤7：确定VOC总排放量

在所有的工艺无组织排放源经过测试后，便可以将每种单元设备的排放量加在一起，从而确定VOC总排放量。然而，在一些炼油厂，由于安全和/或费用方面的原因，检查所有排放源是不现实的。附录A给出了仅有一部分排放源检查后，测算所有单元设备的排放量的方法。

1.43 泄漏/无泄漏方法

和前面讨论的相关方程方法一样，此方法也需要用可移动检测仪进行检查。然而不同的是，此方法不用记录离散的检查值，而是依据"泄漏"/"无泄漏"的标准。值得注意的是，尽管排放数据只适用于10000ppm(体积分数)的泄漏，但确定设备元件是否泄漏的标准各不相同。

步骤1：利用FID检测散逸性排放源的泄漏

如果检测仪器返回的检查值大于10000ppm(体积分数)，通常确定为泄漏并被记录。因此将根据待测设备返回的是"通过"[即数值高于10000ppm(体积分数)]还是"未通过"[即数值低于10000ppm(体积分数)]，来选择表1.36中的排放因子。

步骤2：测算VOC排放量

应用下面方程式，测算每一类型设备的排放量：

$$E_{VOC}=(FG \times NG)+(FL \times NL) \tag{1.60}$$

式中: E_{VOC}——此设备类型的VOC排放量, kg/h;

        FG——排放源检查值大于或等于10000ppm(体积分数)时适用的排放因子, (kg/h)/排放源;

        NG——该设备类型中检查值大于或等于10000ppm(体积分数)的设备数量;

        FL——排放源检查值小于10000ppm(体积分数)时适用的排放因子, (kg/h)/排放源;

        NJ——该设备类型中检查值小于10000ppm(体积分数)的设备数量。

步骤3: 注意工作时间

对于要测算的特定设备, 必须预计其每年的工作时间。在以每小时排放量为基准推算每年排放量时需要这一数据。

步骤4: 确定VOC总排放量

在所有的工艺无组织排放源都被检查后, 便可以将每种单元设备的排放量加在一起, 从而确定VOC总排放量。然而, 在一些炼油厂, 由于安全和/或费用方面的原因, 检查所有排放源是不现实的。

表1.36给出了采用此方法测算排放量所需的排放因子。应该注意, 表中未包括"排水系统", 原因是未找到此类排放源的排放因子。如果排水系统经过检查, 并记录了离散数据, 也可以采用此方法。

表1.36 工艺无组织排放的泄漏/无泄漏排放因子(仅用于非甲烷VOC)

设备类型	介质	泄漏排放因子 (>10000ppm)/(kg/h)	无泄漏排放因子 (<10000ppm)/(kg/h)
连接件(非法兰连接)/法兰	所有	0.0375	0.00006
阀(不包括卸压阀)	气体	0.2626	0.0006
	轻质液体	0.0852	0.0017
	重质液体	0.00023	0.00023
泵密封	轻质液体(可用于搅拌器密封)	0.437	0.012
	重质液体	0.3885	0.0135
压缩机	气体	1.608	0.0894
卸压阀	气体	1.691	0.0447
开口管线	所有	0.01195	0.0015

1.44 平均排放因子

对于某种类型设备, 没有得到检查值, 可以采用本节给出的"平均排放因子"。对于一个特定的设备类型, 这种方法可应用以下的通用算法来测算所有来源物流的排放量:

$$E_{VOC}=FA \times WF_{VOC} \times N \tag{1.61}$$

式中：E_{VOC}——归类于某种特定设备类型和介质的所有排放源的VOC排放量(例如工作介质为轻质液体的阀)，kg/h；

     FA——该设备类型适用的平均排放因子(见表1.37)；

  WF_{VOC}——物流中VOC的平均质量分数；

      N——根据设备类型、工作介质和VOC质量分数，归于此类的设备数量。

虽然平均排放因子是针对VOC排放的，但方程式仍需要输入工艺物流中VOC的质量分数(即WF_{VOC})以去除各种非有机物。例如，如果物流中含有水蒸气，计算时需要将其去除。本节最后给出了一个计算实例，说明这种方法的应用。

步骤1：建立无组织排放源的设备数量和工作介质类型的清单

炼油厂中每一种设备类型的数量和工作介质类型都必须包含在内。这是应用此方法的前提条件。为简化数据管理，可使用电子表格来记录设备类型和工作介质(即气体或轻质液体)。

步骤2：将清单按物流进行归类

为简化计算，推荐将步骤1确定的设备/工作介质组合(例如阀/气体介质)按照VOC质量分数(即WF_{VOC})相近的物流进行归类。

如果可能，可进一步简化，即按照炼油厂区域取工艺物流中的VOC平均质量分数。这需要考虑该区域内每种设备类型的工作介质(即气体或轻质液体)的不同。也可以进行另外一种近似算法，保守地假定所有工艺物流为近似100%的VOC，因而$WF_{VOC}=1$。

步骤3：注意工作时间

采用以上两个步骤确定的特定设备类型，必须预计其每年的工作时间。

步骤4：利用排放因子测算排放量

利用相关的排放因子和上面给出的方程式来计算每种设备类型的排放量。这些排放量加在一起，以推导出利用此方法计算的所有设备单元的总排放量。

表1.37给出了采用以上步骤测算排放量所需的排放因子。

1.44.1 计算实例

下面以实例来说明平均排放因子法的应用：

(1) 某炼油厂的特定部门具有300个阀(步骤1)；

(2) 已经确定有200个阀的工作介质为气体(步骤1)；

(3) 工作介质为气体的阀中，已经确定100阀的工作介质中VOC平均质量分数为80%，甲烷10%，水蒸气10%(步骤2)；

(4) 测算这一组阀每年的工作时间为5500h(步骤3)；

(5) 由表1.37可得, 这些工作介质为气体的阀的排放因子为0.027(kg/h)/排放源(步骤4)。因此测算这一组阀的排放量所用参数如下:

(a) $FA=0.027$;

(b) $WF_{VOC}=0.8$(因为此参数不包括甲烷和水蒸气);

(c) $N=100$。

(6) 这一组100个阀的排放量最终测算结果约为每年11900kg VOC。

然后重复上述步骤, 对炼油厂该部门的其余200个阀的排放量进行测算。采用类似的方式, 对该部门其他的潜在排放源的排放量进行计算, 然后是其他部门, 以此类推, 直到整个炼油厂的所有无组织排放量全部确定。

表1.37 工艺无组织排放的平均排放因子(仅用于非甲烷VOC)

设备类型	工作介质	排放因子/(kg/h/排放源)
非法兰连接件	气体	2.5×10^{-4}
	轻质液体	2.5×10^{-4}
	重质液体	4.34×10^{-5}
法兰	气体	2.5×10^{-4}
	轻质液体	2.5×10^{-4}
	重质液体	4.68×10^{-5}
压缩机密封	气体	0.636
泵密封	轻质液体(可用于搅拌器密封)	0.114
	重质液体	3.49×10^{-3}
阀	气体	0.0268
	轻质液体	0.0109
	重质液体	9.87×10^{-5}
开口管线	所有	2.3×10^{-3}
卸压阀	气体	0.16
取样器	所有	0.015
排水系统	所有	0.032
其他种类[①]	重质液体	5.18×10^{-5}

注: ①表中上面类型未包括的、使用重质液体介质工作的所有设备, 都列入"其他种类"。然而一些设备类型的排放因子适用于所有工作介质, 包括重质液体, 因此必须注意这些设备不包括在其他种类。

1.45 VOC成分组成的测算

VOC排放量的测算一旦完成, 就可以对应NPI所列的物质清单, 按照下列两种方法, 将排放量进行成分分类:

(1) 采用工艺物流组成数据;

(2) 采用质量分数形式的成分组成有限数据。

第一种方法可能会给出比用质量分数数据更准确的测算结果。另外，公布的成分组成数据非常有限，所以可能需要将这两种方法结合起来使用。

1.45.1 基于工艺物流组成的成分测算

此方法需要确定每一种工艺物流的有机物组成，并应用这些组成来确定蒸气相的组成。

这种排放量测算方法依据下面方程式来将每一设备的排放物进行成分确定：

$$E_i = E_{VOC} \times (WP_i / WP_{VOC}) \tag{1.62}$$

式中：E_i——从设备排放的NPI物质i排放量，kg/h；

E_{VOC}——该设备的VOC总排放量，kg/h；

WP_i——设备物流中NPI物质i的质量分数；

WP_{VOC}——设备物流中VOC的质量分数。

用于测算VOC总排放量的方法，可以将炼油厂工艺物流按类似组成进行归类，推导出这些工艺区域的物流平均组成，再用来测算排放的VOC成分组成。

1.45.2 用质量分数数据进行成分组成测算

由于只发表过数量有限的VOC排放的成分组成数据，不是所有的设备类型都已列入表1.38。因此这种方法只能用于确定的设备类型。

表1.38 设备散逸物中一些物质的成分组成数据

炼油厂排放源	化合物	释放VOC中的质量分数，%	炼油厂排放源	化合物	释放VOC中的质量分数，%
法兰	正己烷	4.76	阀	甲苯	0.7
	环己烷	0.14	泵密封	正己烷	11.4
	二甲苯	0.28		环己烷	0.52
	苯	0.14		二甲苯	1.34
	甲苯	0.7		苯	0.52
阀	正己烷	4.76		甲苯	3.1
	环己烷	0.14	压缩机密封	正己烷	5.3
	二甲苯	0.28	排水系统	正己烷	12.2
	苯	0.14		苯	2.47

应用下面方程式可以计算NPI物质的排放量：

$$E_i = E_{VOC} \times (WP_i / 100) \tag{1.63}$$

式中：E_i——从设备排放的NPI物质i排放量，kg/h；

E_{VOC}——该设备的VOC总排放量，kg/h；

WP_i——设备释放的蒸气中,该物质的质量分数,由表1.38可以得到。

1.46 工艺无组织排放的控制

本节将概括性地介绍炼油厂控制工艺无组织排放的两种主要技术,分别是:现有设备的改进和更新;实施泄漏检测和修复(LDAR)项目。

实施LDAR项目,可以将因设备泄漏而造成的排放量降低63%。实施这一项目的程序如下:

1.识别设备

每一个正常运转的设备都必须指定一个唯一的识别号,并在设备和配管自控流程图(PID)上进行记录。

2.泄漏定义

泄漏定义指临界标准(单位为ppm)。这取决于管理、设备类型、工作介质和监测周期。泄漏定义也可基于视觉检查和观察、声音和气味。只要当测量到的浓度超过了泄漏定义,就认为是发生泄漏。

3.设备检测

对于许多具有泄漏检测的规定,检测设备泄漏的方法是EPA参考方法21。本程序使用便携式检测仪。检测间隔取决于设备类型和泄漏的周期性,但通常是每周、每月、每季度和每年。

4.设备修复

当检测到设备泄漏之后,应该尽快修复设备。可以采取以下动作:紧固阀盖螺栓;更换阀盖螺栓;紧固填料密封压盖螺栓;注入润滑剂。

如果在装置不停车的前提下,在技术上修复不可行,则将设备列入延迟修复清单。

5.维修记录

对于每一个正常的工艺,所有设备主体的识别号列表、详细的原理图、设备设计规范、PID,以及性能测试和泄漏检测的结果都必须保存。

对于泄漏设备,记录、仪器和操作人员识别号及泄漏检测日期必须保存。每次维修的日期和尝试的维修方法说明应该记录。还应该包括维修成功的日期和确定维修是否成功的检测试验结果。

1.46.1 设备改进

有一系列设备改进方法可用于减少无组织排放。总体上,包括安装另外的设备以消除或减少排放,或用非密封型的新设备替换现有设备。一般通过设备改进减少排放的效率列于表1.39。

表1.39 设备改进效果

设备类型	改进措施	VOC排放降低率, %
泵密封	无密封设计	100[①]
	密闭出口系统	90[②]
	双重机械密封并保持隔离液压力高于泵送流体的压力	100
压缩机	密闭出口系统	90[②]
连接件	焊在一起	100
阀	无密封设计	100
卸压阀	密闭出口系统	控制效率低于其他排放源(如泵和压缩机)
	装配爆破片	100
取样连接器	闭环采样	100
开口管线	盲板、盖帽、加塞、二次阀	100

注:①必须指出,无密封设计在发生设备故障时会造成极大的排放,没有方法可测算这类事故的VOC排放量。

②实际控制效率取决于VOC排放物收集的比例,以及蒸气所引入到的控制装置(例如火炬和燃烧炉)的效率。

注意这些设备改进不适于"相关方程"和"泄漏/无泄漏"法,因为这些技术是基于设备检查的结果。然而,如果采用平均排放因子法测算设备排放量,就可以应用这些降低率,具体步骤如下:

步骤1: 推算VOC总排放量

推算VOC总排放量应该采用平均排放因子法。

步骤2: 减去相关设备部分

识别出应用改进措施的特定设备,应用排放因子测算这些特定设备未经改进时的排放量。一旦推算出这些设备的排放量,从VOC总排放量测算结果中减去这些设备的贡献(由步骤1导出)。这要避免两次排放量测算的可能混淆。

步骤3: 合并改进设备的散逸排放量

测算步骤2中识别的设备改进后的排放量,采用表1.39给出的降低率,用下面方程式:

$$改进后排放量 = 未改进时排放量 \times (1 - 降低率/100)$$

这些改进设备的排放量一旦被导出,这些排放量要加到采用步骤2推算出的VOC总排放量中。

第2章 水污染控制

摘要: 当石油、天然气加工企业和化工厂的有害废弃物排入河流或其他水体时, 这些物质就变成了污染物。本章主要从安全和环境控制方面介绍石油、天然气加工企业和化工厂的水污染控制最低要求, 包括以下几个方面的内容: (1)炼油厂水污染标准与控制; (2)石化工业水污染源、标准和控制; (3)有机化工生产中的水污染标准与控制; (4)监测。

关键词: 油脂; 地下水; 有机物; 需氧量; 污染; 预防; 浊度; 取样; 土壤水; 泄漏; 废水; 水污染

石油工业废水中含有有机化合物、酚类、重金属和其他污染物, 如铁、溶解和悬浮的固体、油、氰化物、硫化物和氯。为了减少这些物质的排放量, 必须对其进行准确的分析。

进入水体的污染物或杂质可分为:

(1) 可降解(非永久)污染物: 最终分解成无害物质或通过一些方法处理后可除去的杂质, 包括某些有机材料和化学品、生活污水、植物营养物质、细菌和病毒、某些沉积物等;

(2) 不可降解(永久)污染物: 在水环境中顽固存在的杂质, 其浓度只有通过稀释或经处理去除后才可降低, 包括某些有机和无机化学物质、盐、胶态悬浮物等;

(3) 有害水性污染物: 有害废物(包括有毒微量金属、某些无机和有机化合物)的复合形态;

(4) 放射性污染物: 已受到放射性源辐射的物质。

2.1 废水的特点和分类

天然水和废水可根据其物理、化学和生物组成来区分。废水的主要物理性质及其化学和生物组成、来源可列出长长的清单。每一个指定的水体应根据具体的指标来控制, 这可能包括基本的和更详细的数值标准, 简要讨论如下。

在实际和可能的情况下, 所有的水体都应达到"污染方面的五大自由"基本

标准:

(1) 无悬浮固体或其他物质由于人类的活动而进入水域,这些物质在水中会腐败,或产生其他不良污泥沉积,或对水生生物产生不利影响;

(2) 无漂浮的碎片、油、浮渣和其他漂浮物由于人类的活动而进入水域,这些物质聚集在水中时有碍观瞻,或会导致水质退化;

(3) 无导致水体产生颜色、气味的物质或其他在某种程度上造成公害的物质由于人类的活动而进入水域;

(4) 无有毒物质由于人类的活动而进入水域,这些物质在水中的浓度超过一定数值时,对人类、动物或水生生物有毒或有害,甚至导致致命性危害;

(5) 无营养物质由于人类的活动而进入水域,这些物质在水中的浓度超过一定数值时,会妨碍水生杂草和藻类的正常生长。

炼油废水污染物的评价参数包括生化需氧量(BOD)、化学需氧量(COD)、油含量、总悬浮固体(TSS)含量、氨(NH_3)含量、酚含量、硫化氢(H_2S)含量、微量有机物含量和一些重金属含量。

表2.1显示了各种污染物的主要来源。由表2.1可知,工艺废水对每种污染物均有贡献,而其他来源则仅排放某些特定的污染物。

表2.1 废水中的污染物及其来源

污染物	来源
重金属	工艺废水 罐池中污水排放、冷却塔排污(如铬酸盐型冷却水处理化学品的使用)
NH_3、H_2S、微量有机物	工艺废水(特别来源于流化催化裂化和焦化装置)
总悬浮固体量	工艺废水 冷却塔排污 压载水、水箱排水和径流
BOD_5, COD, 油	工艺废水,冷却塔排污 (如果碳氢化合物泄漏进入冷却水系统) 压载水、水箱排水和径流
酚类	工艺废水(主要来源于流化催化裂化装置)

2.1.1 不含油和有机物的水

这类水包括锅炉排污水、来自冷却水和锅炉补给水装置的排出水、来自无油区的雨水、未与油直接接触的冷却水。

2.1.2 意外被油污染的水

这类水包括正常情况下不含油的水流,但在事故发生后可能会含有油分。这些水流包括来自油库、管道沟和无油加工区的雨水、直流冷却水等。

2.1.3 连续油污染但含可溶性有机物的水

这类水包括来自石油加工区的雨水、油罐排污水、压舱排放水、冷却水排污、设备冲洗或清洗水。

2.1.4 工艺用水

这类水与工艺过程物流接触,来源于蒸汽汽提、原油洗涤和一些化学油处理工艺。它含有一定量的油和可溶物,如硫化铵、酚类、硫酚类、有机酸、无机盐(如氯化钠)。

2.1.5 清洁和生活用水

在化学和石油企业中的清洁和生活用水最终被归为废水。

综上所述,这五类水可能需要不同的处理方法,因此,在一个现代炼油企业中,为了降低水处理设施的成本,不同污水通常分开处理,但在化学和石油工业中,各种工艺过程都可能造成污染,应予处理。

2.2 水污染的终端

水污染的终端是那些储存设施,可接收来自炼油厂或进口设施的石油炼制产品。燃料通过卡车或铁路由终端分发给零售商或散装用户。终端是批发商、经销商、零售商和其他终端用户获取石油产品的地方。所有的终端都有装载门架和储存器,可以通过管道、船舶供应油品,并在某些情况下通过公路运输油品。然而进口终端只可通过管道从炼油厂或港口供应油品。虽然在精心设计和管理的设施上进行存储操作时直接引发大量事故的概率通常很低,但与终端设备操作相关的社区健康和安全问题可能包括公众暴露在泄漏、火灾、爆炸现场的潜在隐患。在通过公路、铁路或水路运输燃料的过程中,社区暴露在化学品危险隐患中的可能性更大。

2.2.1 废水污染源——原油码头

大部分原油码头的陆上设施包括用于保存原油、压载水和清洁用水的储罐及相关设备。因此,主要的环境问题是含油废水的污染,以及压载和清洁用水在排放前的处理。含油废水的处理方法包括采用各种类型的重力式分离器进行油水分离,可有效分离出含油废水中的污染物,从而最大限度地减少需要处理的废水量。

2.2.2 产品终端

产品终端通常是独立于炼油厂的,但在某些情况下可能会与炼油厂结合在一起。通常在终端处理的产品包括汽油、柴油、燃料油、液化气(LPG)、煤油、航空汽油、喷气燃料。在产品终端遇到的一些环境问题与炼油厂的环境问题相似,产品终端的污染控制方法也与炼油厂的污染控制方法相似。

2.3 水污染控制方案和措施

有效的水污染控制方案和措施如下:

(1) 采用真空吸污车回收泄漏的石油和碳氢化合物,减少排放量和污水量;

(2) 从普通污水中分离出含油废物、浓缩废物和其他工艺废物,从而得到更有效的处理;

(3) 在处理之前,通过定期冲洗工艺管道防止污染物积累,并利用流量和负载均衡法则,减少处理设施中污染物的负荷;

(4) 采用特定的措施处理含油污水、污泥、冲洗水以及其他污水;

(5) 尽量采用风机冷却,只有对那些操作温度低、用风机冷却不切实际或不经济的设备才使用冷却水;

(6) 限制工艺装置冲洗水的用量;

(7) 将污水汽提塔更换成再沸器汽提塔,减少污水并回收冷凝液;

(8) 在脱盐原油中注碱,以降低为控制原油蒸馏装置塔顶系统腐蚀所需的NH_3用量。

2.4 泄漏预防和控制

在装置设计和运行中,对石油和相关石油产品泄漏的防控应该是首要目标之一。预防措施应该包括但不限于以下几个方面:对所有设施制定设计标准、操作规程,定期复查、检查和监测设施状况,对操作人员进行培训,修改操作程序(如需要),以及对设施重新设计(如有必要)。

具体的设计内容为:原料和产品罐周围的防渗堤,对来自加工区雨水的控制,在废水处理设施中处理受污染雨水的能力,能够检测出管道系统的少量或慢速泄漏的泄漏检测系统,使用合适的阀门尽量减少潜在的泄漏量。

2.4.1 防泄漏技术

防泄漏是保护生命、财产和环境安全的第一道防线。以往的经验表明,操作或人为失误、设备故障是引起泄漏的主要原因。这两种原因引起的泄漏均可通过所有员工对泄漏预防的参与和努力而得到降低。

一般设施的适当设计、检查和维护是极其重要的。操作者的能力也非常重要,必须定期测试和升级。

如果拥有良好的设备、良好的操作者和良好的程序,则泄漏将减少。然而,泄漏不会完全消除。

一个小事故和一个灾难性事故之间的区别几乎完全取决于规划。这样的规划包括具有泄漏控制特征的工厂设计、警报系统、可行和有效的应急预案、经过培训的泄漏控制人员和足够的泄漏控制设备。

2.4.2 大容量存储

石油储罐的结构和材料应符合存储的油品和存储条件如压力、温度等的要求。

应提供不透水的备用容器,该容器具有最大的单罐容量、充足的降水限额和安全高度。

埋在地下的新金属罐应通过覆盖涂料、阴极保护或其他与当地土壤条件相适应的有效方法来防止腐蚀。如果有效、实用的话,应考虑使用非金属油罐。

地上储罐应进行适当的完整性测试。测试程序包括水压试验、外观检查,或采用无损壁厚探测系统进行检查。

将废水排入河道的工厂应该设置监控设备,在系统出现异常导致排油时,能及时发现并采取措施。

2.4.3 排水设施

排水设施应提供适当的控制或牵制结构,以防止油品泄漏。

2.5 地下水污染控制

液体石油产品泄漏的两个基本来源是设备故障和操作错误。

(1) 设备故障包括地上和地下管道、储罐的腐蚀和泄漏,阀门故障,炼油装置操作异常,下水道和污水管泄漏。这类故障多数可通过适当的检查和维护措施予以避免。

(2) 操作错误主要包括储罐装载过满、阀门和管道的定位不当。通过开发成熟的操作程序、定期培训和测试操作人员,以及采取系统的后续行动确保程序的执行,这些错误和其他操作错误均可以得到有效的避免或纠正。

2.5.1 预防措施

在永久性设施或结构施工期间所采取的预防措施必须考虑以下几个问题:

(1) 设施类型(炼油厂、储罐、管道,等等);

(2) 可能会对场地造成污染的石油的数量和性质;

(3) 地质状况和水文地质环境,含水层的地形、深度、范围和性质状况;

(4) 周边经济环境状况,对家用水井和通风状况的影响,对河流的污染风险,等等;

(5)预防体系涉及4个领域:防腐蚀,地面防护措施,地下预防措施,对地表不可见的意外污染或地下水位的异常变化进行检测和报警的监控设备。

其他预防泄漏物进入地面并控制其流向的方法如下：

(1) 通过铺设混凝土、黏土或沥青层、塑料片(布满碎石的PVC片材、纤维玻璃增强改性的环氧树脂)和混有土壤的化学制品，使污水无法渗入土壤中；

(2) 厂区的地面排水系统通过设有人孔(铸铁、钢、环氧树脂)的管道系统和排水沟将含油污水排入污水管，然后进入隔水池或分离器中进行处理。

2.5.2 设备类型

1.沟槽

该保护系统被用作防止油品水平移动的屏障，根据土壤条件，如果地下水位低于约3~8m的深度，则只能在实际规模上实施。

通过挖一条在测压管水位以下大约1m的壕沟，可阻止石油在地下水表面的扩散。油品流进壕沟的水面，并在此得到回收。

2.水动力保护

采用流体力学方法控制油品泄漏的原理是通过改变地下水流动的模式，使游离油或污水可能被吸入到一个或多个特定的控制点。这可以通过地下蓄水层的排放或充水，或通过两者的组合来实现。该方法的成功取决于在地下水面维持一个人造的梯度。

3.监测

地下水监测装置主要用于对地表不可见的意外污染或地下水位的异常变化进行检测和报警。根据污染发生的可能性，这些设备可安装在石油储存区、废物处理设施(包括污水池、土耕法处理设施、垃圾填埋场)或整个系统中。

在选择监控设备时，应注意最大限度地提高系统的准确性和可靠性。此外，应进行监测，区分以前的和新的泄漏。

4.缓解措施

在检测到泄漏或任何污染后，应确定污染的程度和范围、进行污染区域的水文地质评估，并据此制定必要的补救措施。适当的补救措施应包括油品和含油水的回收、污染区域的复原处理。

5.回收措施

在回收地下水表面的游离油时，应考虑的主要因素是利用自然水梯度，也可通过人工诱导形成梯度或增强现有梯度。游离油可以通过回收设备富集在一个数量相对有限的选定地点并进行回收。井和沟槽通常用于石油和水的回收。

2.6 原油码头的废水污染控制

石油工业中的废水种类繁多，包括工艺废水，如原油脱盐水、加氢裂化或加氢处理工艺的酸性水；一般性污水，如含油污水、清洗水；以及废碱液。为了满足废水排放的质量要求，最好的办法是对这些不同的废水分别进行处理。在本章中，首先简要介绍炼油厂废水处理的常用技术，然后详细介绍废水处理的最佳管理实践经验。

在原油码头，污水的最大来源是油轮的压载水。需要处理的压载水数量取决于船舶设计、操作和控制压载水排放的规定。船舶设计参数包括隔离压载舱的数目、油罐的尺寸以及船上携带的油/水分离器的使用情况；操作参数包括以前的货物类型、天气条件和油罐的清洗状况。通过优化油轮的设计和运行，可以减少需要处理的污水量。

压载水的处理包括将压载舱放置在岸边的槽库，静置10~24h，然后撇去浮油，并将水排空。在某些情况下，这种简单的重力分离法仍然是可行的，但是为了得到更好的处理效果，必须采用其他物理的、化学的和/或生物的方法对其进行处理。

在有些地方，岸上空间紧缺，场地租用费很高，在这种情况下，则可采用转换冗余油轮形式的压载水排出设施。一种消除油轮中污染压载水的方法是使用隔离的压载舱。

2.6.1 简单的重力分离

油水分离是炼油厂残留水常规处理的第一步，其目的是去除水中的不溶性碳氢化合物和悬浮物。该分离过程一般在重力作用下进行，可采用几种不同形式的分离器，有立式(API分离器)、圆形的，也有叶片状的。

这些处理系统依靠重力差来分离油和水，能够去除水中大量非溶解态和非乳化态的浮油，包括静置和沉淀装置、具有撇油功能的直通式静置装置、API分离器、波纹板拦截器(CPI)和容纳池。

2.6.2 简单重力分离系统的组合

可将上述单独的处理装置组合利用，这样的组合可能包括静置和沉淀装置加上API分离器或CPI波纹板拦截器；静置和沉淀装置加上容纳池；或静置和沉淀装置加上API分离器或CPI波纹板拦截器加容纳池。

采用组合处理装置往往是最好的处理方案，其主要原因为：

首先，在进行CPI或API分离前先进行静置和沉淀处理去除原油，可防止下游分离器出现临时超负荷的情况。

其次，将沉淀池的负荷设计为最大流量，而分离器的负荷设计为平均流量，采用沉淀池与CPI或API分离器组合处理装置，而不是在最大流量时单独采用CPI或API分离器来处理，可以降低处理成本。

第三，CPI或API分离器与容纳池组合，可作为一个防护装置，最终捕获从沉淀池意外排出的任何油分。

2.6.3 残留的悬浮物

如果要将污水中非溶解性油分的浓度降低到25mg/L以下，在简单的重力分离系统后，可采用几种方法进一步处理。

这些方法也会使固体悬浮物浓度降低到30mg/L以下。由于去除了石油类和固体物质，BOD也可以降低。这些处理过程对可溶性油分含量的影响不大。

物理方法包括溶解空气浮选法；过滤法(利用重力或压力过滤器)；物理分离与使用化学药剂(如无机絮凝剂，和/或破乳剂或聚合电解质)组合法；絮凝/沉淀法；絮凝–溶解空气浮选法；以及诱导空气浮选法。

2.6.4 物理和化学净化

在进行生物处理前，必须进行物理和化学净化处理。这项技术将化学反应与物理分离结合在一起。最常用的技术有混凝、絮凝、空气浮选和过滤。采用该类技术，可去除胶体悬浮物和不溶性碳氢化合物。

2.6.5 生物处理

经物理和化学处理后，污水中还存在一些溶解性污染物，这些物质仍需去除。这些污染物包括可溶性碳氢化合物、可溶性COD和BOD类物质、酚类化合物和含氮化合物。这些物质可生物降解，可通过生物处理技术去除，如活性污泥或生物滴滤法。在某些情况下，生物处理技术可能适合用于去除溶解的可生物降解类物质，在普通压载水中可生物降解类物质的浓度一般较低。用于生物处理的典型设备包括活性污泥池、生物滴滤池、生物转盘和氧化塘(曝气或不曝气)。

2.6.6 泄漏

原油码头作业的一个主要环境问题是石油泄漏对鸟类和海洋生物的影响。

根据码头类型(海上或海岸)和水的特性(如洋流和接近开放水域)不同，泄漏的影响可以从不明显到十分有害。例如，像入海口之类的封闭区域，已被认为是最富有成效的海洋环境，随着时间的推移，泄漏到该区域的石油可能会积累到不可接受的水平。

与入海口(港湾)区域的石油泄漏相比，近海区域相同程度的石油泄漏对海洋环境的影响较小，其原因主要有3个：

(1) 在近海区域只有很少的生物受到影响；

(2) 由于近海区更多海水的稀释作用，石油泄漏带的有毒化合物浓度预计将不断降低；

(3) 由于入海口处受到的海水冲刷有限，因此，与之相比，近海区域泄漏的石油与海洋生物接触的时间一般会缩短。

除了泄漏的石油以外,处理过的压载水也会影响"封闭"区域的海洋生物。因此,最好的办法是将处理过的压载水通过管道输送到其他流动混合性良好的区域,从而保护"封闭"区,尽量减少对海洋环境的影响。

泄漏污染是原油码头的一个重要特征。最常见的隔离系统是使用浮臂和吸附绳,另外,还有两种不常用的替代方案,即气泡隔离系统和封闭的泊位。

2.7 选址和设计

在前面的章节中,对污染源及其控制方法进行了讨论,下面将对炼油厂或码头的选址和设计中特定污染物的管理进行探讨。

炼油厂或码头的主要设计要求是尽量减少或消除污染物对环境的排放。

实现这一目标所采取的措施和方法取决于所加工原油的类型,产品的类型,水、燃料和其他公用工程的可用性,以及商定的污染参数。

在这个阶段也必须考虑安全方面的要求,确保周边居民和工厂人员免受如火灾、爆炸和有毒化学物质等的危害。

下面对项目选址和设计中关注的问题进行简要介绍,仅指出潜在的环境影响。

2.7.1 水生生态系统

炼油厂或码头的选址应考虑对水生生态系统的潜在影响。在选址中水生系统的表征应包括:产卵区、喂养区、商业捕鱼区和运动钓鱼区的位置,底栖生物种群的状况,以及对初级生产力及其限制因素的评估。

设计中考虑的因素应包括设备的供水需求。虽然水的使用通常是非消耗性的,但应重视供水和排水区的设计。

在炼油厂或码头,总是存在石油或石油产品排放的潜在可能性。对所有设备都应该制定一个泄漏应急预案,并配备清理泄漏所需的基本设施。对所有的罐槽都应该进行适当的防护。

2.7.2 陆地生态系统

在炼油厂或码头选址中,对陆地生态系统的影响包括总有效栖息地的减少或损失、食物网的破坏或改变、种群的变化。选址中的另一个关注点应该是植物和动物对污染物的敏感性。

2.7.3 湿地生态系统

尽管滩涂可能是非植被的,但根据大多数年份中的水位情况(在陆地表面、附近或以上),在水文情势不同的区域形成了水生或湿地生的植被。由于湿地属水域系统,一个影响小区域水质的任何变化,均会传播到其他地区,扩大其潜在影响。

通过灌水、清淤、排水，或创建蓄水池，可以直接改造湿地。间接地，通过改变水流模式和相邻陆地的用途，也可以改变湿地区域的功能和价值。

除了设施建设以外，与这些设施相关的管道铺设也会对湿地产生影响。

2.7.4 土地利用

炼油厂或码头的选址还应考虑现有土地的利用，以及与当地和区域土地利用规划的兼容性。

2.7.5 水污染控制

水污染控制的选址和设计准则如下：

1.选址

在炼油厂选址中，水污染控制的最重要方面是污染的废水对进水系统的影响。在选址调查中评估的几个因素为：热负荷、总溶解性固体、重金属浓度、废水中有机物的影响。

2.设计

水污染控制的设计取决于废水排放到水体或公共污水处理厂时要求的净化程度，以及炼油厂的特点。下面的设计实践主要针对工艺废水和非工艺废水的分类，以及原料和处理后废水的循环和再利用。

(a) 根据含油量和再利用潜力，对炼油厂废水进行分类和处理，常见的4类污水有：无油废水、含油冷却水、工艺用水、普通废水。

(b) 原料和处理过的废水应回收利用，以降低废水处理量，从而减少补充水的用量。例如：催化裂化装置的废水富含H_2S(酸水)，经汽提后可用作原油电脱盐装置的补充水。

(c) 油库、工艺和产品处理区相对于污水池或污水管应有一定的斜度或坡度，使泄漏物能快速清除和收集。

(d) 在管道的两端应安装止回阀和储罐，专门用于泄漏预防和控制。

(e) 在经常关闭的阀门上应安装密封件。

(f)在地下管道和储罐上应安装阴极保护系统，或者在管道外面涂刷连续的防护涂层，以防止管道与土壤直接接触。

(g) 在可行的情况下，所有管道应位于地面以上，以便于检查和识别泄漏。

(h) 混凝土沟渠(通向化学废物系统或废水系统)应安装在管道的下面。

2.8 石化工业废水的来源

2.8.1 水污染

在化工厂，由化学反应形成的水一般少于蒸发到大气中的水，因此水的排放量往往比水的摄入量少。然而，大部分的进水都被排放掉了。

另外,雨水在流过工厂污染区时也会受到污染,并作为废水的一部分排出。

2.8.2 冷却水

大多数工业用水是用作冷却水。例如,在石脑油热裂解制乙烯和二氯乙烷(EDC)热裂解制氯乙烯的过程中均要求快速冷却;在聚合反应和氧化反应过程中反应热的排出;以及分馏塔冷凝器的冷却。由于采用间接冷却的方法,冷却水一般不会受到污染。然而,在冷却器管束由于腐蚀作用破损而出现液体泄漏的情况下,会对冷却水产生污染。

2.8.3 洗涤水和工艺用水

从污染水的性质来看,洗涤水与工艺用水相似,所以前者常被称为"工艺用水"。因为水可溶解多种物质,因此常用水进行清洗,如二氧化碳、硫化氢、盐酸气体可溶解在稀碱水中。

石油化工厂的洗涤水和工艺水用量与冷却水相比非常小。这些废水含有大量的有机物质和溶解油,但其COD和BOD值不足以体现石化工艺废水中有机物质的含量。

石化工厂废水中的有机物可以用总有机碳(TOC)和总需氧量(TOD)来表征,但是在废水中有毒物质检测或废水处理方法的选择中,TOC和TOD本身并不总是被认为是有用的指标。由于工艺流程不同,石化工艺中排放的有机化合物性质不同,因此必须了解具体的排放源。表2.2列出了工厂操作中不同类型的水污染(废水、废液)情况。

表2.2 水污染(废水、废液)的类型

来　源	污染实例
冷却水	裂解气直接冷却或骤冷处理—废水中含焦油尘、硫酸氢盐和氰化物
	间接冷却器管束的破损—管内液体对冷却水的污染
	蒸汽喷射器—喷射器蒸汽冷凝液中含有挥发性碳氢化合物
锅炉给水	蒸汽喷射器—喷射器蒸汽冷凝液中含有挥发性碳氢化合物
洗涤水	从气体洗涤过程中排出的水,含硫酸氢盐和盐酸等
	从液体洗涤过程中排出的水,含盐酸等
	除尘器排出的水,含有灰尘
工艺用水	悬浮液和乳液聚合用溶剂,含有催化剂、乳化剂、塑料单体等
给水(化学反应、电解)	蒸汽汽提中的蒸汽冷凝液含有溶解的碳氢化合物
	用于石脑油热裂解的稀释蒸汽中的蒸汽冷凝液含有碳、苯酚和轻质油
泄漏(损失)	由于操作错误引起的泵和搅拌器轴、阀杆和法兰的泄漏

2.8.4 石油化工厂的典型污染物

石油化工行业产生的废水的基本特征是存在以下物质:

(1) 不能生物降解或只可轻微生物降解的有机物质；

(2) 含氮化合物；

(3) 重金属。

2.8.5 石化废水处理

石油化工产品被定义为大宗化学品，主要来自天然气、石油，或两者兼而有之。应该对所提出的或已被应用于生产石油化工产品的工艺过程进行认真检查，以减少水溶性有机物进入供水系统的可能性，可考虑以下方法：

(1) 废水的循环和再利用；

(2) 采用油或化学品进行骤冷，而不是用水，不会产生水性废物；

(3) 使用不产生水性废物的替代工艺；

(4) 使用空气冷却器或冷却塔代替直流冷却水；

(5) 在污染物混入废水之前，在生产操作中将其消除；

(6) 对废水进行处理，降低工厂排出的废水中化学物质的含量。

自动化控制、报警系统的广泛使用以及操作员的经常巡查，对防止化学品的漏损也很重要。一定要安装足够的便利设施，防止化学品和废物不受控制地排放到下水道或给水区。一个非常有效的质量控制手段是采用可容纳几天生产废水的大型氧化塘，这样就可对其水质进行检测，合格后再排放到给水区。

2.8.6 化肥

化肥厂产生的废水有多种来源，可概括如下：

(a) 合成氨装置的含氨废物；

(b) 尿素生产装置的含氨和尿素的废物；

(c) 铵盐，如硝酸铵、硫酸铵、磷酸铵盐；

(d) 磷酸盐和过磷酸钙装置的含磷酸盐和氟化物的废物；

(e) 硫酸、硝酸和磷酸装置的酸性泄漏物；

(f) 离子交换再生装置的废液，包括阳离子交换装置的废酸液以及阴离子交换再生装置的废碱液；

(g) 冷却塔排污中含磷酸盐、铬酸盐、硫酸铜和锌的废物；

(h) 金属盐，如含铁、铜、锰、钼、钴的盐类；

(i) 从澄清器排放的污泥以及从砂过滤器排出的反冲洗废水；

(j) 部分氧化单元的炭浆；

(k) 气体净化过程的洗涤废水，含有的污染物包括单乙醇胺和二乙醇胺 (MEA和DEA)、砷化物As_2O_3、碳酸钾、烧碱。

化肥生产中的废水会从各种单元操作中产生，并且不同装置的废水存在相当大的差异。每个生产单元的运行时间、维修状态、操作管理情况和复杂程度都会对厂内物料损失的程度产生重要影响，导致过度损失(以及随之而来的污染)的主要原因归纳如下：

(1) 基本生产装置的技术落后，其过程控制低效和劣质；

(2) 保养和维修不当，特别是控制设备的保养和维修不当；

(3) 原料经常变化，难以通过调整工艺装置的操作来有效地应对这些变化；

(4) 在原厂设计阶段，缺乏对污染治理和物质损失的预防。

由于工艺上的冷却要求，化肥生产厂的整体耗水量可能很高。废水排放的总量在很大程度上依赖于厂内废水的循环再利用程度，在完全回收利用的情况下，原水主要用作补充水。

设计采用直流式冷却系统的工厂通常会产生大量废水，从 $1000m^3/h$ 到 $10000m^3/h$ 以上，主要是排放的冷却水。

2.8.7 氮肥

一个以生产硝酸铵和尿素产品为基础的复杂氮肥厂可能产生的污染物包括硝酸铵、硝酸、氨、尿素、硫酸、烧碱、铬酸盐、油、油脂、锅炉给水添加剂等，这些物质存在于全厂的废水中。合成氨和尿素生产装置的废水分类如下：

(a) 合成氨装置：HCN汽提塔的排放物；跑损的催化剂；变换工艺中的冷凝物。

(b) 尿素生产装置：浓缩的废液；冷却水排污。

在含油污水和生活污水中，还可能出现其他额外的污染物排放。

2.8.8 磷肥

对于磷肥生产中的污水来源，举例如下：

工厂1：原水进水

污水来源：过磷酸钙装置；硫酸装置；水处理装置；冷却塔；其他来源。

工厂2：原水进水：海水(直流冷却)

污水来源：合成氨装置；磷酸装置；硫酸装置；公用工程设备；冷却水的补给；锅炉排污、清洗离子交换装置和地板的洗涤水。

2.8.9 NPK(氮/磷/钾)复合肥料

NPK污水源的重要组成部分是造粒机组直接跑损的肥料化合物。对于复合肥料生产中的废水，举例如下：

工厂1：原水进水

污水来源：合成氨装置；尿素装置；磷酸和NPK装置；水处理装置；冷却塔；锅炉设备。

工厂2：原水进水

污水来源:合成氨装置;尿素装置;磷酸和NPK装置;硫酸和硝酸装置;水处理和蒸汽发电装置;甲醇装置。

2.8.10 污染的影响

废物可以被细分为主要的和次要的元素,但应该指出的是,在特定的情况下,特殊的次要废物组分产生的污染影响更显著。

主要污染物:化肥生产中废水的一般水污染效应主要依赖于其元素组成,例如,氮和磷,在不同的化学形态下,其污染效果不同。

2.8.11 氮

以下各节中将介绍与氮有关的化合物。

2.8.12 氨态氮和尿素

由于尿素可水解为氨态氮,因此这两种化合物组合在一起,归为一类。氨态氮存在的污染问题包括毒性、需氧、富营养化。氨在相对较低的浓度下也会对鱼类和其他水生生物有毒,尿素本身对某些水生生物有毒。

由于通过氯化进行化学干扰(即形成氯胺中间体)和相应的氯需求量增加,如果接收水用于供水目的,则在高氨浓度下也可能造成污染问题。

2.8.13 硝酸盐

高浓度硝酸盐所引起的水污染问题包括富营养化和对公众健康的影响。高浓度的硝酸盐会加剧水体的富营养化,从而促进藻类和水生植物的生长,对水体质量和景观价值产生不利影响。危害健康,用于供水用途的水体中所含硝酸盐对健康的危害被认为是婴儿高铁血红蛋白血症和潜在的致癌作用。

2.8.14 磷酸盐

较高浓度磷酸盐的存在对水体富营养化的影响很大。鉴于接收水区域中无机养分的富集,在许多情况下,磷酸盐可能比含氮化合物更重要。因为某些形式的水生植物具有固氮作用,可以吸收大气中的氮,所以并不是完全依靠可溶性氮来促进增长。

在这些情况下,磷酸盐成为生长限制剂,控制富营养化的规划中一般都致力于降低有效磷酸盐的控制指标,以防止藻类和大型植物过度生长,以及随后引起的营养物存留率增加。

2.8.15 次要成分

在液体废物中,除了含氮化合物和磷酸盐等主要组分引起污染外,大量的次要废物组分也可产生污染,这些污染物主要为:油和油脂;六价铬;砷;氟化物。

在特定的情况下,这些污染物中的一种或多种可能会对接收水产生不利影响,主要是由于其具有毒性,或能引起抑制硝化作用。此外,油和油脂可能对水道的氧传递特性产生不利影响。

2.8.16 烯烃厂

2.8.16.1 液体废物

烯烃厂排放的液体废物主要有含油污水、火炬系统抽空排污、碱氧化废水、稀释蒸汽发生器排污、污染的冷凝液。

2.8.16.2 含油污水

含油污水的主要来源为油罐排出的污水和水力除焦废水。

在清洗结焦设备时产生的水力除焦废水中含有焦粉,在排入含油污水处理系统之前,应对焦粉进行筛除。

2.8.16.3 火炬系统污水

火炬系统用于对在错误操作和紧急情况下排放的碳氢化合物进行安全处置。

热火炬气液分离罐主要用于收集来自火炬密封罐、多余的燃气、热缓解和热排污中的液体。

2.8.16.4 废碱液中和

来自裂解炉的裂解气,在进入装置冷却段进一步处理之前,先进入碱洗塔处理,去除其中的残余气体,包括二氧化碳、硫酸氢盐和硫醇。

废碱液从洗涤塔排出,富含硫化物和挥发性有机化合物(VOC),如冷凝油和苯。碱洗废液通常是烯烃厂产生的最难以处理的废物。这主要是由于其中的硫酸盐浓度可以高达6%(以NaHS表示),取决于裂解炉进料和洗涤塔的操作情况。现场处理废碱液的最有效手段是湿式空气氧化法,可以将活性硫酸盐氧化为可溶性的硫代硫酸盐和硫酸等。

2.8.16.5 污染的冷凝液

可疑冷凝液为来自换热器的所有冷凝蒸汽,其中换热器的碳氢化合物侧压力大于加热蒸汽的压力。当换热器出现泄漏时,会导致冷凝液受到碳氢化合物的污染。通常情况下,冷凝液不会流进缓冲罐。冷凝液中的污染物可能为丙烷、丙烯、丁烷、丁二烯及戊烷(其含量与最大溶解度有关)。

2.8.16.6 稀释蒸汽发生器排污

烯烃厂废水的主要来源如下:在正常和不正常操作条件下的工艺用水;急冷塔的工艺用水;可能污染或非污染地区的地表径流。

废水的组成是可变的,取决于各自的来源。但主要污染组分是油、酚、硫化氢、烃类。

2.8.17 聚合物厂

以聚乙烯(HDPE/LLDPE/LDPE)厂为例:

1.工艺废水

从干燥塔底部排出的工艺废水夹带有聚合物细粉,通常具有以下特点:温度<50℃;$BOD_5<100\mu g/g$;$COD<200\mu g/g$;悬浮固体含量最大为$100\mu g/g$。

2.雨水和地板冲洗水

雨水和地板冲洗水按其来源应分别收集和处理。

3.聚合物区

聚合物粉末和有时可能从泵、压缩机和其他机械设备漏出的油是聚合物区的潜在污染源。

在铺砌区域流过的雨水和洗涤水可以带走聚合物粉末和油,因此应分别收集到污水池,在此保留夹带的污染物。

4.挤出设备区

挤出设备区的地板偶尔会受到聚合物/碎片和润滑油的污染。

2.8.17.1 工艺废水

连续工艺的废水来源为干燥洗涤器和堆垛区分。从干燥洗涤器底部排出的废水含有微量聚合物细粉,通常具有以下特点:pH值6~8;温度40~60℃;污染物为含聚合物粉末。

码垛区的废水中含有油和微量的悬浮固体,通常具有以下特点:pH值7~8;聚合物粉末$25\mu g/g$;油含量最大为$1\mu g/g$;COD 5~10$\mu g/g$;温度50~80℃。

2.8.18 聚氯乙烯厂

就像任何其他塑料的生产一样,聚氯乙烯(PVC)厂通过聚合反应生产PVC。在聚合过程中,会产生非常大的热量。为了移走热量,开发了两种工艺技术,即乳液法(E-PVC)和悬浮法(S-PVC)工艺。E-PVC装置排出的废水与S-PVC装置排出的废水类似。

聚氯乙烯厂的废水主要来源于聚合反应器的助剂、真空站、回收的氯乙烯单体。将这些来源的污水收集在带有两个隔间的废水沉淀池。含湿性PVC和VCM污染组分的废水的主要特点如表2.3所示。

表 2.3 含湿性PVC和VCM污染组分的废水的主要特点

项目	数据	项目	数据
温度/℃	40~70	$BOD_5/(\mu g/g)$	75~150
pH值	6~7	湿性PVC含量/[(mg/(kg水)]	15~20
$COD/(\mu g/g)$	150~250	VCM含量/[(mg/(kg水)]	0.5~1

2.8.19 芳烃厂

芳烃厂的废水主要是来自正常操作条件下的石脑油加氢装置和催化剂再生

装置。

1.石脑油加氢装置

该装置产生的废水主要为酸性水,来自反应产物分馏塔。根据石脑油进料的质量,酸性水中含有碳氢化合物、H_2S 和 NH_3。

酸性水的典型特征如下:温度45℃;HC含量100μg/g;H_2S 含量50μg/g;NH_3 含量 20μg/g;

将酸性水收集,并在酸性水处理单元,采用与过氧化氢直接氧化的方法进行批量处理。

2.催化剂再生装置

作为芳构化单元的组成部分,催化剂再生装置可连续对芳构化单元的失活催化剂进行再生,并将再生催化剂自动送回芳构化反应器。

该装置产生的废水主要来自洗涤塔、氯氧化塔和干燥机组。

(a) 洗涤塔废水

洗涤塔废水的主要污染成分为溶解于水中的二氧化碳,并含有微量的碳酸钠、氢氧化钠、氯化钠、氯氧化钠。

(b) 氯氧化塔废水

氯氧化塔废水中含有一些钠盐。整体来看,该废水为各种钠盐的混合物,如氢氧化钠、碳酸钠、氯氧化钠和氯化钠,需采用盐酸进行中和处理。

2.9 工业废物的环保处理

所有的工业企业,在其产生的废物量超过标准要求时,均应配置废物处理设施,对废物进行处理,在达到标准要求后才能最终排放到环境中。对处理过的废水进行稀释以使其达到标准要求是不允许的。在处理的最后阶段应提供监控系统,对废物的各项排放指标进行监测。表2.4、表2.5、表2.6分别为城市废水的典型标准、废水的允许浓度以及饮用水的特性。

表2.4 典型的城市废水的最大排放标准(日均)

污染物指标	最大浓度	备注
BOD_5/(mg/L)	30	不应增加到超过50mg/L
COD/(mg/L)	60	不应增加到超过120mg/L
Cl/(mg/L)	1	
氯仿/MPN	100/(100mL)	
颜色/颜色单位	16	
清净剂/(mg/L)	1.5	等效于 A.B.S
溶解氧/(mg/L)	2	

污染物指标	最大浓度	备注
F/(mg/L)	2.5	
氨(以N计)/(mg/L)	2.5	
亚硝酸盐(以N计)/(mg/L)	50	
硝酸盐(以N计)/(mg/L)	10	
油和油脂/(mg/L)	10	
pH值	6.5~8.5	
磷酸盐/(mg/L)	1	
可沉淀固体/(mg/L)	0.1	
悬浮固体/(mg/L)	40	悬浮固体含量不应增加到超过60mg/L
硫酸盐/(mg/L)	400	给水中硫酸盐含量不应增加到超过10%
硫化物/(mg/L)	1	
浊度/(mg/L)	N.T.U(浊度法的浊度单位,以前为J.T.U.)	50

表2.5 典型废水的允许排放浓度

污染物	排放到地表径流/(mg/L)	排放到地下水/(mg/L)	灌溉和农业用途/(mg/L)
Al	5	5	5
Ba	2	1	1
Be	0.1	1	0.1
B	2	1	1
Cd	1	0.01	0.01
Ca	75		
Cr^{6+}	1	1	1
Cr^{3+}	1	1	1
Co	1	1	0.05
Cu	1	1	0.2
Fe	3	0.5	5
Li	2.5	2.5	2.5
Mg	100	100	100
Mn	1	0.5	0.2
Hg	0	0	0
Mo	0.01	0.01	0.01
Ni	1	0.2	0.2
Pb	1	1	1
Se	1	0.01	0.02
Ag	1	0.05	0.01
Zn	2	2	2

污染物	排放到地表径流/(mg/L)	排放到地下水/(mg/L)	灌溉和农业用途/(mg/L)
Sn	2	2	
V	0.1	0.1	0.1
AS	0.1	0.1	0.1
Cl^{-1}	对于淡水，工业废水的氯含量不应超过250mg/L	对于淡水，工业废水的氯含量不应超过250mg/L	对于淡水，工业废水的氯含量不应超过250mg/L
F	2.5	2	2
P	1	1	–
CN	0.2	0.02	0.02
C_5H_5OH	1	0	1
CH_2O	1	1	1
NH^{4+}	2.5	0.5	
NO^{2-}	50	10	
NO^{3-}	50	1	
SO_4^{2-}	300	300	500
SO_3^{2-}	1	1	1
TSS	30	30	100
SS	0	0	0
TDS	工业废水中的总溶解固体不应使废水排入的地下水/河流和任何其他水源中在距离200m范围内这些物质的含量超过10%	工业废水中的总溶解固体不应使废水排入的地下水/河流和任何其他水源中在距离200m范围内这些物质的含量超过10%	工业废水中的总溶解固体不应使废水排入的地下水/河流和任何其他水源中在距离200m范围内这些物质的含量超过10%
油和油脂	10	10	10
BOD	20	20	100
COD	50	50	200
DO	>2	>2	>2
ABS(清净剂)	1.5	0.5	0.5
浊度	50	50	50
颜色	水源水的颜色不应由于工业废水的排入而超过16个标准单位	75 个颜色单位	75 个颜色单位
温度	工业废水的温度不应使水源水在距离200m范围内的温度变化超过±3℃		工业废水的温度不应使水源水在距离200m范围内的温度变化超过±3℃
pH 值	6.5~8.5	5~9	5~9
辐射活性	0	0	0
消化大肠杆菌	400/(100mL)	400/(100mL)	400/(100mL)
MPN	1000/(100mL)	400/(100mL)	400/(100mL)

表2.6 饮用水的典型物化特性

特　性		期望阈值(T.L.V)	最大值	特　性	期望阈值(T.L.V)	最大值
颜　色		5个单位	5个单位	硬度	150	500
气　味		2	3	Ca	75	200
浊　度		5	25	Mg	50	150
pH值		7~8.5	6.5~9.2	Mn	0.05	05(0.5)
饮用水的化学性质/(mg/L)	As	0	0.05	Fe	0.3	1
	Cd	0	0.01	Zn	5	15
	Cn	0	0.05	Cr	0.5	1.5
	Pb	0	0.1	Cl	200	600
	Hg	0	0.001	SO_4	200	400
	Se	0	0.01	N	0.002	0.05
	Cr	0	0.05	清净剂	0.1	0.2
	Ba	0	1	P	0.1	0.2
	Ag	0	0.05	总溶解固体	500	1500
	B	0	1			

（右侧第五列上部单元格标注：饮用水的化学性质/(mg/L)）

2.10 水质监测

对水质进行监测是必要的，其原因如下：

(a) 测量水的相关问题(什么，在哪里，为什么，什么时候)；

(b) 测量废水的参数，用于计算市政或区域处理系统的废水处理负荷；

(c) 测量废水的参数，以便在泄漏或工艺出现异常的情况下，发现问题并采取紧急行动；

(d) 测量废水排放对接受水体水质的影响；

(e) 测量所有工艺废水以及相关液体原料的数量和质量；

(f) 收集大量有关水的使用和污染方面的资料，以便进行预处理系统和/或回收系统的设计。

石油、天然气和化工行业将废水排放到市政或区域处理系统，应当要求其监测污水情况，或允许其他部门进行监测。

2.10.1 水质监控系统的设计考虑因素

在准备策划水质监测方案时，应回答以下问题：

(a) 必须或应该监测什么？

(b) 应何时收集样本及安装监控设备？

(c) 应如何监测？(样品的收集、储存、分析)。

这3个问题总是不能按所列顺序完全回答,通常,对信息进行收集和汇总,几个问题可同时回答。当选择在危险区建立监测站时可能出现问题,因为适当类型的防爆设备在该地区不能使用或极其昂贵。在这种情况下,"在哪里"和"如何"不兼容,必须做出妥协。一般来说,应监测的参数和设备都包含在后续章节中。

2.11 现场便携式水污染监控仪器

废水中污染物的来源和T.L.V(阈限值)在前面的章节中已经描述。提出了最合适的方法和设备,用于尽可能地监测地表水、地下水、冷却或循环水、锅炉水、锅炉给水、经过不同程度处理的废水以及未经处理的城市废水或工业废水。

在这里,试图提出可广泛应用的方法和设备,但在监测组成极为罕见的样本时,本书提出的设备可能需要修改或可能完全不适合。

在本章前面提到的所有的参数(工业废水的最大排放标准)都可以通过便携式仪器监测,但不包括有机物和放射性物质。

这种设备已被开发出来,可以满足在现场简单、方便、准确地测定水质的需要。采用通过预校准仪表直接读出刻度的色度计进行比色试验。

容量测试是采用滴定法,通过使用一个独特的滴定管和具有精密螺杆柱塞的滴定架进行滴定。

此设备无需滴定溶液,因此在测试中可以得到准确、可靠的结果。

2.11.1 交流比色计

如上所述,本测量方法的基础为比色法,其中一些试剂可以添加到水样品中,以产生彩色溶液,然后对其进行测试。便携式仪器的类型可由有关部门确定。其详细的技术参数见表2.7。

表2.7 技术参数

碱 度	铁
酚酞和总碱度滴定:每种指示剂足够进行100次试验;滴定剂平均可以进行100次的测试(125μg/g)	简化的邻菲罗啉法
	比色测量范围: 0~3μg/g
	试剂足够进行约100次试验
二氧化碳	锰
标准滴定法;试剂足够进行约100次试验	冷高碘酸氧化法
	比色测量范围: 1~10μg/g
	试剂足够进行约100次试验
氯化物	硝酸盐,氮
硝酸汞滴定法—试剂足够进行约100次试验;比色测量范围: 0~1.5μg/g的Cl, 100次试验;0~15μg/g的Cl, 约100次试验	镉还原-重氮化法;比色测量范围: 0~1.5μg/g和0~150μg/g的N;试剂足够进行约100次试验

碱 度	铁
氯化物	硝酸盐，氮
改进的联邻甲苯胺法；比色测量范围：0~1μg/g；试剂足够进行60次试验	重氮化法；比色测量范围：0~0.2μg/g的N；试剂足够进行约100次试验
氯化物	溶解氧
二苯碳酰二肼法；改进的温克勒法；碱性–比色测量范围：0~1.5μg/g；试剂足够进行约100次试验；滴定，1滴=1μg/g	改进的温克勒法；碱性–比色测量范围：0~1.5μg/g；碘化钾–叠氮化物修正法，试剂足够进行约100次试验；滴定…1滴=1μg/g；测试，1滴= 0.2μg/g
	试剂足够进行约100次试验
颜色	pH值
比色测量范围：0~500 APHA，铂–钴单位。不需要试剂	比色测量范围：4~10；试纸足够进行约100次试验；不需要试剂
铜	磷酸盐
Cuprethol法；比色测量范围：0~3μg/g；试剂足够进行约100次试验	亚锡还原法
	比色测量范围：0~3，0~2和 0~8μg/g；试剂足够进行约100次试验
氟化物	硅
SPADNS法；比色测量范围：0~2μg/g	杂多蓝法；比色测量范围：0~3μg/g；试剂足够进行约100次试验
试剂足够进行约100次试验	
硬度，钙	硫酸盐
EDTA 滴定法；试剂足够进行约100次试验	浊度法；测量范围：0~300μg/g；试剂足够进行约100次试验
硬度(总)	浊度
EDTA 滴定法，100次试验	
硫化氢	吸收法；测量范围：0~500JTU；不需要试剂
色图对比筛选试验…0.1~5μg/g	
试纸足够进行100次试验	

2.11.2 校准和检查

一般来说，这种类型的仪器是在制造工厂进行校准的，但也可以由专业人员按照制造商的推荐标准进行校准。

所有试剂和化学品必须是新鲜合格的，在颜色改变和出现沉淀时应更换成新的试剂和化学品。

2.12 在线固定测量或连续监测

使用连续监测设备可以频繁测量几个水质参数，并在现场记录测量数据，或将其发送到其他地方。

2.12.1 连续的水质采样和监测系统

监测仪器包含一个采样模块、传感器、信号调节模块和数据记录或传输模块。通过潜水泵将连续的样品流输送到传感器。

仪表中的每个传感器应具有自己的信号调节器，将输入信号转换为标准的电信号输出。更多有关传感器和离子选择性电极的详细情况见表2.8。

表2.8 电极和离子选择性电极

被测离子	建议采用的电极	被测离子	建议采用的电极
氨	不适用	氟	双结电极
铵	甘汞电极	氟硼酸盐	不适用
钡	甘汞电极	锂	双结电极
溴	双结电极	硝酸盐	双结电极
镉	甘汞电极	氧	不适用
钙	甘汞电极	钾	双结电极
碘	双结电极	银/硫化物	双结电极
氯	双结电极	钠	双结电极
铜	甘汞电极	硫	不适用
氰化物	双结电极		

一个典型的连续监测系统的电极配置情况如图2.1所示，进一步的信息将在下面予以介绍(也可参见ASTM Volume11.01, 1989)。

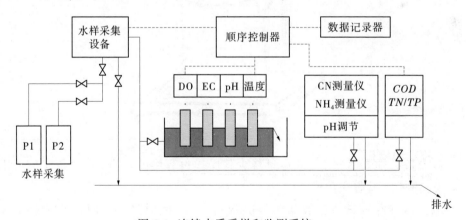

图 2.1 连续水质采样和监测系统

2.12.2 校准和检查

应通过对信号调节器的控制调整来校准传感器信号。摄取的样品应采用筛网进行隔离，并且必须根据制造商的操作指南进行检查，以防止杂质堵塞系统或损坏泵。

2.13 实验室仪器

下面将对可以在实验室中使用仪器或湿化学方法监测的所有参数进行汇总。

2.13.1 样品的收集和保存

1.不同来源样品的采集

下面将简要介绍各种不同的采样,更多的细节参见BS 6068-6.2(水质采样)。

2.大气降水采样

大气降水通常为在有限持续时间发生的离散事件。

3.降水采样设备

降水采样设备包括塑料(聚乙烯、聚丙烯)容器和支架。

4.构造

该设备的基本构造如图2.2所示。该设备可以手动或自动操作。

图2.2 大气降水采样设备

该设备必须妥善设计,以尽量减少其操作过程中的污染。该设备应该由化学惰性材料制造,以避免污染。

地表水样品通常直接收集到样品容器中。不能通过手动使容器完全没入水中提取样品,而是要采用实验室钳或具有滑动套筒的收集器来采集样品。

取样中采用的容器通常由不锈钢制成,其容积至少为2L。

2.13.2 土壤水取样

土壤水定义为所有土壤中含有的水。

1.土壤水采样系统

常见的土壤水采样系统包括一个具有两个压力(真空)软管插入的陶瓷容器。在该系统的运转中,通过一个软管形成真空,导致土壤水通过容器的渗透壁抽吸进来。

2.构造

图2.3为土壤水取样装置的结构示意。

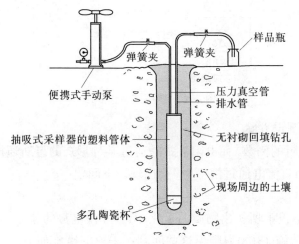

图2.3 吸入式取样装置结构示意

2.13.3 地下水取样

地下水取样通常是用与地表水取样相似的装置和设备进行的,盛放地下水的容器也类似于地表水容器,主要是玻璃或聚乙烯瓶。

2.14 性质检测

2.14.1 颜色

在水中存在含金属离子的腐殖质和泥炭材料、浮游生物、杂草和工业废物时,可能会导致水呈现各种颜色。

颜色单位的定义为:1mg/L以氯铂酸离子形式存在的铂所产生的颜色为1度。

有关颜色监控方面的内容参见ASTM D 1882-00和BS 2690: Part 9, 1970。

2.14.2 电导率

是水溶液传送电流能力的数值表达,单位为$\mu S/cm^2$。这个数值取决于溶解在水中的电离物质总浓度。参见BS 2690: Part 9, 1970。

1.电导率仪

电导率的测量通常是基于导电桥的使用(惠斯登电桥)。桥电路应该经常调整,使平衡点处检测器的指示为零或最小电位。电导率仪的基本构造如图2.4所示。

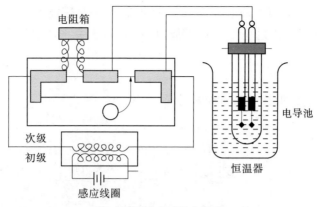

图 2.4 "感应式"电导池

2.电导率的测定方案

电导率是电阻的倒数,而电阻常常是通过某种形式的惠斯通桥电路的方式来确定的。但是,当直流电通过溶液时,会出现以下问题:

(1) 电荷的聚集。

(2) 由于在电极上所析出物质的极化,导致了反电势的建立,从而改变了电解质的电阻。科尔劳施(1868)为避免这些问题所采取的措施如下:

(a) 使用交流电:由于在另一个方向上电流的影响,使得在一个方向上电流引起的物质沉积的极化效应被抵消了。

(b) 增加电极的表面积:当电极表面积增加时,极化作用进一步减小。这是通过采用细微的铂粒子涂覆电池中的电极来实现的。

(c) 使用耳机:由于在交流电通过时,惠斯登电桥中的普通电流计不能用于确定零点,因此用一个耳机来代替。

(d) 使用振荡器:为了获得更好的结果,采用一个频率为2000~4000次/s的振荡器来代替感应线圈。

3.方法

在测定电解质溶液的电导率时,电解质溶液被视为一种特殊类型的电池,称作电导池。测量仪器采用高硼硅耐热玻璃制造,并装有铂电极。电极通常由坚固的铂板组成,通过插入放置在玻璃管中的水银而密封在其中。将玻璃管封装硬橡胶盖,使电极的相对位置固定。电极上涂有细微的铂粒子。为了保持一定的温度,将其放置在一个恒温器中。将铜线浸入玻璃管内的水银中建立连接。

4.电导率的测定

将电导池的一端连接到电阻箱(R),另一端连接到滑线电桥的均匀细导线

(AB)上；次级感应线圈连接到V桥的两端，而初级感应线圈连接电池。将耳机(G)连接到一个滑动键(P)上，用螺钉固紧在电导池和电阻箱之间。

滑动键(P)被放置在靠近中间的位置。当电路完成时，在耳机里听到嗡嗡的声音。从电阻箱中取出插头，将滑动键沿电线移动，直到耳机中的声音降低到最小为止。此时，记录H点的位置。然后通过以下公式计算所测溶液的电导率：

$$溶液的电阻 = (BH/AH) \times R$$

或 $$1/电导率 = (BH/AH) \times R$$

式中：AH 和 BH——用刻度尺测量，分别为A点与H点、B点与H点之间的距离；

R——电阻箱上显示的电阻，Ω。

2.15 浊度

浊度用于表征样品的光学性质，定义为样品对于光线散射和吸收的能力，即样品对光线透过时所发生的阻碍程度。

水的浊度是由于悬浮物的存在引起的，如黏土、淤泥、精细分布的有机物和无机物、浮游生物和其他微生物。参见BS 2690：Part 9，1970。

2.16 金属含量的测定

饮用水、生活污水和工业废水中金属的存在是人们重点关注的问题。样品中的金属含量可以采用原子吸收光谱法、极谱法、电感耦合等离子体(ICP)和比色法测定。

2.16.1 原子吸收光谱法

在原子吸收光谱法中，样品被雾化成火焰，产生待测元素的原子蒸气。原子吸收光源的辐射，吸收光的量与元素的量成正比。

1.原子吸收仪

图 2.5 为原子吸收光谱仪的结构示意。

机械调制斩波器交替地通过和反射光束。一束光绕过样品，其强度测量值为I_0，通过样品的光束强度测量值为I_1，则被样品吸收的光强度为$I_0 - I_1$。

2.校准

该仪器应根据制造商的使用说明手册进行校准。有毒污染物如Pb、As、Hg，其浓度低至十亿分之一(ppb)级别，应采用可以安装在原子吸收仪上的专用设备(蒸气发生和氢化物发生)进行监测。

2.17 极谱法

极谱法是用于分析原水和废水的电化学方法。

经典极谱法的测量原理如图2.6所示。极谱法测量的基础是确定扩散条件下滴汞电极的时间平均(DME)电流。

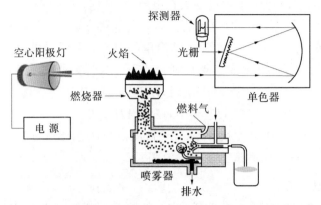

图 2.5 原子吸收光谱仪结构示意

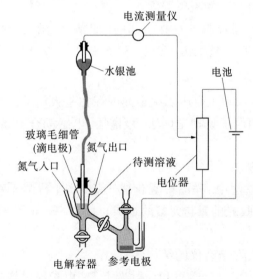

图 2.6 经典极谱法测量原理

2.18 氯离子

氯离子(Cl^-)是水和废水中的主要无机阴离子之一。氯离子可以通过滴定、电位计和离子选择性电极来监测。更多的细节参见ASTM D 512-2004。

2.19 氯(残留)

对供水和污水进行氯化处理可以消灭或抑制病菌,产生微生物。残余氯可以通过与氨、铁、锰、硫化物和一些有机物反应来改善水质,应采用滴定、比色技术进行监测。更多的细节参见ASTM D 1253-2003。

2.20 氰化物、氟化物和碘

这3种污染物应采用滴定和/或比色法(紫外－可见光谱)以及离子选择性电极法测定。

2.21 氮(氨、硝酸盐、有机氮)

含氮化合物应采用滴定和/或比色法测定。

2.22 臭氧

臭氧应采用滴定法测量,参见ASTM Volume 11.02。

2.23 pH值

溶液的pH值定义为氢离子浓度倒数的对数。有关pH值影响的细节参见API手册第2章"液体废物"中炼油厂废物处理方面的内容。pH值应通过电子pH计测定。

采用已知pH值的标准缓冲溶液进行校准。

2.24 磷酸盐

磷酸盐含量应采用比色法测定。详情参见ASTM 11.02和BS 6068 Sect. 2.28 1986。

2.25 硅

硅含量可以采用量热和重量法测定。详情参见ASTM 11.02。

2.26 硫酸盐

硫酸盐含量可以采用重量法测定。

2.27 硫化物

硫化物的监测一般采用比色法和滴定法。

2.28 有机成分的测定(油脂和油)

1.溶剂萃取红外吸收法

在监测中,先从样品中抽提出油分,然后测量溶液中油分的红外吸收光谱。

2.红外分光光度仪

从光源发出的光分为两个光束:一束通过样品室,另一束进入参比室,然后参比光束通过衰减器并投射到斩波器上。在通过棱镜或光栅色散后,交替光束落在探测器上,并转换成电信号。

分光光度计的测量原理如图2.7所示。

根据制造商提供的使用手册对仪器进行校准。

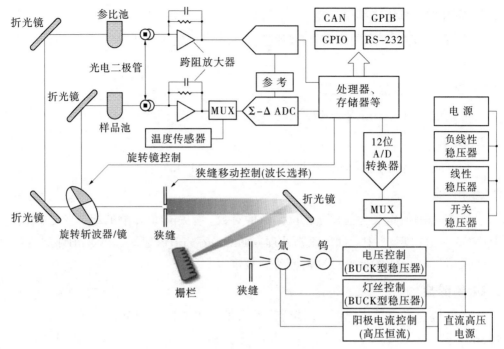

图2.7 双光束分光光度计测量原理

2.29 可燃气体指示仪

溶液中的甲烷与溶液上方气相中的甲烷分压之间建立平衡。甲烷分压可以采用可燃气体指示仪测定。

气体氧化产生的热量使灯丝的电阻增加,由此导致的电路不平衡引起毫安表偏转。

2.30 有机碳(总)

供水和废水中1~150mg/L浓度范围的有机碳(TOC)均可以采用碳分析仪监测。

总碳分析仪:将微量样品注入到通有氧气或净化空气的加热填充管中。水分在此蒸发,而有机物被氧化成二氧化碳,并通过非色散型红外分析仪测量。

2.31 需氧量(生化)

生化需氧量(BOD)测试是采用一个标准化的实验室程序来确定废水和污染水体的相对氧需求。

具体实验过程参见ASTM Volume 11.02或BS 6068 Sect. 2.3 1984。

2.32 需氧量(化学)

化学需氧量(COD)是一个重要的水体和工业废水控制的测量参数。

COD分析仪器：首先用干燥的二氧化碳携带有机物通过铂催化燃烧炉，将其氧化成CO和H_2O，然后除去水分，并进行第二次催化处理，最后采用红外分析仪测量CO的浓度。仪器的测量原理如图2.8所示。

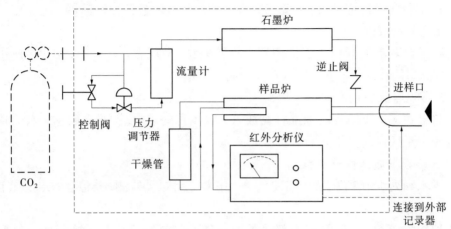

图2.8 化学需氧量分析流程

2.33 供水和废水的放射性检验

供水和废水的放射性来自于自然和人工或人造的放射源。人工放射性来源包括裂变、聚变或粒子加速，主要引起α、β和γ辐射。

2.33.1 计数室

计数室内应无灰尘和烟雾，否则会影响仪器的电稳定性。可通过在墙壁、地板和天花板铺设几厘米厚的混凝土使仪器的本底计数率稳定并大幅度降低。一般情况下，应保持温度稳定，其变化应在±3℃以内，且温度不应超过30℃。

含有明显活性成分的样品应存放在一定距离以外，避免对仪器的本底计数率产生影响。

2.33.2 α粒子计数器

α粒子计数器包括一个均衡探测器或闪烁探测器、一个符合要求的定标器。具体方法和技术数据参见ASTM 11.02 1989。

1.均衡探测器

该探测器可能是商业上可用的几种类型之一。在探测器建造中使用的材料不能具有可探测到的放射性。

制造商应提供电压平台和本底计数率数据。电压平台数据应该显示特定输入灵敏度下的临界电压、压差和平台长度。

2.闪烁探测器

闪烁探测器含有一个"激活"的硫化锌磷光体,最小有效直径为36.5mm。磷光体应安装在可以接触和光耦合到光电倍增管的位置。

3.定标器

一个包含机械记录仪、电源和放大器的底盘一般被称为定标器。

4.样品盘或碟

样品盘具有直径略小于检测器内径的平底。平盘为首选容器,但也可使用具有3.2mm高侧壁的平底盘,其材质为铂或不锈钢。

5.常规监测的校准和标准化

将已知α粒子数量的标准样品放入一定体积的水中,并准备计数。水的量足以溶解与测试样品量相同的盐类。

2.33.3 β粒子放射性检测仪

供水和废水中β粒子的放射性一般由β粒子计数器监测,其包含的组件如下:

1.探测器

端窗式盖革–缪勒管和内部或外部均衡的气流室是两种最常见的市售型探测器。

2.探测器防护罩

探测器系统被外部辐射的巨大金属防护罩包围,其屏蔽效果相当于约51mm厚的铅和内衬约3.2mm厚的铝的屏蔽作用。

2.33.4 γ射线监测

本节介绍利用γ射线光谱法测定水或废水中的γ射线放射性核素的监测设备。

γ射线仪:γ射线光谱使用由检测器、分析仪、存储器和永久性数据存储器组成的模块化设备测量。采用p型或n型锂漂移探测器;使用多通道脉冲高度分析仪确定检测器中产生的每个脉冲的振幅。

2.34 监测水和废水的自动化实验室设备

自动化仪器可用于监测样品,其分析单个样品的速率为每小时10~60个样品。对该仪器进行改造后可以同时分析一个样品的多种性质。读数系统包括具有指示器、警报器和记录器的传感元件。

制造商可以提供适当的系统方法来监测供水和废水中的多种共有成分。

2.35 装载损失

2.35.1 总挥发性有机化合物(VOC)的估算

在装载石油液体中的排放量(误差可能为30%)可以使用下列方程估算:

$$LL=0.12\times S \cdot p \cdot M/T \tag{2.1}$$

式中：LL——VOC的装载损失，kg/m^3；

  S——饱和因子(见表2.9)；

  p——负载液体的真实蒸汽压，kPa；

  M——蒸气的相对分子质量；

  T——负载液体的温度，K(1K=1℃+273)。

饱和因子S与从不同的加载和卸载方法观察到的排放率变化有关。表2.9列出了建议的饱和因子。

表2.9 用于计算石油液体装载损失的饱和因子(S)

运货工具	操作模式	S因子
油罐车和铁路运输	清洁货舱的浸没式装载	0.5
油罐车	浸没式装载：专用正常服务	0.6
	浸没式装载：专用蒸气平衡服务	1
	清洁货舱的飞溅装载	1.45
	飞溅装载：专用正常服务	1.45
	飞溅装载：专用蒸气平衡服务	1
船舶	浸没式装载：轮船	0.2
	浸没式装载：驳船	0.5

控制的加载操作的排放量可以通过非控制的排放量(通过上式确定)与效率降低值相乘来计算得到，计算式为：

$$控制的排放量 = 非控制的排放量 × (1 - 效率/100) \tag{2.2}$$

总体效率的减少应考虑收集系统的捕获效率以及控制装置的效率和停机时间。这些数据应由收集系统的供应商或制造商提供。

2.36 水中排放物

本节分为以下两个主要部分：

(1) 由炼油厂的处理装置释放的点源废水排放；

(2) 由来自炼油厂区域的未经收集和处理的雨水和其他各种径流组成的分散废水的排放。

2.36.1 点源排放

表2.10和表2.11用于提供炼油厂废水的"默认"排放数据，这些废水未被归类到中水中(中水包括排放到下水道的废水)。

基于炼油行业的讨论，认为炼油厂废水中"溶解有机碳"(DOC)含量是一个已知参数，因此，表2.10中有机化合物的形态因子是以此参数为基础得到的。

表2.10 炼油厂废水中有机物的"默认"形态因子

物 质	DOC的质量分数	物 质	DOC的质量分数
甲苯	9.2×10^{-4}	多环芳烃	1.6×10^{-3}
苯	9.1×10^{-4}	苯乙烯	1.0×10^{-4}
二甲苯	1.4×10^{-3}	乙苯	1.2×10^{-4}
苯酚	6.9×10^{-4}	1, 1, 2-三氯乙烷	3.6×10^{-5}
1, 2-二氯乙烷	2.7×10^{-4}	氯仿	2.5×10^{-3}
六氯苯	4.4×10^{-6}		

表2.11 炼油厂废水中微量元素和无机物的"默认"排放因子

物 质	排放因子/(kg/m^3)	物 质	排放因子/(kg/m^3)
锌	4.4×10^{-4}	锑	5.8×10^{-7}
磷	4.1×10^{-7}	钴	1.6×10^{-6}
砷	6.7×10^{-6}	汞	1.1×10^{-8}
铬(Ⅵ)	7.7×10^{-6}	镉	3.3×10^{-7}
硒	3.1×10^{-6}	铅	1.9×10^{-6}
镍	3.6×10^{-6}	氰化物	7.6×10^{-9}
铜	2.9×10^{-6}	氨	1.3×10^{-6}

由导出表2.10中数据的资料可知，DOC/COD的比值为0.267。在没有与DOC相关的特定形态信息的情况下，该比值可以用于从COD测量结果来确定DOC。

用于表征废水中微量元素和其他无机物的类似于DOC的参数还未确定。因此，微量元素和无机化合物的排放采用表2.11中的"默认"排放因子表示。

这些形态因子可用于计算废水参数，计算式为：

$$WWE_i = DOC \times (WP_i/100) \times F \tag{2.3}$$

式中：WWE_i——污水处理厂废水中"i"组分的排放量，kg/h；

DOC——工厂排放的处理过的废水中溶解有机碳(DOC)的含量，kg/m^3；

WP_i——"i"组分的质量分数(如表2.10所示)；

F——排放到接收水体中的废水流量，m^3/h。

除了基于污水处理厂的废水物流以外(即废水排放因子的单位为kg/m^3)，表2.11中的废水排放因子以与空气排放因子相同的方式应用。

第3章　土壤污染控制

摘要：当石油化工废料被排放到地表时，其中的碳氢化合物就会聚集到土壤中的有机矿物质上。因此，含有石油化工成分的土壤污染已经成为当今社会的一个重要问题。这些石油化工物质可通过多种途径进入土壤环境，如管道泄漏。一旦泄漏发生，进行土壤清洁是必不可少的。这一章的重点是介绍在非饱和区及饱和区清理石油化工产品的长远战略。

关键词：泄漏评价；挖掘；液压；泄漏探测；饱和带；现场评价；土壤冲洗；土壤渗透；土壤气相抽提；不饱和区

石油、天然气和化工工业中，清理管道、石油生产装置、原油脱盐装置、泵站、油库、化工厂排放的烃类液体和成品油，清理上游钻井作业或者清理下游地上/地下储油罐内其他污染物时，通常使用多种措施和策略。短期应急措施可能需要采取急迫的行动，以控制急性安全和健康危害，如潜在的爆炸和中毒。

急迫的危险被消除后，接下来就是长期的控制措施，包括清理已进入地表和地下环境的污染物。

在非饱和区，地下石油产物可能滞留于土壤颗粒之间；而在饱和区，地下石油产物则漂浮在水面或者溶解在地下水中。

本章将讨论土壤污染控制事项，包括：

(a) 向有关部门提供如何评估非饱和区现场条件的信息、发生石油产物释放的位置、在非饱和区确定石油产物位置的信息、从非饱和区给的定位置清除石油产物。

(b) 评估专门为清理饱和区而设计的技术。

(c) 对管道泄漏的评估和潜在的后果提供完整的方法。这个方法旨在协助管道运营商评估安装管道泄漏检测装置的必要性，并概括介绍现有管道泄漏检测技术。

3.1 不饱和区

不饱和区通常是指位于非承压水层的地下水位以上的多孔介质部分，其内部含水率低于饱和区,毛细管压小于大气压,并且非饱和区不包括毛细管边缘。

当选择合适的土壤处理技术时,有必要清楚了解不饱和区状况。通过对目标现场进行评估,收集基本的水文、地质和化学测量数据,应该考虑下面几个方面:

(a) 释放了什么? 在哪里? (从石油被开始释放时)

(b) 目前,在不饱和区,最多的石油产物可能位于哪里?

(c) 在不同的位置,有多少石油产物可能存在及其相态是什么?

(d) 污染物的成分将怎样移动? 它们将以多大速率移动? 可能移动到哪里?

3.2 现场评估

可利用收集到的数据获知地下污染物的性质。当处理不饱和区时,收集的数据主要用来决定污染物的流动性和它可能所处的相态。不饱和区石油产物的流动性和以下方面有关:

(a) 不同相态的污染物通过地表的可能性;

(b) 石油产物从一种相态变到另一种相态的可能性。

为了给被石油污染的土壤选择一种有效的清理技术,收集与释放产物和地下环境有关的基本信息是必要的,包括:

1.释放了什么污染物?

释放物质的类型,它的物理和化学性质及主要的化学成分。

2.当前石油物质在什么位置?

石油物质在不饱和区内的分布,即成为土壤气体中的蒸气、成为残留液体,或者溶解进孔隙水。

3.在每种相态有多少石油物质?

释放后不久(数周到数月),大部分物质将像残留液体一样存在,并且大部分将挥发或溶解到存在的孔隙水和渗透进的雨水中。

4.石油物质将到哪里去?

移动性不仅影响排放物的危害程度,也会对处理策略产生影响,必须根据污染物漂移的情况进行改变,增加了清除难度(如真空抽提)。

3.3 收集释放信息

利用表3.1中所列举的问题作为出发点,来发现地表下污染物的移动性和相态分布。对于地上泄漏来说,通常容易获取表3.1中问题的答案。

石油产品包括很多种类型的燃料,每一种燃料都有不同的物理和化学特性。而且,每种燃料类型都是多组分化合物的混合,这些组分的性质可能与其混合物差别很大。必须了解不同污染物的移动性以确定泄漏的燃料性质,如这种污染物是否会很快扩散到地下水位？它的危害性(这种污染物是否会蒸发并造成爆炸危险)如何，它的潜在降解性如何(在不饱和区，这种污染物能否容易进行生物降解)。这些因素都是技术选择过程中的一个重要部分。

表3.1 假定为已知的有关排放的基本信息

需求信息	为什么信息是重要的
什么污染物被释放？	每个污染物的物理和化学性质不同，导致不同的相分离、迁移和降解等特性，清理措施的选择是基于这些特性
有多少被释放？	污染物直接释放的量影响污染物的相分布
释放的种类是什么？(快速泄漏/缓慢泄漏)	污染物的相分离和流动性都受到释放种类的影响。因此，对于快速泄漏，在较长一段时间内其适合的清理措施的选择可能会与缓慢泄漏有所不同
释放已经发生了多久？	污染物随着时间的"风化"，即由于降解、挥发、被渗透的雨水自然冲洗等过程造成的组成变化，这种组成变化直接影响污染物总体的物理和化学性质
释放如何检测？	可为解决上述问题和了解污染物在地下的区域范围和分布提供见解

1.多少石油产品被释放？

了解污染物释放量可帮助决策者评估污染物是否到达了饱和层，并预测不饱和区中的污染等级。

2.自释放开始的时间

开始释放的时间很重要，因为释放物质的组成和特性会随着时间改变；挥发性化合物蒸发后，可溶解的成分溶解在渗透进的雨水中，还有一些成分进行生物降解。这些随着时间而发生的生化变化称为"风化作用"。

3.收集现场具体信息

现场信息主要是关于该地的水文和地质特征。在很短距离内，地质特征也可能发生很大变化，因此，通过大量的现场数据对土壤参数做出精确评估是必不可少的。表3.2列出了进行现场评估所需要的特定位置的数据，此表所列数据仅仅是现场评估所需的基本数据。

表3.2 具体现场参数收集

参 数	测定重点	参 数	测定重点
土壤孔隙度	流动性，相态	当地地下水的深度	相 态
颗粒密度	流动性，相态	土壤温度	流动性，相态
密 度	流动性，相态	土壤pH值	细菌活性
渗透系数	流动性，相态	降雨、径流和下渗率	流动性，相态组成
空气导电率	流动性，相态	土壤表面积	流动性，相态
渗透率	流动性，相态	有机成分组成	流动性，相态
土壤含水量	流动性，相态	岩石裂隙	流动性

默认值是通过表格、图表和其他数据参数获得的。这些默认值能使决策者依据初步的现场评估及时对关键参数做出评估。

应当尽可能地获得现场具体数据。如果需要做出快速的初始评估，在没有所需的现场数据或者只有不完整数据时，常常需要评估替代方案。在这种情况下，近似值就很重要。表3.3和表3.4给出了表3.2中所列各种类型的土壤和岩石的某些参数典型值。当缺少测量值时，可以从这些表格中选择默认值。图3.1给出了不同土壤类型的持水特性，如需估算特定土壤中的水含量，可以使用图3.2中给出的田间持水量典型范围值。

表3.3 评价液体污染物流动性的因素

因　素		增加流动性(→)		
释放相关	释放时间/月	长期(>12)	中期(1~12)	短期(<1)
现场相关	渗透系数/(cm/s)	低($<10^{-5}$)	中($10^{-5}\sim10^{-3}$)	高($>10^{-3}$)
	土壤孔隙度, %(体积分数)	低(<10)	中(10~30)	高(>30)
	土壤表面积/(m^2/g)	低(<0.1)	中(0.1~1)	高(>1)
	土壤温度/℃	低(<10)	中(10~20)	高(>20)
	岩体裂隙	无		有
	含水量, %(体积分数)	低(<10)	中(10~30)	高(>30)
污染相关	液体黏度/cP	低(<2)	中(2~20)	高(>20)
	液体密度/(g/cm^3)	低(<1)	中(1, 2)	高(>2)

表3.4 评价污染物蒸气流动性的因素

因　素		增加流动性(→)		
现场相关	空气填充孔隙度(总孔隙率减去填充水的量), %(体积分数)	低(<10)	中(10~30)	高(>30)
	总孔隙度, %(体积分数)	低(<10)	中(10~30)	高(>30)
	含水量, %(体积分数)	低(<10)	中(10~30)	高(>30)
	地表以下深度/m	深(>10)	中(2~10)	浅(<2)
污染相关	蒸气密度/(g/cm^3)	低(<50)	中(50~500)	高(>500)

3.4 收集污染物的具体信息

除了收集有关释放和现场的信息外，在现场评估中也应该了解污染物的物理和化学特性。在很大程度上，污染物的特性决定了在地表下的分布，如可能处于什么相态，可能以什么方式移动，是否有可能被及时大量降解。

表3.5列举了进行现场评估所需要的污染物具体数据。为了说明这一点，假设必须知道汽油的液体密度，可以在表3.5中确定液体密度的位置，在表3.6中找到默认值。表3.6中，液体密度栏中汽油密度常用值是0.73g/cm^3。

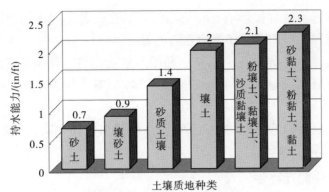

图3.1 不同质地的土壤持水性

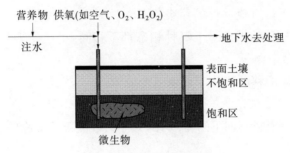

图3.2 生物修复系统示意

表3.5 评价孔隙水中污染物的因素

因素		增加流动性(→)		
相关信息	渗透系数/(cm/s)	低(<10^{-5})	中($10^{-5} \sim 10^{-3}$)	高(>10^{-3})
	水分含量，%	低(<10)	中(10~30)	高(>30)
	降水渗入量/(cm/d)	低(<0.05)	中(0.05~0.1)	高(>0.1)
	土壤孔隙度，%	低(<10)	中(10~30)	高(>30)
	岩体裂缝	无		有
	土壤表面以下深度/m	浅(<2)	中(2~10)	深(>10)
相关污染物	水溶性/(mg/L)	低(<100)	中(100~1000)	高(>1000)

表3.6 流体性质

流体	密度(15℃)/(kg/m³)	蒸汽压/bar(绝)	流体	密度(15℃)/(kg/m³)	蒸汽压/bar(绝)
原油(重)	875~1000	0.3	液化气	500~600	0.2~1.5
燃料油	920~1000	0.01	液化天然气	420	4~6
瓦斯油/柴油	850	0.01	乙烯	1.6	
原油(轻)	700~875	0.55	天然气	1.1	
煤油/石脑油/汽油	700~790	0.01~1.2	酸性天然气(0.5% H₂S)	1.1	
天然气液(凝析油)	600~700	0.1~1			

土壤的渗透系数直接影响着污染物的移动性或者影响污染物以非水相液体(NAPL)和溶解相的形式离开释放地点的能力。

高雨水入渗率将导致污染物从一种相态转变为另一种相态。有些烃类物质溶解进渗透的雨水,减少了污染物的残留液体,同时增加了溶解在孔隙水中的污染物的数量。

土壤温度也会影响污染物的迁移、污染物的蒸汽压,因此温度越高,土壤中的污染物越容易进入空气。

3.5 评估污染物的迁移性

在现场评估中,污染物的迁移性集中在不饱和区和相态之间的转变。很多就地清理措施取决于具有流动性的污染物。

影响污染物迁移的因素对于每种相态都不相同:

1.残留液体污染物

不饱和区液体的移动取决于以下三个因素:

(1) 重力

重力施加了一个竖直向下的力,力的大小只取决于污染物的密度。

(2) 气压梯度

气压梯度一般会造成液体入渗(沉淀物和污染物),其作用的方向与重力基本相同。

(3) 毛细管吸力

毛细管吸力取决于土壤特性,并且产生的这种力作用于各个方向,尽管各方向力大小不等。

除了这三个主要的力,其他的物理、化学和环境因素也能影响不饱和区液体的迁移性。

2.污染物蒸气

蒸气在不饱和区通常是可移动的。蒸气的移动程度主要取决于土壤中的充气空隙度。但以下几个因素也会影响不饱和区的气相迁移性。

污染物蒸气可能会在一些自然或诱发过程中,或由此形成的作用力下而迁移,主要因素如下:

(1) 由压力梯度引起的批量迁移。

(2) 由气体密度梯度引起的批量迁移。

(3) 原地产生的气体或蒸气。

(4) 由浓度梯度引起的分子扩散。

只有当存在具有足够挥发性的液体污染物时，蒸气密度差异才是重要的，例如，在汽油蒸气饱和(即与液体汽油接触)的空气密度(20℃)约为1950g/m³，在20℃下湿空气的密度是1200g/m³。在缺乏其他驱动力时，不饱和区含污染物质的较重蒸气倾向于向下迁移。由密度差引起的驱动力随着气体稀释将消失。

3.溶于孔隙水中的污染物质

利用表3.5列举的因素，能帮助确定不饱和区溶解在孔隙水中的污染物质的相对迁移性。

正如表3.3所列出的，表3.5中现场相关的因素可能会随深度而变化。如果能得到土壤性质的相关信息，每一个不同的土壤类别都可以完成现场相关因素分析。否则，在进行最初评估时必须做实际情况的最佳估计。

3.6 技术选择

以下5种技术可以用来进行不饱和区的土壤修复：

(a) 土壤气相抽提；

(b) 生物恢复；

(c) 土壤冲洗；

(d) 阻水屏障；

(e) 挖掘。

3.6.1 土壤气相抽提

土壤气相抽提是一个通用概念，它指的是任何一种将污染蒸气从非饱和区移除的技术。气相抽提可能是被动的，也可能是主动的。被动气相抽提常被用来移除沼气(甲烷)。

主动气相抽提使用诱导压力梯度将蒸气从土壤中排出，这比被动气相抽提更有效果。

3.6.2 生物恢复

不饱和区的原地生物恢复是将氧气和营养物质添加到受污染的土壤中，促进污染物分解的过程(见图3.2)。在某些情况下，特别是适应水土环境时，可以将市场上购买的细菌也引入地下，但该方法不常用。经常会在土壤下发现能降解石油碳氢化合物的细菌，只要将这些细菌引入地下，石油碳氢化合物的自然分解就都有可能发生，但是如果不添加营养物质和氧气，生物降解会比较缓慢。

3.6.3 土壤冲洗

土壤冲洗是一种原地处理工艺，使污染区充满水或者水与表面活性剂的混合物，把污染物溶解到水中，否则残余的污染物会迁移到地下水中。

将这些污染物通过事先设置的抽油井抽到地面进行处理。这些抽油井必须位于地下水完全能被水压控制的地方,以防止浸出或者移动的污染物流出而接触到地下水。图3.3是土壤冲洗系统的原理图。

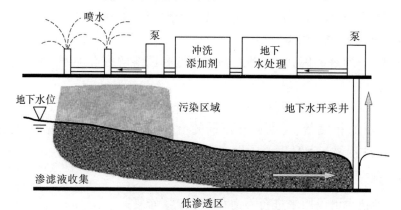

图3.3 土壤冲洗系统的原理图

有一种土壤冲洗方法是采用水溶解液态的、吸附的或者蒸气污染物的方法来脱除污染物。这些过程受到污染物溶解性和亨利定律常数的影响。

另一种土壤冲洗方法针对存在于土壤空隙或被吸附在土壤上的游离污染物。以这种相态存在的污染物能被入渗冲洗水的气压梯度所迁移。

一些污染物的黏度和密度抑制了其不能像游离物质一样移动。采用此类土壤冲洗方法,预计移除的汽油比例将会大于取暖油或6号燃料油,因为汽油的黏度小于这两种石油产品。汽油的很多成分也比6号燃料油和取暖油更易溶解,在溶解相也更容易被移动。

3.6.4 阻水屏障法

一般情况下,将被污染的土壤挖出沟渠后,残留的液体开始渗入沟渠。在沟渠的底部可以设置一个不透水层来阻止污染物再次渗透。随着污染物的累积,就可以被抽出来或者人工移除,以保持促进污染物进一步渗入沟渠的梯度。

3.6.5 挖掘

挖掘是一种原地处理方法。挖掘出的土壤可能进行非现场处理或不经处理直接废弃(陆地领域)。处理过的土壤可以被放回挖掘地。目前,挖掘污染土壤比进行原地治理更普遍。然而,与原地处理方法相比,挖掘有很多缺点:

(a) 挖掘污染土壤造成污染物蒸气向大气中释放且难以控制,增加了接触风险;

(b) 污染物扩展到上方和下方的地面结构、埋地公用管道、下水道、水管和建

筑物附近或者下方时,可能造成实际问题;

    (c) 地面上的处理措施比原地处理方法费用更高;

    (d) 处理污染土壤难度逐渐增加,在一些监管区域,被定为危险废物;

    (e) 挖掘后需要回填资源。

挖掘是一项普遍技术,它能够移除大部分甚至全部污染物。

3.7 饱和区

饱和区是指地表下所有的气孔空间都充满水的区域。到达饱和区的石油产物将大大提高污染物的移动性,尤其是在水平方向。污染物的可移动性增加了清除所付出的工作量和承担法律责任的机会。

3.8 现场评估

如果某地发生了泄漏事故,在实施紧急措施之后,采取修复计划的第一步是要获得现场条件的总体认识。首先应进行初步调查,然后再进行取样和具体分析。初步调查的目的如下:

    (a) 检测存在影响场地具体用途或未来规划用途的污染物的可能性;

    (b) 确认在操作过程中是否需要采取特殊程序和预防措施;

    (c) 提供进行现场有效调查所需的信息。

3.8.1 收集特定污染物信息

石油产品是很多化合物的混合物。一般来说,采取的修复工作常常关系到一种或者多种单独的成分,其主要目标在于:

    (a) 若污染物的相态已不是最初的非水相液体,需评估污染物相态;

    (b) 这种混合物是否"容易风化";

    (c) 要评估出被认为是潜在威胁性最大的化合物;

    (d) 设计处理系统。

评估非水相液体混合物的特性,其主要目标如下:

    (a) 若污染物的相态就是最初的非水相液体,需要评估非水相液体混合物特性;

    (b) 评估非水相液体在地表下的物理运动特征。

3.8.2 评估饱和区污染物相态

到达饱和区的石油产品主要处于以下三种相态:

    (1) 非水相液体(NAPL);

    (2) 溶解在地下水中;

    (3) 吸附在土壤颗粒上。

如果释放的石油产物是大量的,几乎所有的石油产物都以非水相液体存在,但是过一段时间，非水相液体将部分转变成溶解的和被吸附的相态。

如果释放量少，所有的非水相液体都可能被限制在非饱和区。

1.漂浮的非水相液体量

确定碳氢化合物的漂浮量一般由以下公式计算：

$$V_N=A_NT_Nn \tag{3.1}$$

式中：V_N——非水相液体扩散区面积；

$\quad T_N$——非水相液体扩散区平均厚度；

$\quad n$——土壤地层的有效孔隙率。

准确估计非水相液体厚度相当困难，因为在监测井中测量的扩散区表面厚度一般比实际厚度大。在整个扩散区内，非水相液体厚度也会有所不同，尤其在设置有抽气井控制扩散区的情况下。在几个位置测量扩散区厚度，便能得到较好的平均厚度测算结果。

图3.4给出了轻质非水相液体(LNAPL)存在时所面临问题的原理示意图。

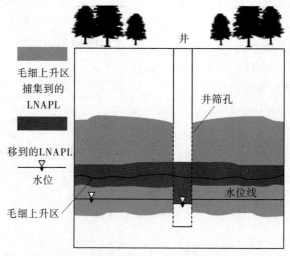

图3.4 轻质非水相液体(LNAPL)存在时所面临问题

图3.4所示为一个监测井，筛孔部分是经过穿孔或者开槽的，以允许地下水进入。其中一条水平的黑色粗线指地下水位线：如果此地没有LNAPL，监测井内的水面将和这条线一致。

然而，井内的实际水面因进入井内的LNAPL的重力而被压低。

相邻的黑色粗线是弯曲的，标有"毛细上升区"。如果不是因为LNAPL的存在，这是土壤中清水能升到的水平。

LNAPL进来并把毛细上升区的水压下去。深灰色区域是积聚了足够多的

LNAPL，以至于在土壤中能移动。上部的浅灰色部分是LNAPL停留并通过毛细管作用和土壤结合的区域，在这个区域，LNAPL不能移动。

在监测井中LNAPL厚度通常超出地表下的LNAPL厚度，估计前者的厚度是后者的2~10倍。

由于这种差异，在监测井中测量的LNAPL厚度通常被称为"表观厚度"，不是地表下LNAPL厚度的准确测量值。

监测井充当低点的作用，LNAPL可以排进这个低点。当LNAPL在监测井中积累，其依靠重力压着井内的地下水位，导致其余的LNAPL流进井内。

LNAPL实际厚度和表观厚度之间的差异随着毛细上升区的增加而增加，而毛细上升区则随着地层颗粒尺寸变小而增加，比如粉质地层中毛细上升区是1000mm，而粗沙地层的毛细上升区是125mm。

因此，对于粉质地层来说，检测井内20in厚的石油层可能仅代表地层中2in厚的可移动石油层，然而在粗沙地层中，同样井内20in厚石油层可能表示地层中10in厚的移动石油层。

很多研究都在探究监测井内LNAPL厚度和实际非水相液体厚度之间的关系。这些研究已经获得了关联关系，可以根据监测井内测得的LNAPL表观厚度来估计LNAPL实际厚度。然而，这些关系在不同的现场条件下可能并不准确，一般估计结果仅能达到数量级的水平。

因此，如果在监测井内可以实现对LNAPL的测量，并不像它看起来那样糟糕，根据监测井的测量值估算释放量时，应该考虑到LNAPL的各种变化因素。

3.9 评估污染物的移动性

在饱和区实施有效修复技术需要了解污染物在垂直和水平方向已经移动了多远，还要知道扩散区移动的方向和速度。

3.9.1 地下水中溶解和吸附的污染物量

为了测算溶解污染物数量，必须知道溶解了污染物的扩散区体积和平均浓度。这需要从遍布于扩散区中、水平和垂直方向的监测井中获取大量样本。相比地下水的移动，溶解的污染物的吸附减缓了扩散区中心的移动，但这并不意味着溶解的污染物速率比地下水速率低。相反，由于吸附作用，在扩散区前部的溶解浓度减小，导致扩散区中心区比地下水移动更慢。液体和溶解的污染物是容易移动的，而吸附的污染物不会移动。

3.9.2 污染物扩散区

由于NAPL和溶解的污染物在地下可以不同速率、在不同方向移动，这两个相态可能需要分别描述。明确扩散区下降和横向延伸程度通常比上升程度更为重要，因为上升方向的移动通常是有限的。

　　大多数石油产品密度比水密度小，会以液相漂浮在水面上，然而，如果密度比水大的污染物通过地下水层下沉，直到其到达不透水层，比水密度更大的污染物扩散区的面积范围将难以估计。图3.5给出了地下储罐的典型泄漏情况，形成了扩散区。

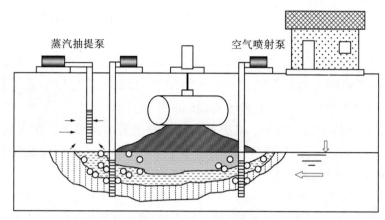

图3.5　形成了扩散区的典型地下储罐泄漏

　　漂浮的污染物将沿着与地下水相同的方向移动，但是含水层底部密度较大的污染物运动受到不透水层控制，可能与地下水运动不同。比水密度大的液体的流动方向与地下水流动方向相反，而溶解的组分则随着地下水移动。

　　如果某地点在地下水位或其附近的所有监测井都开有筛孔，则它们可能不会拦截含水层中的溶解污染物流向更深处。同时，如果泵抽取速率不足或回收井深度设置不够深，则可能不包含全部溶解污染物。如果含水层地下水在垂直方向的流动速率较快，溶解的污染物可能存在于相对较深的含水层中。这在地下水位相对平坦且补给率高的地方更为普遍，入渗的雨水会将污染物"推"到地下水位以下。

3.9.3 饱和区污染物的移动性

　　影响非水相液体和溶解污染物在地下移动的重要因素如下：

　　(a) 地下地层情况、含水层饱和区厚度；

　　(b) 当地地形、附近水体的位置；

　　(c) 附近井的位置、深度和泵送速率；

　　(d) 当地地下水流动方向、水位梯度(势能压差)；

　　(e) 地层的渗透系数；

　　(f) 泄漏的石油产品或其组分的密度和黏度。

上述数据可用于估计污染物扩散区将以多快的速率和沿什么方向移动，地下水流动方向对于预测污染物可能迁移的方位很重要，并且随着季节变化，水位可以影响流动模式。

3.10 设置修复目标

一项有效的监测计划应该要求清理所有相态的污染物。如果目标是将现场恢复到释放发生之前的状态，可能需要完成几个典型的清理阶段：

(a) 应急措施是第一优先事项，以确保对健康和安全不造成直接威胁；

(b) 控制溶解的污染物和非水相液体可限制污染程度，并有利于修复工作；

(c) 必须实现地下污染物的去除和/或处理；

(d) 最后，应建立现场监测程序，以检测尚未完全修复时的所有变化。

3.11 技术选择

石油产品释放到环境中的方式各种各样，没有直接的措施能够将环境全面修复到释放发生之前的状态。典型的完全修复计划具有如下3个主要组成部分：

(a) 控制非水相液体和/或溶解的石油产品

可以通过挖掘沟槽来防止污染物迁移，但其仅能有效控制非水相液体，同时采用泵井，可以控制非水相液体和溶解污染物。

(b) 非水相液体回收

非水相液体回收通常与开挖沟槽或泵井安装结合进行。

(c) 去除溶解产物

地下水处理方法可以是地上或原地，标准的地上方法是空气汽提和炭吸附。原位处理是指在不干扰地下水或将地下水带到地面以上处理或去除污染物。

3.12 控制非水相液体和/或溶解的污染物

本节将介绍两种防止地下污染物进一步迁移的方法：

(a) 开挖沟槽；

(b) 安装泵井。

3.12.1 开挖沟槽

防止漂浮的非水相液体迁移的简单方法是在扩散区水势梯度之下挖掘沟槽。当非水相液体到达沟槽时，它可以被拦截、移除和处置，从而防止迁移越过沟槽。

实施沟槽开挖控制系统至少需要明确以下信息：

(a) 扩散区移动方向；

(b) 地下水位的深度；

(c) 非水相液体扩散区沿水势梯度和侧向扩展的情况。

3.12.2 安装泵井

泵井是用于在饱和区中控制污染物有效且常用的方法。与沟槽不同,泵井在控制溶解的污染物、比水密度大的非水相液体以及漂浮的非水相液体方面效果更好。这种方法人为降低了现场水位,促使周围的地下水和污染物流入井中。

在该方法中,需要考虑的两个最重要因素是井的位置和泵送速率。要确定具体位置和泵送速率,必须掌握现场水文地质情况、污染物垂直和水平扩散范围。每个泵井都有各自的作用区域(ZOC),该区域的地下水将朝向井流动。为了防止污染物迁移,井配置和泵送速率必须使得污染物扩散区完全包含在井的作用区域内。如果污染物扩散区非常大或者土壤条件阻止了足够的泵送速率,则可能需要几口井来完全容纳扩散区。对于不同类型的地层,由于复杂的地层情况,其渗透系数差别很大,难以测算该地点平均渗透系数。因此,作用区域覆盖范围在所有方向上并不相等,并且可能导致泵井选址不当。

3.12.3 回收漂浮的非水相液体

当石油产品释放到饱和区时,对漂浮在水面的非水相液体进行回收是现场修复的常见行为。有几种方法用于回收漂浮的非水相液体,其中最常见的是抽油-水分离方案,这需要依靠在现场实施的污染物控制方法和真空抽提技术。以下将对这些方法进行讨论。

1.开挖沟槽回收非水相液体

两种最常用于从沟漕中回收非水相液体的设备类型是撇渣器和过滤分离器。撇渣器浮在水面上自动从水面抽取非水相液体,过滤分离器的工作方式非常类似于撇渣器,只是过滤器只允许石油产品通过。

2.设置泵井回收非水相液体

设置泵井的方法主要涉及两种类型的回收系统:单泵系统和双泵系统。在单泵系统中,使用一台泵,既可控制污染物扩散,又可回收非水相液体。在双泵系统中,一个泵用于在水面产生凹陷,另一个泵用于去除漂浮在水面的非水相液体。

3.真空抽提回收非水相液体

真空抽提通常用于不饱和区的污染物处理。当非水相液体漂浮在水面时,一些污染物将从液相转移到气相。自然挥发速率主要取决于污染物蒸汽压和轻非水相液体扩散区以上土壤中空气所占空间的体积。真空提取通过从土壤中抽取蒸气并将其带到表面来增强自然挥发,导致液相和气相之间的不平衡,并使其以更人速率继续挥发。

3.12.4 溶解在地下水的污染物处理

1.地面处理

地下水的地面处理，通常需要安装提取井或回收井来完成，提取井或回收井将地下水带到地后进行处理(即泵抽和处理)。两种最常用的地面处理技术如下：

(a) 空气汽提；

(b) 炭吸附。

这两项将在下面进行讨论。

2.空气汽提

汽提是用于描述处理受污染地下水的几种类似地上方法的通用术语，这种方法的优点是成本效益高、设计简单、原理易懂。

几种常见的空气汽提方法如下：

(a) 扩散曝气

将被污染的地下水引入到一个大的储存罐或池塘，底部设置有一个或多个扩散管，空气通过扩散管被泵送进入，并向上通过储存罐，其中一种介质可以促进溶解的污染物挥发。

(b) 盘式曝气

该法在除去挥发性有机物方面不如其他空气汽提方法那样有效，但是由于其结构简单、易于维护，有时用该方法作为其他方法的预处理措施。

(c) 喷雾曝气

被污染的地下水通过喷嘴喷洒在池塘上，大大增加了水的表面积。当水回到池塘时，挥发性有机化合物(VOC)被转移到大气中。

(d) 填料塔

填料塔是空气汽提方法之一。填料塔是从地下水中除去VOC的最佳方式，最具成本效益。因此，填料塔是应用最广泛的空气汽提方法。

典型的填料塔如图3.6所示，污染的地下水被泵送到塔顶，并使之随重力向下流动，而未受污染的空气被泵送进入，向上通过填料塔。

3.活性炭吸附

像空气汽提一样，活性炭吸附是从受污染地下水中除去VOC的常用方法。由于活性炭具有较大内表面积，使其有能力作为吸附剂，吸附溶解在水中的分子，因此此方法十分有效。用于处理水的活性炭有两种类型：

(a) 粉末活性炭(PAC)

粉末活性炭可以自由分散到水中，并随后被过滤出来。它主要用于饮用水处理，但很少用于处理污染的地下水，因为它不容易重复使用。

(b) 颗粒活性炭(GAC)

GAC比粉末活性炭更粗，并且通常包含在圆筒形单元中。污染的水通过该单元,直到活性炭的吸附容量用尽。然后,可将颗粒活性炭再生以备将来使用。GAC系统的设计不像空气汽提那么简单,因为影响去除效率的因素具有复杂的相互作用。

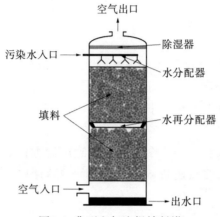

图3.6 典型空气汽提填料塔

3.13 管道泄漏后果评估方法

本节给出的方法仅评估泄漏存在的潜在安全和环境后果,而不包括维修和延迟生产/运输期间产生的直接经济后果。后者通常不会由于泄漏检测系统的存在而减少,并且可以客观地评估,而评估潜在的安全和环境后果,则可能更为主观。

泄漏的潜在后果与管道位置和被输送流体的类型等参数相关。通过将安全和环境后果评估结果与泄漏后果分类进行比对,管道操作员能够确定管道所需的泄漏检测设施。由于减少了泄漏检测所需的时间和系统停工时间,从而可减少泄漏造成的损失,这可以通过本节给出的方法得以证明。

本节提出的方法不会提供评估潜在泄漏的绝对定量后果,但可基于潜在泄漏后果对管道进行分级。

如果管道设计合理、建造合格、操作正确和维护得当,则不会发生泄漏。然而,经验表明,尽管采取了所有的预防措施,管道偶尔还是会发生泄漏。因此,即使当地政府对管道泄漏检测系统没有要求,管道资产持有人也应基于结构化、量化的方法制定自己的要求。

正确的管道管理应确保管道的技术完整性,以防止故障发生和液体泄漏。不管是否采取措施来保护管道完整性或验证其有效性,如果发生泄漏,例如由于第三方活动造成的损坏,泄漏检测系统应能够及时提醒操作人员发现问题。

泄漏检测系统本身对泄漏预期(Le)无任何影响,仅提醒操作者知道泄漏的发生，能够采取补救措施，以限制泄漏造成的不利后果。

当管道具有较高的泄漏危险时，不应优先安装泄漏检测系统，而应采取措施将泄漏的可能性降到合理可行的水平(ALARP原则)。

泄漏检测系统的需求程度不应与风险级别本身相关，应通过评估发生泄漏时，由于减少安全和环境危害而导致故障风险的减少来评价。

3.13.1 泄漏评估

本节泄漏后果评估是有关泄漏的简化版本。泄漏后果评估应结合以下内容来进行：

(1) 实际输入数据，例如流体压力、密度等；

(2) 假设的输入数据，例如发生泄漏孔的可能尺寸、检测泄漏和停工的时间等；

(3) 流体危险因素、人口密度因子等因素；

(4) 计算参数，例如流体排放速率、流体排放量等。

评估中使用的因素是基于专业操作结果得到的。

根据潜在泄漏速率、点火可能性、人口密度和流体危险特性来评估安全后果，用安全后果因子(SCF)表示。根据潜在泄漏体积、流体进入环境的持久性和/或渗透性，以及与泄漏的环境后果有关的清理成本和其他成本来评估环境后果。并采用气候校正因子对流体的持久性和/或渗透性进行调整。环境后果用环境后果因子(ECF)表示。

沿着管道的长度，其状况通常会发生变化，所以管道被分成几个部分，应对每个部分评估潜在泄漏的安全和环境后果。例如，对于离岸管道，在接近海上平台的位置，因为与安全后果的限制有关，其泄漏检测要求是最高的；而对于环境后果，在陆地上进场区的要求通常是最高的。应在各个位置使用针对这些不同标准的特殊泄漏检测技术。

其他参数也会沿着管道位置发生变化，例如内部压力、泄漏孔最可能的尺寸、检测泄漏的时间、水深等。在整个管道长度上的各个部分，都应该使用该部分假定的最坏状况作为评估基准。

泄漏的安全和环境后果是与管道长度相关的，因为潜在的泄漏数量是取决于长度的。

泄漏检测系统的要求应该根据SCF和ECF分类为"低"、"中"或"高"。

在"低"和"中"之间和"中"和"高"类别之间的阈值水平已经初步定义，但没有经过验证和确认。

在管道上安装泄漏检测系统，主要是基于泄漏的安全和环境后果进行评估。泄漏预期(Le)在本评价中作为次要参数，见表3.7。

表3.7 泄漏预期因子

泄漏预期		Le因子	泄漏预期		Le因子
输入	意义		N	中等	1
HH	很高	$\sqrt{3}$	L	低	$1/\sqrt{2}$
H	高	$\sqrt{2}$	LL	很低	$1/\sqrt{3}$

3.13.2 潜在泄漏速率和泄漏量

在泄漏情况下，释放流体的实际量可以从非常小到非常大，这取决于泄漏速率、泄漏检测系统的存在、关闭泵或压缩机的时间以及阀的存在和操作模式。

在该方法中，泄漏尺寸(即管道壁上泄漏孔的尺寸)是输入变量。用户可以基于潜在故障模式选择最可能的孔尺寸，例如，由挖掘机的齿冲击造成的孔直径约为50mm，可以根据流体的质量流量，计算泄漏速率。

作为泄漏后果评估的一部分，可以使用许多假设来计算潜在泄漏量。计算得到的泄漏速率被假定为一直持续到检测到泄漏并且采取了第一项补救措施，例如关闭截止阀、泵或压缩机。在阀、泵或压缩机关闭之后的补救工作期间，泄漏速率的降低不包括在该方法中，因为这将使评估复杂化，超出该泄漏后果评估方法的范围(注意：这个假设的影响并没有看起来那么大，因为对于气体和液体管道，泄漏的后果主要涉及泄漏开始和系统关闭之间的时间段)。

流体释放的安全后果取决于泄漏速率，而环境后果与泄漏量相关。

对于陆地上的管道来说，管道周围的人口密度要根据ANSI／ASME B31.8中规定的定位等级进行评估：

定位等级1：荒地、沙漠、山脉、牧场、农田和人烟稀少地区；

定位等级2：城市和城镇、工业区、牧场或乡村周边地区；

定位等级3：郊区住宅、购物中心、住宅区、工业区和其他人口稠密且不符合定位等级4标准的地区；

定位等级4：普遍存在多层建筑物、交通繁忙或密集的区域，地下可能有许多其他设施。

有关这些定位等级的更多详细信息，请参见ANSI/ASME B31.8。对于离岸管道的安全后果评估，需要区分以下管道位置：

(1) 公海；

(2) 靠近岸边；

(3) 与无人值守平台或综合中心连接的、平台上的或平台周围安全区的提升管和管道段；

(4) 与上面类似的，但是用于有人平台或综合中心的管道。

表3.8列出了不同种类的流体，每种流体都给出了其危险因子(S_1)，表3.9列出了管道定位等级，并给出了每种定位等级的人口密度因子(S_2)。通过以下公式计算泄漏的SCF：

$$SCF = L_R \times Le \times I_g \times S_1 \times S_2 \times \left(\frac{L_s}{100}\right) \tag{3.2}$$

式中：L_R——潜在泄漏速率；

$\quad\quad I_g$——点火因子；

$\quad\quad S_1$——流体危险因子；

$\quad\quad S_2$——人口密度因子；

$\quad\quad L_s$——管道长度，m。

(注意：式中的100仅是为了将结果减少到1~1000之间)

表3.8　流体危害因子(S_1)

液 体	密度(15℃)/(kg/m³)	0℃时蒸汽压/bar(绝)	流体危险因子S_1
原油(重)	875~1000	0.3	0.5
燃料油	920~1000	0.01	1
瓦斯油/柴油	850	0.01	1
原油(轻)	700~875	0.55	1
煤油/石脑油/汽油	700~790	0.01~1.2	5
天然气液(凝析油)	600~700	0.1~1	8
液化气	500~600	0.2~1.5	10
液化天然气	420	4~6	10
乙 烯	1.6		10
天然气	1.1		6
酸性天然气(0.5 % H₂S)	1.1		10

表3.9　人口密度因子S_2

区域分类		人口密度因子S_2
陆地定位等级 (依据ANSI/ASME B31.8)	等级1	1
	等级2	4
	等级3	8
	等级4	10
	离 岸	
	公 海	1
	靠近海岸	5
	提升管和安全区(无人平台)	6
	提升管和安全区(有人平台)	10

3.13.3 环境后果因素

环境后果因素(ECF)取决于以下参数:

(1) 潜在泄漏质量(L_m);

(2) 持久性/渗透性(E_1);

(3) 气候校正因子(E_2);

(4) 清理和/或其他相关费用(E_3)。

环境后果因素仅适用于运输液体的管道,而空气污染和潜在的火灾损害不包括在评估中。

管道泄漏的环境后果根据清理、补偿等实际相关后续费用成本(USD)来表示和量化。这些取决于释放的流体体积、流体类型、环境类别和应急计划的类型等。

需要用反映液体在环境中持久性的因子来调节释放液体的量,这个因子取决于流体类型、气候以及泄漏发生在离岸还是陆上。

假设环境损害仅与在较轻馏分蒸发后保留在环境中的液体流体组分有关。

对于陆地上的泄漏,由于流体的持久性而导致对环境损害,受原油类型的影响。轻质原油比重质原油更容易渗入地下,因此更有害,更难以去除,成本更高。

清理成本的评估是基于轻质原油所需要的成本。其他流体的成本,对于离岸泄漏,是通过乘以持久性因子(其取决于流体密度)来计算的;对于陆地泄漏,则乘以持久性/渗透性因子。

假定离岸泄漏密度为600kg/m³的轻质凝析油,或具有更低密度的其他任何碳氢化合物,流体将在大气条件下蒸发,因此对于那些离岸泄漏,持久性因子为零。

对于密度较大的流体,离岸泄漏的持久性因子E_1可以由下式计算:

$$E_1=0.004×密度(15℃, 1bar)-2.4 \tag{3.3}$$

陆地上持久性/渗透性因子E_1的计算方法为:

对于密度小于850kg/m³的流体:

$$E_1=0.0022×密度(15℃,1bar)-0.88 \tag{3.4}$$

对于密度大于850kg/m³的流体:

$$E_1=0.0013×密度15℃,1bar)+2.1 \tag{3.5}$$

通过专家方案估计离岸泄漏因子,关系如图3.7所示。

表3.10为气候校正因子E_2,可以反映液体蒸发和环境温度之间的关系。

液体泄漏的清理成本和其他相关成本列于表3.11中,同时给出了已识别的环境类别和关联的清理成本和/或处理轻质原油的其他后续成本。相关成本是由专家采用北海经验估算出的,以1993年的货币计算。假定这些数据在全世界都能适用。

可能对环境造成损害相关的罚款和其他无形费用,例如丧失声誉和可信度,不包括在上述成本中。这些应在经济后果评价中，作为单独的成本进行评估，或通过增加"清理和/或其他相关成本"(E_3)值来纳入其中。

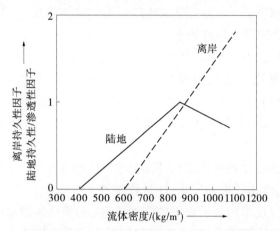

图3.7 离岸泄漏的持久性因子和陆地上持久性/渗透性因子

表3.10 针对持久性/渗透性因子的气候校正因子S_2

气　候	年平均温度/℃	校正因子E_2
温暖	>20	0.75
温和	>5和<20	1
冷	<5	1.25

表3.11 清理和/或其他相关费用S_3

环　境	清理费用E_3/(美元/m³)	备　注
离海岸>40km	13	基于检测的释放流体，同时考虑自降解
离海岸5~40km	110或240	数值取决于补救措施：使用化学分散剂处理费用（分散剂及施用成本）是110美元/m³。控制与回收成本（设备、部署、回收、运输和处置）是240美元/m³
离海岸<5km	3500	包括沿岸清理、渔业和旅游赔偿以及环境影响
标准地形	630	
河道区域	2200	
指定的环境敏感地区	2500	

泄漏的ECF由以下公式计算：

$$ECF=(L_m \times 1000/R_0) \times Le \times Ls \times E_1 \times E_2 \times \left(\frac{E_3}{100000}\right) \quad (3.6)$$

3.14 泄漏检测技术

泄漏检测技术基于对特定参数的连续或间歇测量。与连续泄漏检测技术相比，间歇性泄漏检测方法通常能够检测小速率的泄漏。

一些连续技术只能在泄漏开始发生时检测瞬时管道状况，并且在之后不能够识别泄漏的存在。

对于一些间歇性技术，需要中断通过管道的流体输送，使用间歇技术，检测泄漏的时间将完全依赖于检查频率。

用于检测液体管道中泄漏的技术优于气体管道技术，并且优于两相管道技术。

对泄漏的灵敏度和错误报警的冲突平衡将决定泄漏检测系统的灵敏度设置，重大泄漏通常可以比微小泄漏更快地检测到。为了保持用户对泄漏检测系统的信心，避免错误报警并缩短泄漏检测时间，或降低最小可检测泄漏量具有更高的优先级。

管道泄漏检测技术的性能取决于流体类型、操作压力，包括流量波动、批量或连续操作模式、管道长度和尺寸、计量精度等。

决定采用哪种技术取决于详细的实例评估。如果认为泄漏后果是重要的，则需要更复杂的泄漏检测技术，可能需要部署多个泄漏检测技术，以便实现整体泄漏检测性能。

根据泄漏检测技术的工作原理，泄漏检测系统分为以下几类：

(a) 管道输入量与输出量的平衡；

(b) 压力和/或流量分析；

(c) 监测泄漏产生的特征信号；

(d) 离线泄漏检测。

各种泄漏检测技术的功能和应用对象汇总于表3.12，其中泄漏速率的分类为：

全口径断裂≥100%流量；重大泄漏50%~100%流量；大泄漏25%~50%流量；中等泄漏5%~25%流量；小泄漏1%~5%流量。

表3.12　泄漏检测技术的功能和应用概述

泄漏检测方法	泄漏类型	操作模式	响应时间	泄漏定位能力	备　注
低　压	气体：全口径断裂	全　部	几秒到几分钟	离岸：没有	常用，避免错误报警的阈值高
	液体：重大泄漏			陆地：如有压力读数，则在两个截止阀之间	
压力下降/流量增加	气体：重大泄漏	稳　态	几秒到几分钟	离岸：没有	
	液体：大泄漏			陆地：如有压力读数，则在两个截止阀之间	
沿管道的压力梯度	气体：重大泄漏	稳　态	数分钟	如有压力读数，则在截止阀之间	只适用陆地
	液体：大泄漏				
负压波	气体：大泄漏	稳　态	几秒到几分钟	1km 之内	仅检测泄漏的开始发生
	液体：中等泄漏				

泄漏检测方法	泄漏类型	操作模式	响应时间	泄漏定位能力	备注
声波警报	气体：中到大泄漏	稳定和瞬态	几秒到几分钟	在1km内，取决于传感器间距	仅检测泄漏的开始发生
	液体：小至中泄漏				
物料平衡	中到大泄漏	稳态	几分钟到几小时	无	
校正的物料平衡	小至中泄漏	稳定和瞬态	几分钟到几小时	离岸：没有	
				陆地：截止阀之间	
动态模拟	小泄漏	稳定和瞬态	几分钟到几小时	最好在管道长度的10%以内	
泄漏检测统计	小泄漏	稳定和瞬态	几分钟到几小时	仅能显示	低概率的错误报警
超声波检测器	液体：小泄漏（典型为50 L/h）	间歇	取决于清管频率	100m以内	仅适用于不含气相的液体
声学反射	液体：大泄漏（陆地）小到中等泄漏（关闭）	稳态	取决于监测频率	1km以内	仅适用于不含气相的液体
差压静压试验	小泄漏（不含气相的液体），中等泄漏（部分汽化的液体），气体大泄漏	关闭期间	几小时到几天	无，截止阀之间	能力取决于长度和温度的影响
嗅探管，烃感应电缆	所有液体，包括混相：小泄漏	全部	几小时	100m以内	仅适用于短距离管道

3.14.1 输入与输出的物料平衡

这种类型的泄漏检测系统应用原理：在无泄漏管道中，流入管道的流体量等于流出量。根据该物料平衡原理，在一段时间间隔内连续监测流入和流出量的所有变化。体积流量读数应参考质量流量，根据密度或压力以及温度变化进行校正。为了消除正常操作期间流量变化的影响，流量读数应在不连续的时间段内进行平均（累加）。

未校正的物料平衡方法仅可以在稳态操作下应用，因为其不允许管道内存物的变化，即管道输送物的变化。泄漏检测系统精度很大程度上取决于流量计的精度和操作的稳定性。

除了入口和出口流量测量之外，校正的物料平衡方法应该对管道内存物的所有变化使用校正因子。沿着管线测量每一段间隔的压力，如果必要的话，还要测量温度，用于计算校正因子。检测小泄漏的能力取决于沿着管道长度测量点的数量和精度。

一种替代方法是动态模拟，这是一种模型辅助平衡方法。采用实时计算机模型,计算在稳态和瞬态操作条件下管道内存物和输送物的变化。此法不仅它可以校正压力和温度的影响,而且可以校正流体性质的变化,例如管道中同时存在不同批次的流体。当模型预测的物料平衡与实际测量之间存在差异时,表明存在泄漏。此外,流量和/或压力趋势的意外变化也表明泄漏的发生。

动态模拟方法类似于校正的物料平衡系统,主要区别在于:动态模拟方法计算管道内存物,而校正的物料平衡方法在沿管道的测量点之间进行内插计算,因为存在测量误差的累积,后者通常不太准确。

这些方法的灵敏度一般都很好,但它们的缺点是定位泄漏位置的能力有限。

管道泄漏检测统计系统(SPLD)不需要管道内存物的复杂建模;它基于在管道的入口和出口处测量的流体流量和压力,连续地统计计算泄漏概率。当存在泄漏时,管道压力和流量之间的关系就会发生变化,采用此统计技术,根据管道的控制和操作,就能够识别这一变化。

SPLD系统就像一个统计过滤器,用于统计管道输入/输出平衡,对是否存在泄漏进行判定。与其他基于软件的技术相比,该系统的主要优点是简单性和鲁棒性。SPLD系统可以在个人电脑上运行,并且能够区分操作变化引起的管道波动和实际泄漏的发生,因此对于泄漏检测非常可靠。SPLD系统1991年10月已经商业化。SPLD系统的统计过滤器也可以与市场上可得到的动态模拟方法组合,这使得后者更加可靠。这种组合的统计和动态模拟泄漏检测系统是目前最复杂的泄漏检测系统。

3.14.2 压力和/或流量分析

管道的操作可以通过流体的流动和沿着管道的压力梯度来监控,沿管道的压降和流量与管道的流动阻力有关。发生泄漏时,管道的压降分布改变,因此影响"正常"压力和流量关系。检测这种变化可以提示泄漏的发生。

如果发生重大泄漏,特别是在管道的上游部分,入口压力将会下降。如观察到低于预期的入口压力,则表明存在泄漏。对压力降低的检测通常连接到自动关闭系统。为了避免错误报警,通常将系统设置为仅可以检测重大泄漏。

泄漏将导致上游流量增加和下游流量减少,其结果导致泄漏点上游压力梯度增加,而下游压力梯度减小。根据管道沿线的压力读数计算出的压力梯度如果出现不连续的变化,则表明发生了重大泄漏。还可以监测压力和流量读数的变化率,如发生突变,则表明出现了泄漏情况。

管道运行过程中发生泄漏,会导致上游流量增加和压力降低,根据这一事实,组合使用检测压力降低/流量增加的方法,如果两者同时发生,则表明发生了泄漏。

3.14.3 监测泄漏产生的特征信号

突然发生的泄漏将在管道泄漏位置引起突然的压力下降。这种突然的压降在泄漏上游和下游都以声速传播,并产生压力波。该压力波的检测可以表明泄漏的发生。这种负压波技术的响应时间非常短,因为它的响应波以声速(在原油中大约为1000m/s)传播。当在泄漏的上游和下游检测到波时,泄漏位置可以根据其两侧最近的传感器的检测时间差来计算。系统只会对瞬间发生的、可检测规模的泄漏发生响应,因此在实际中,灵敏度可能很差,因为警报阈值通常设置得较高,以避免因上游或下游处理厂或其他噪声装置(例如泵或压缩机站)产生的压力瞬变触发错误报警。

相对于负压波系统,使用双重传感器的系统也能够滤除噪声信号,但对于管道噪声系统更不敏感。这个系统是定向的,即它检测源自管线的上游或下游方向的信号。这是通过将两个传感器安装在彼此适当的位置并使用电子信号扣除系统来实现的。

基于负压波技术的泄漏检测系统仅能检测泄漏的初发,而不是其存在。如果没有检测到泄漏初发时刻产生的压力波,则不会意识到发生了泄漏。

液体在压力下从小的开口逸出,会产生超声波噪声。配备有水听器和数据记录仪的超声波泄漏检测器可以检测和定位泄漏的存在,使用该技术可以检测到非常小的泄漏,低至10L/h,并且能相当准确地定位。当该系统间歇操作时,其响应时间取决于超声波泄漏检测器的运行频率。

沿管道紧密地铺设碳氢化合物可渗透的管(嗅探管),如管道发生泄漏,出来的碳氢化合物能够渗透到嗅探管中,周期性地吹扫嗅探管中的气体到气体分析器,将能检测管道的微小泄漏。

可沿管道铺设碳氢化合物感应电缆,当碳氢化合物与电缆接触时,电缆的电气性质会发生改变,而与水接触不影响电缆的性能。

用于测量海水中甲烷的原型系统已经开发出来,该装置安装在遥控潜水器(ROV)上,可以从连续的水流中提取溶解的气体,并使用吸收红外线技术确定甲烷含量。

利用遥感技术监测碳氢化合物的排放,例如,使用来自飞行器的红外技术,特别是对于天然气和多相输送管道,这种方法为地面监测提供了强大的替代技术方案。

3.14.4 离线泄漏检测

一种智能清管器已经问世,可用于在堵塞的加压管道中,它使用流动方向识别来检测和定位管道中的泄漏。该双向清管器具有穿过其轴体的开口,带有灵敏的流量计和发射器。通过对沿着管道各个点的清管器进行定位，并且通过清管器测得的流量进行解释，可以最终定位泄漏位置。然而，定位泄漏需要时间，并且管线两端都会配备泵送和加压设施。对于直径大于8in的管道，如果检测到微小泄漏但不能确定位置时，使用该系统很有必要。

对于直径小于8in的管道，上述技术的替代方案是配备差压传感器和发射器的双向清管器。当位于管道中时，清管器测量其两侧的压降，如果发生泄漏，这一侧的压力下降更快。

当存在泄漏时，阻塞的加压管道中的压力将下降。对于静态压力泄漏测试，全部或部分管道用其输送的烃流体加压到最大允许操作压力(MAOP)。如果需要加压到更高的水平，基于安全和环境因素，泄漏试验应使用水来进行。加压后，关闭截止阀，并在指定的时间(最少24h)内监测压力和温度。可以对装有差压传感器的截止阀进行差压静压试验。如果在两个相邻区段中压降速率的差异，不能由温度效应、读数不精确或阀泄漏来解释，那么就说明存在泄漏问题。在压力高于MAOP的情况下，出于条件监控的目的，对现有管道进行压力测试，其优缺点具有不确定性。

在高压下进行泄漏检测的压力测试，优点是更容易检测到现有泄漏。此外，可以打开几乎使表面破裂的大缺陷，也能检测到泄漏。缺点是存在的缺陷可能被扩大和/或激活以增大风险，可能导致在压力测试之后，正常管道操作期间出现故障。注意：MAOP以上的压力测试，主要用于强度测试，以避免管道破裂(DEP 31.40.40.38-Gen)。

在压力测试期间，当迫使液体通过小开口时产生的声音可以通过声学监测来检测。对于输送不含气相的液体的管道，通过声反射测量法进行泄漏检测是可行的。该技术基于以下现象：由于声学的局部变化，穿过管道的压力波在泄漏位置处被反射。对于间歇使用的管道，该技术可以在干扰噪声较低的停机期间使用。

3.15 使用放射性示踪剂对管道、气体管道、罐和技术装置的泄漏控制

示踪剂可以加入到加压流体中用于检测微小泄漏，通过用对示踪剂敏感的检测器或通过目视观察可见的示踪剂，巡视管道来检测泄漏。

同位素示踪剂的方法可以用作液压和充气压力测试的补充技术。该方法具有许多优点：很灵敏且容易使用，测试和前期工作耗时较少；此外，同位素试验可在低压(0.2~0.4MPa)下进行，且不需要过多的材料。应该指出的是，尽管液压测试是必需的，但这种测试不能应用于所有目标。

该方法的原理：同位素示踪剂向泄漏点的迁移、对其周围介质的渗透、示踪

剂在该介质上的吸附，和对示踪剂发射的γ射线的测量。用放射性同位素^{82}Br标记的甲基溴是最好的示踪剂。

在专门建造的特殊发生器中进行化学反应。根据发生器的类型，可以处理高达10Ci(370GBq)的放射性活度。为了将气态放射性示踪剂运输到分配点，需要使用特殊的容器。放射性示踪剂从发生器吸出到容器，容器的大小根据待运输的示踪剂的放射性活度而变化。

借助于带有闪烁探测器的便携式辐射计，通过记录辐射强度的变化(缘于放射性示踪剂在绝缘材料中的吸附)，来进行泄漏检测和定位。

使用Geiger-Muller计数器，可以进行发生器和容器表面上剂量率的测量和受控区域边界确定。使用高灵敏度多通道辐射计，可以实现多点同步测量。

3.15.1 液体管道中的泄漏检测

采用放射性^{82}Br标记的甲基溴(或采用水-溴化钾)，被加入到管道内液体中，采用放置于清管器中特殊的γ射线检测器进行检测(图3.8)，清管器与介质一起移动通过管道。检测器在示踪剂通过后被引入管道。它连续测量管道中的自然辐射以及^{82}Br(如果存在)的γ辐射峰值。为了检测到泄漏，最小放射性活度设置为1~10μCi(37~370kBq)。

图3.8 清管器

记录在磁带上的信号称为泄漏的"大体定位"，并提供关于泄漏位置的信息，精度为几米至几十米，这取决于距离标记(放置在管道外壁上的^{60}Co源)之间的距离和记录器上的磁带卷绕速率。再通过搜索管道上方地面区域中的辐射进行泄漏位置的精确定位。在管道直径非常小的情况下，不能引入辐射计，仅能进行精确定位。

在这种情况下，检测是基于示踪剂穿透泄漏上方到达地面的辐射量，通过恰好移动此处的检测器进行测量。在该方法中，管道需要停止运行一段时间，以便跟随添加到管道中示踪剂的移动。施加的总放射性活度应为20Ci(740GBq)。检测的最小泄漏量应在30~1000cm^3/h范围内。将检测器引入管道中，可以检查直径范围为200~800mm的管道。

3.15.2 气体管道泄漏检测

检查方法的选择取决于泄漏大小、气体管道待检查部分的长度和管道直径。这些因素影响示踪剂从加入点到泄漏点上层土壤的移动速率，其中示踪剂通过γ

射线检测器进行检测。

采用放射性示踪剂的泄漏测试可以在压力强度测试之前、期间和之后进行。此方法中示踪剂的选择取决于常规压力测试压降的变化。

3.15.3 标记气体管道总体积的方法

该方法可应用于较短的管道和较小规模的泄漏。介质和示踪剂应在一个或多个点泵入管道,这样可以将示踪剂均匀分布在管道中。

在检测时,尽可能施加高测试压力。当达到确定的压力时,停止泵的运行,然后保持几个小时(这个时间是必需的,以允许标记的气体通过最小泄漏移动到地面上层),记录泄漏中示踪剂的辐射。利用这种方法,可以同时检测所有泄漏,而不需要跟踪示踪剂的移动,即当定位泄漏时不需要挖掘管道。

3.15.4 单点注射示踪剂的方法

该方法用于检测短管道。气体应该被泵送到一定的压力,然后停止泵送,并且将放射性示踪剂引入气体管道的中间部分。将跟踪器引入气体管道的中间部分,可以减少定位泄漏所需的时间。位于示踪剂注射点两侧管道上的辐射计可以确定示踪剂的移动方向,即发生泄漏的部分。

3.15.5 在气体管道多点注入示踪剂的方法

该方法用于检测一段长气体管道。通过位于注入点两侧的辐射计,检测放射性同位素的运动,从而定位泄漏点。在这种方法中,示踪剂的使用量都很小(每处的放射性活度约为1mCi)。但在泄漏点附近注入的最后一部分示踪剂,使用量要足够高,确保在泄漏区域上方的地面可以测量到。

3.15.6 恒压下示踪剂检查介质的注入方法

该方法可应用于任何长度的气体管道,能够检测重大泄漏。应当注意,单次泵送可能不足以将示踪剂输送到泄漏区;气体在恒定压力下连续泵送。连续泵送气体在微小泄漏的情况下显示出优点,因为其可以减少定位所需的时间。并且有必要连续保持有限的气体供应,以便补偿泄漏损失。泄漏点定位可以在任何地方进行,最小可检测泄漏率低于30cm^3/h。

3.16 对土壤的排放

为了描述土壤排放,以下将讨论两种普通的排放评价技术(EET):

(1) 地下水监测;

(2) 泄漏。

3.16.1 地下水监测

通过地下水的监测设施可以评价排放情况,此监测数据可用于表征排放的特点，这需要确定上游和下游地下水浓度，并将此信息与地下水流量信息结合使用，以确定该设施对地下水污染物水平的贡献。

在物质进入地下水之前没有物质损失(例如，由于蒸发)，或者在排放发生和物质进入地下水之间时间很短的情况下，这种方法是合理的。因此，如果通过监测地下水，就能够获取所有排放到土壤的物质信息，这种监测方法可以用作对环境排放的合理测量。如果不是这种情况(例如，通过土壤/黏土的传播速率低，或者存在将物质带走的其他路线，如蒸发或地表径流)，则有必要使用其他EET。

3.16.2 泄漏

对于许多设施，排放的主要来源都是泄漏(这也可能包括由于船只冲洗导致的故意溢出)。意外泄漏可能排放到土壤(直接)、水(通过径流)和空气中。

如上所述，除非泄漏的物质被输送到安全容器设施，泄漏物质的数量如果少于收集(或清除)的数量，需要按照NPI进行报告。在实际情况中，应该保存一个记录，包括泄漏物的数量和组成(特别是NPI物质的泄漏量)。根据该记录，可以形成满足NPI报告所需基本信息的报告。

假设所有轻馏分挥发，剩余馏分被排放到地面，则泄漏量可以分为空气排放量和土壤排放量。泄漏时间、泄漏量、温度和土壤孔隙率都在排放测算中具有重要作用。化合物向大气中的蒸发速率由下式计算：

$$E_i = 1.2 \times 10^{-10} \times (M \times Po_i/T) \times u^{0.78} \times y^{0.89} \tag{3.7}$$

式中：E_i——物质"i"的蒸发速率，g/s；

$\quad u$——泄漏物表面的风速，cm/s；

$\quad x$——顺风维度，cm；

$\quad y$——侧风维度，cm；

$\quad M$——物质的相对分子质量；

Po_i——物质i在泄漏温度沸点时的物质蒸汽压($1dyne/cm^2 = 0.0001kPa$)；

$\quad T$——温度，K。

排向大气中的蒸发速率一旦确定，就可以使用以下公式估算对土壤的排放：

$$ERLAND, i = QttySPILL - [t \times (E_i)] \tag{3.8}$$

式中：$ERLAND, i$——化合物"i"向土壤的排放；

$QttySPILL$——泄漏液体中该化合物的量；

$\quad E_i$——通过上述蒸发速率公式计算的物质"i"的蒸发速率；

$\quad t$——液体开始溢出和最终清理之间的时间。

3.17 土壤渗透问题的评价

钠(Na)是最有争议的离子之一，由于其在浓度过高时会产生特定的毒性。另外，高钠含量的另一个间接影响是土壤物理性质的恶化，例如土壤表层形成坚硬的外壳、积水、土壤渗透性降低。如果渗透速率大大降低，有可能无法供给农作物或园林植物良好增长所需的水分。本节给出一个简单的预测方法，它比现有的方法更容易，只需少量不太复杂的计算即可，这种工具能以Na^+、Mg^{2+}、Ca^{2+}的浓度、灌溉水的盐度和HCO_3^-/Ca^{2+}的比例等，准确预测钠吸附比(SAR)，以解释灌溉水质的影响。

这种方法表明，当灌溉水盐度达到8dS/m和HCO_3^-/Ca^{2+}比例达到20时，都能持续给出准确的结果，预测得到的数据与报告数据极其一致，平均绝对偏差小于3%。

3.17.1 预测方法的开发

水渗透问题发生在土壤的顶部几厘米内，主要是与表面土壤的结构稳定性有关。为了预测潜在的渗透问题，经常采用SAR表示。

$$SAR=\frac{Na^+}{\sqrt{\dfrac{Ca^{2+}+Mg^{2+}}{2}}} \tag{3.9}$$

式(3.9)中阳离子浓度单位为meq/L，SAR校正系数(R_{Na})公式见式(3.10)，其考虑到土壤水分中钙溶解度的变化。R_{Na}值优先考虑应用于再生水的灌溉过程，因为它能更准确反映土壤水分中钙浓度的变化。在SAR一定时，入渗率随着盐度的增加而增加，随盐度的减小而减小。

$$adjR_{Na}=\frac{Na^+}{\sqrt{\dfrac{Ca^{2+}+Mg^{2+}}{2}}} \tag{3.10}$$

式中：Na^+和Mg^{2+}浓度单位为meq/L，Ca_x^{2+}数值是由新的预测方法给出的，其浓度单位也是meq/L。因此，灌溉水的R_{Na}和导电率(EC_w)应结合在一起，来评估潜在的渗透性。

再生水通常钙含量比较高，而且很少关注到土壤表面中的水溶解和浸出过多的钙。然而，再生水有时钠含量高，所形成的高SAR是利用再生水进行灌溉时必须关注的主要问题。

开发这种方法需要可靠的数据[57]，以此来预测式(3.10)中的Ca_x^{2+}系数，以更准确地反映土壤水中钙的变化，Ca_x^{2+}系数是灌溉水盐度(E_c)和HCO_3^-/Ca^{2+}比(R)的函数，以更准确反映土壤水中钙的变化。其中，Ca_x^{2+}参数可通过一个简单的方法快速预测。

式(3.11)给出了所提出的控制方程，其中4个系数用于将Ca_x^{2+}参数值关联为不同盐度(E_c)灌溉水HCO_3^-/Ca^{2+}比(R)的函数，其中的系数列于表3.13中。

$$\ln(\mathrm{Ca}_x^{2+})=a+\frac{b}{R}+\frac{c}{R^2}+\frac{d}{R^3} \tag{3.11}$$

式中：

$$a=A_1+B_1E_c+C_1E_c{}^2+D_1E_c{}^3 \tag{3.12}$$
$$b=A_2+B_2E_c+C_2E_c{}^2+D_2E_c{}^3 \tag{3.13}$$
$$c=A_3+B_3E_c+C_3E_c{}^2+D_3E_c{}^3 \tag{3.14}$$
$$d=A_4+B_4E_c+C_4E_c{}^2+D_4E_c{}^3 \tag{3.15}$$

表3.13 根据可靠数据测算吸收效率的式(3.12)～式(3.15)中调整系数

系 数	HCO_3^-/Ca^{2+}比小于1时的调整系数	HCO_3^-/Ca^{2+}比大于1时的调整系数
A_1	$2.611975700671 \times 10^{-1}$	-1.2613155584148
B_1	$1.5323734035744 \times 10^{-1}$	$-2：655970585552 \times 10^{-1}$
C_1	$-2.5301512329647 \times 10^{-2}$	$5：8283608290452 \times 10^{-2}$
D_1	$1.5711688598023 \times 10^{-3}$	$-3：5562691856642 \times 10^{-3}$
A_2	$4.4312371304785 \times 10^{-1}$	7.237129012651
B_2	$-1.33878731261208 \times 10^{-4}$	$1：0837184119463 \times 10^{-1}$
C_2	$1.33146329099254 \times 10^{-4}$	$-3：4537210697001 \times 10^{-2}$
D_2	$-1.4920964960815 \times 10^{-5}$	$2：4184818439973 \times 10^{-3}$
A_3	$-3.57929622902405 \times 10^{-2}$	-9.6247853800639
B_3	$1.5429385602988 \times 10^{-5}$	$2：3481099697109 \times 10^{-1}$
C_3	$-1.4841265770122 \times 10^{-5}$	$7：4343560147113 \times 10^{-2}$
D_3	$1.6517869818181 \times 10^{-6}$	$-5：1878460983131 \times 10^{-3}$
A_4	$9.7273165732822 \times 10^{-4}$	4.636747565375
B_4	$-5.5936769324377 \times 10^{-7}$	$1：4185005340368 \times 10^{-1}$
C_4	$4.7062585055241 \times 10^{-7}$	$-4：4690499765614 \times 10^{-2}$
D_4	$-5.1248968401358 \times 10^{-8}$	$3：1104959601422 \times 10^{-3}$

下面是本节公式中的所有符号列表：

A调整系数；

B调整系数；

C调整系数；

D调整系数；

Ca^{2+}钙离子浓度，meq/L；

Na^+钠离子浓度，meq/L；

Mg^{2+}镁离子浓度，meq/L；

E_c灌溉水的盐度，8dS/m；

R HCO_3^-/Ca^{2+}比；

R_{Na}调整后SAR;

SAR钠吸附率。

这些最佳调整系数(A, B, C和D)有助于涵盖文献[57]中报道的Ca_x^{2+}参数值。

这种预测方法推荐用于灌溉水盐度(E_c)高达8dS/m和HCO_3^-/Ca^{2+}比高达20的情况。为了确定渗透问题是否存在：指南介绍了灌溉用水的水质数据解释[57]，如果将来仅通过对调整系数进行再调整，能够得到新的数据，则根据所提出的方法可以快速将表3.13中所示的系数恢复。

图3.9和图3.10给出了工具预测结果与报告数据的比较[57]，并且Pettygrove, G.S.和Asano(1985)采用预测方程式中的Ca_x^{2+}参数，能更准确反映土壤水中钙浓度随灌溉水盐度(E_c)和HCO_3^-/Ca^{2+}比的变化，显然，所提出方法的预测结果精确性很高。

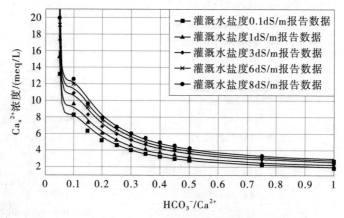

图3.9　当HCO_3^-/Ca^{2+}比值小于1时，Ca_x^{2+}测算结果与报告数据的比较(授权转载[92])

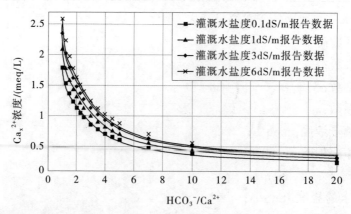

图3.10　当HCO_3^-/Ca^{2+}比值大于1时，Ca_x^{2+}测算结果与报告数据的比较(授权转载[92])

下面给出的典型实例，说明使用所提出的关联式能够快速测算Ca^{2+}参数，进而简单计算出钠吸附比。

3.17.2 现场工程师示例计算

用于灌溉农田的泻湖废水，水质分析报告见表3.14。利用报告中的水质数据：(1)计算R_{Na}；(2)确定使用该废水进行灌溉是否产生渗透问题。

表3.14 实例中给出的水质数据

水质参数	数据	水质参数	数据
BOD/(mg/L)	39	HCO_3^-/(mg/L)	295
TSS/(mg/L)	160	SO_4^{2-}/(mg/L)	66
总氮/(mg/L)	4.4	Cl^-/(mg/L)	526
总磷/(mg/L)	5.5	硼/(mg/L)	1.2
pH值	7.7	导电率/(dS/m)	2.4
Ca^{2+}/(mg/L)	37	总固溶物TDS(mg/L)	1536
Mg^{2+}/(mg/L)	46	碱度/(mg/L)	242
Na^+/(mg/L)	410	硬度/(mg/L)	281
K^+/(mg/L)	27		

【解】：首先，将有关水质参数的浓度换算为meq/L：

$$Ca^{2+}=37/20.04=1.85meq/L$$

$$Mg^{2+}=46/12.15=3.79meq/L$$

$$Na^+=410/23=17.83meq/L$$

$$HCO_3^-=295/61=4.84meq/L$$

使用给定的水质数据确定Ca_x^{2+}的值。

$$灌溉水盐度，E_c=2.4dS/m$$

$$HCO_3^-/Ca^{2+}比=4.84/1.8=2.62$$

因为HCO_3^-/Ca^{2+}比(R)大于1，所以使用表3.13中第二列系数：

$$a=-1.36211957 \quad [由式(3.12)得到]$$

$$b=7.276462851 \quad [由式(3.13)得到]$$

$$c=-9.710091705 \quad [由式(3.14)得到]$$

$$d=4.6883179939 \quad [由式(3.15)得到]$$

$$Ca_x^{2+}=1.29859 \quad [由式(3.11)得到]$$

采用式(3.10)计算R_{Na}：

$$adjR_{Na}=\frac{Na^+}{\sqrt{\dfrac{Ca^{2+}+Mg^{2+}}{2}}}=\frac{17.83}{\sqrt{\dfrac{1.29+3.79}{2}}}=11.19 \tag{3.16}$$

计算的$R_{Na}(11.19)$与报告中的$R_{Na}(11.29)$具有良好一致性,其偏差小于1%。

确定是否存在渗透问题:根据灌溉水质$R_{Na}(11.19)$和灌溉水盐度(2.4dS/m)的解释指南,对使用这种再生水没有明确限制。

第4章 噪声污染控制

摘要：简单来说，噪声就是不必要的声音。噪声会干扰人的工作、休息、睡眠和交流，而且会损害听力。在实际中，最重要的问题是工业噪声问题、噪声控制要求和听力保护计划。本章内容包括：简要说明了由机械设备发出的噪声的基本标准原则；简要说明了在工作场所的噪声标准原则，还有工厂或复合式建筑、办公室和会议室的噪声控制程序；简要说明了振动控制原理。

关键词：声屏障；声学设计；阻尼；分贝；噪声；噪声限值；污染；消声设备；声音；振动控制

声音是由物体振动产生的，并且通过耳朵使听觉神经产生感应的一种能量形式。并是不所有的振动体产生的声音都能被听到。可听到声音的频率范围一般在20~20000Hz。

频率低于20Hz的声音称为次声，频率高于20000Hz的声音称为超声。由于噪声也是声音的一种，本章中噪声和声音的含义相同。

噪声问题通常由三要素组成：声源、接收体、传播途径。声音通常通过大气传播，而包含接受体的建筑物也可以是传播途径之一(见图4.1)。

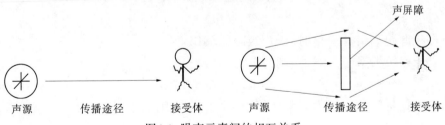

图4.1 噪声元素间的相互关系

本章主要由两部分组成：

(1) 噪声控制；

(2) 振动控制。

本章给出了厂房和设备的噪声控制步骤。详述了一些设备的最大允许噪声级，这些设备包括安装在炼油厂、化工厂和天然气工厂的设备，以及应用在勘探、产品加工厂和供应/销售渠道商的设备。

这些措施同样适用于新厂的设计与施工、旧工厂的改造。

设备的实际噪声限值应在管理部门、医疗和安全部门给出该设备具体规定的指导下进行进一步的确定。

本章的第1部分还涉及安装隔声设备的特殊要求，并为噪声控制工程师在设计工厂的隔声时提供依据。

本章第2部分还涉及了特殊设备的振动控制措施。

4.1 基本理论与计算

声音强度的大小常用声压级(SPL)来表示，常见的计量单位是分贝(dB)。社会环境的噪声级经A计权声压级测量，简称dB(A)。测量的A计权声级接近于人耳的听感特性。从800～3000Hz频率的声音都为A声级的范围。如果距声源的距离r_1m的声压级为L_1，则距离r_2m的声压级L_2可以按下式计算：

$$L_2 = L_1 - 20\log_{10}\frac{r_2}{r_1} \tag{4.1}$$

例如：如果离噪声源的距离增加一倍，其噪声级可以按下式计算：

已知 $\qquad\qquad\qquad\qquad r_2 = 2r_1$

根据公式

$$L_2 = L_1 - 20\log_{10}(r_2/r_1)$$

代入，得： $\qquad\qquad L_2 = L_1 - 20\log_{10}(r_2/r_1)$

$$= L_1 - 20\log_{10}(2)$$

即

$$L_2 = L_1 - 20 \times 0.301$$

$$= L_1 - 6.02$$

即声源距离增加一倍时，噪声级降低6dB。

如果声级根据压力测量，则为声压级L_p。

$$L_p = 20\log_{10}(p/p_0)\text{dB(A)} \tag{4.2}$$

L_p根据标准参考压力值来计算，标准参考压力值$p_0 = 2 \times 10^{-5}\text{N/m}^2$，$p_0$相当于0分贝。声压是声源在一个点施加的压力(见图4.2)。

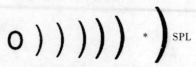

图4.2 声压的定义

4.1.1 声级的叠加

两个及以上的声源产生的有效声级不能简单地进行代数相加。例如,两个空调的有效声级分别为60dB(A),计算时不是60+60=120dB(A),而是60+3=63dB(A)(见表4.1)。同样,57dB、63dB、63dB、66dB、69dB的有效声级为72dB。其计算如图4.3所示。

表4.1 声级的叠加($L_1 > L_2$)

$L_1 - L_2$, dB	在L_1的基础上增加的值/dB	$L_1 - L_2$/dB	在L_1的基础上增加的值/dB
0, 1	3	4 ~ 8	1
2, 3	2	≥9	0

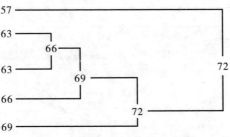

图4.3 有效声级计算的示意图

4.2 频率分析

频率分析是指通过一系列滤波器将整个频率范围内的信号分成若干较小的频段,然后对主要的频段进行分析。我们可以区分由规律性或周期性声音组成的噪声和由非周期性声音组成的噪声。

最简单的周期性的声音是一种纯音,例如在一个特定的频率内呈正弦波动的压力扰动。频率越低,波长越长(波长=声速/频率)。

噪声大多来自社会生活,如汽车和飞机的发动机,这些都是非周期性声音。这些声音不能被细分为一系列与纯音相关的谐波,但是可以描述为一系列有限频段的组分的扩展(叠加)。这样的频率分析往往是用倍频带或1/3个倍频带来描述。

在一个频带中,上限截止频率是其下限截止频率的2倍,这个频带就称为一个倍频带。截止频率在707~1414Hz之间的频带称为一个倍频带,这个频带中心频率为1000Hz,也称为1000Hz倍频带。频率分析仪分为两种,分别是恒定带宽分析仪和恒定百分比带宽分析仪。

在恒定带宽分析仪中,滤波器带宽保持频率范围不变;而在恒定百分比带宽分析仪中,滤波器带宽与中心频率成正比。

恒定百分比带宽分析仪应用广泛。测量的9个优选的中心频率的噪声级分别是31.5Hz、63Hz、125Hz、250Hz、500Hz、1000Hz、2000Hz、4000Hz和8000Hz。

正如前面提到的,A计权声压级值着重测量的是在约800~3000Hz范围内的声音。由于A计权声压级并没有全部覆盖所有声音产生的频率,为了详细的评估和工程设计,频率分析仪提供的许多数据就显得尤为重要。

4.3 噪声的测量仪器

噪声测量是噪声控制技术中的一种重要的诊断工具。噪声测量的目的是为了给出准确的测量方法,在不同的条件下比较噪声,以评估其不利影响和采取合适的降噪控制技术。用于测量噪声级的各种设备见表4.2。

表4.2 用于测量噪声级测量的设备

设 备	规格/适用范围
声级计	0型: 实验室标准声级计
	1型: 在实验室或声学条件可以严格控制的现场使用
	2型: 一般现场噪声测量(常用)
	3型: 现场噪声的普查
脉冲声级计	用于测量脉冲噪声电平,例如,锤击、冲床冲压等
频谱分析器	使用一系列滤波器以达到详细设计和规划设计的目的
图形记录仪	声级计附件,将声压级时间计权绘制在移动图纸上
噪声剂量计	用于在工作环境中测量噪声接触量的仪器。通常与工人有关。
校准器	检查声级计的准确度

噪声测量仪器的原理和组成总结如下:

声级计由传声器和一个电子电路系统组成,电子电路系统包括衰减器、放大器、计权网络或滤波器和一个显示装置。传声器将声音信号转换成等效的电信号。然后这个电信号通过计权网络转换成声压级,用分贝(dB)来表示。

在使用仪器时应遵循声级计制造商规定的指令。

声级计的时间计权档位为:

$$S(慢)=1s$$

$$F(快)=125ms$$

"F"档适合测量稳态噪声,"S"档适合测量起伏变化较大的噪声。当测量长期的噪声接触值时,噪声级并不总是稳定的,而是可能会有非常大的波动,这种不规则的波动往往会超过所测量的时间。这种不确定性的噪声级可以通过等效连续声级的测量来解决。等效连续声级是在规定的时间内,与实际水平产生相同的能量的连续稳态声的声压级,表示为L_{eq}。等效声级也可以在某些型号的声级计中显示,它是环境噪声级评估时所需的参数。

4.4 噪声控制

工厂中噪声的控制是必不可少的，原因如下：

(1) 保护工作人员的听力；

(2) 减少工作运行的噪声干扰交流；

(3) 为人们提供安静的住宿环境；

(4) 避免对邻近社区的干扰。

在工厂内外某些区域，为了上述方面进行噪声控制，应该提出相应的噪声限值。

设备产生噪声的限值应该遵循一般的噪声限值，以便该设备可以用于某个工厂的特定位置，这个限值通常称为"设备噪声限值"。

每一个潜在噪声源都应遵循本规范的要求。

具体限值应符合工厂的设计运营条件，以及诸如偶尔发生的启动、关机、更新、维护等其他运行条件。在施工过程中，噪声级不得超过已完工工厂的适用限值。

社区的噪声问题应通过对街坊邻里的干扰消除或预防和/或减少噪声级至标准范围内的方式来解决。

4.4.1 声音和分贝

声音是一种通过具有惯性和弹性的介质传播的振动。空气是声音传播的媒介。

分贝是一个相对单位，表示一个物理量与指定的参考值的比值。分贝是指两个相同物理量之比取以10为底的对数并乘以10。一个分贝是十分之一个贝尔，贝尔作为一个很少用到的单位，是以亚历山大·格拉汉姆·贝尔的名字命名的。

分贝被广泛应用于科学和工程中的各种各样的测量，在声学、电学和控制理论中应用显著。在电子技术中，增益放大器、衰减信号和信噪比通常用dBs表示。使用分贝有许多优点，如具有便捷地表示非常大或小的数字的能力，能够通过简单的加减法代替比值的乘法运算的能力。

4.4.2 声强和声压

和任何能源一样，声源的功率可以表示为瓦。在自由场，无指向性声源发出的声音以球面的形式向四周传播。因为球面面积随着与声源距离的增加而成比例增大，由于声功率分布在一个不断扩大的面上，因此单位面积的强度或者功率减少也随之减少。

噪声对人类和生物引起的严重影响常被忽略。一些噪声的不利影响总结如下：

干扰：噪声级的波动对接收者产生干扰。由于非周期性的声音不规则的产生，引起听力的不适和烦扰。

生理影响：呼吸幅度、血压、心率、脉搏和血胆固醇等生理特征都会受到影响。

听力损失：长时间接触高声级会导致听力损失。通常这种情况会被忽视，但对听力功能有不利影响。

人的工作效率：工人或其他人的工作效率会因噪声失去注意力而受到影响。

神经系统：噪声会引起疼痛、耳鸣、疲劳感，从而影响人体系统的功能。

失眠：在人们活动时，噪声会诱导人们变得烦躁不安、分散注意力和精神，从而影响睡眠。

材料的损坏：因接触声波或超声波，建筑物和某些材料可能会被破坏甚至倒塌。

4.4.3 噪声控制与健康保护

健康的人耳对声级的响应范围极广，听力阈值从0dB开始，到100~120dB时感到不适，再到130~140dB感到痛苦。由于噪声对人类和环境的多种不利影响，应加以控制。采用单一噪声控制技术还是组合技术，取决于噪声需要降低的程度、所用设备的类型和可用技术的经济性。

噪声的管理策略所涉及的各种步骤如图4.4所示。除了在源头减少噪声或转移声波传播轨迹之外，减少噪声接触时间或隔离声源也是噪声控制技术的一部分。

噪声控制可以通过使用噪声标准来实现。这些标准可以通过噪声控制，如源头控制、声音传输途径控制、噪声源的隔离和人等要素来实现。

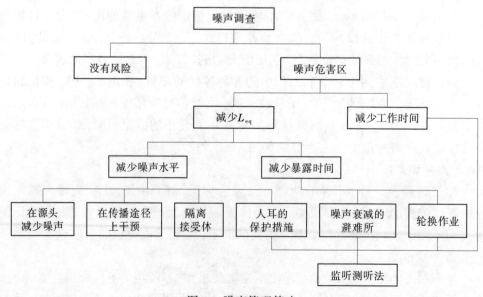

图4.4 噪声管理策略

4.4.4 噪声源控制

最有效避免噪声的途径是减少声源的噪声。在工业企业,噪声控制技术可用于解决许多由于使用机械设备而产生的典型噪声问题。

通常情况下,最有效的方法是重新设计或更换嘈杂的设备。如果不能重新设计或者更换设备,可通过结构性的和机械式的改进设备,或使用消声器、隔振器和噪声防护罩实现噪声级大幅度减少。

噪声污染可以通过以下技术从源头得到控制:

(1) 降低家庭领域的噪声级:家庭的噪声主要来源于收音机、录音机、电视机、混频器、洗衣机和烹饪的操作,这些噪声可以采用选择低噪声设备和合理操作来达到降低噪声的目的。通过使用地毯或其他吸声波材料,可以将室内物品产生的噪声降低到最小。

(2) 汽车维修:汽车的定期维修和调换可以降低噪声级。汽车和摩托车安装消声器也可降低噪声级。

(3) 对振动的控制:通过使用适当的基底和橡胶垫等控制材料,可以减少因振动产生的噪声级。

(4) 低声交流:能够保证正常交流的前提下,采用尽量低的声音进行交流,以减少过多的噪声级。

(5) 禁止使用扬声器:除了重要会议或活动之外,不允许在居民区使用扬声器。

(6) 机械设备的选择:选择最佳的机械工具或设备,减少过量的噪声级。例如,选择某些采用了先进技术而可以产生较少噪声的机械或设备等,这也是噪声最小化策略的一个重要因素。

(7) 机器设备的维护:适当的润滑和机械、车辆的维修等可以降低噪声级。例如,在崎岖的道路上行驶使车辆的许多部件变得松动是一种常见的现象。如果这些松散的部分不进行维护,会产生噪声并引起乘客和司机的烦扰。对于设备也有同样问题。正确的处理和定期的维护是必不可少的,不仅可以控制噪声,还能提高机械设备的寿命。

4.4.5 噪声传播的控制

通过增加人与噪声源之间的距离,可以进一步降低噪声。这可以通过规划社区的交通网和选择合适的工厂厂址来实现。噪声控制还可以通过使用围板或者隔声板来实现,例如安装在嘈杂或者令人烦扰的机械设备的周围。采用吸音材料可以降低混响噪声级。

在声源和接收者之间安装隔声板能够降低噪声级。为了达到最佳的效果,隔声板横向宽度至少延长到视线以外,高度上也有类似要求。

隔声板是安装在接近声源处还是接近接受体处，受$R<<D$条件或其他条件的限制，其目的是增加声音的传播路径长度。值得注意的是，隔声板本身可以使声音反射回声源。当距离非常远的时候，由于大气的折射效应，隔声板的作用将会降低(见图4.5)。

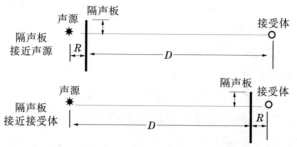

图4.5 利用隔声板时的噪声电平衰减

设计建筑时，墙体、门、窗和天花板采用合适的吸声材料可以降低噪声级。

声源可以被封闭在一个类似于室内的结构内，对接受体来说这是一种可以降低噪声级的方法。内部和外部的A声级之间的实际差异不仅取决于外壳板的传输损耗，也取决于外壳内的吸声，包括门和窗面板的声吸收。

频率和吸波材料面密度的乘积是降低噪声的关键参数。按照传统建筑实例来看，由于声音可以从面板的侧面通过而不是从面板本身通过，面板的高频传输损耗一般在40dB。面板两侧空间的结构性连接或者管道连接就是这种侧面通过的例子。

4.4.6 减少接触时间

在必要时，减少接触时间也可以用于工业企业，用来作为一种辅助预防措施。这种措施可以通过轮流作业或者限制在噪声源下的操作等方式来实现。

在一个特定的噪声源下工作，工人们可以通过轮流作业以减少噪声造成的不利影响。条例规定，在90dB(A)的噪声级环境下，连续接触不能超过8h。在这种情况下工作的工人，其健康会受到伤害。工人不能够长期在接触如此高的噪声级的环境下工作。

4.4.7 工人培训

对于接触潜在危险的噪声级的人进行教育培训是非常必要的。教育内容包括：(a)接触过量噪声可能造成的后果；(b)保护措施；(c)措施的局限性(如耳罩的错误使用)。

4.4.8 听力防护

如果不可能将噪声降低到无害的水平，那么需要用耳塞、耳罩和头盔等方法来保护耳朵。这些方法也用于遇到一些突发的噪声情况,这些突发噪声也是工人正常工作的一部分。

在使用保护设备之前,请参照图4.4,其中所涉及的噪声管理策略的各个步骤都有说明。使用保护设备是噪声控制的最后一步,例如使用保护设备可以用在噪声源的噪声控制之后、噪声传播途径控制之后等。

使用防护设备的技术时,第一步是要了解噪声的强度,并辨别接受体和接受体所接触的噪声级。如耳罩、耳塞等设备常被用于保护听力。由于耳罩的尺寸、形状、填充材料等不同,耳罩降低噪声的范围很广。有文献报道,使用耳罩可以实现平均噪声衰减值超过32dB。

4.5 噪声控制工程师指导方针

噪声控制工程师通常应具有下列文件:

(1) 工程验收记录;

(2) 设计的基础;

(3) 项目说明书;

(4) 平面布置图;

(5) 承包商和供应商的噪声报告。

在重大项目的设计、工程阶段和采购阶段,如果业主掌握着一些所需的规范等文件,则这些文件需要提供给噪声控制工程师。

噪声控制工程师需要关注的问题如下:

(1) 工艺流程方案;

(2) 平面布置图;

(3) 设备总结和项目规范;

(4) 换热器(仅空气冷却器);

(5) 熔炉和燃烧器;

(6) 机械装卸设备;

(7) 挤压机和喷射器等;

(8) 泵和压缩机,包括驱动器;

(9) 阀门(包括控制阀);

(10) 火炬和排气烟囱;

(11) 外部绝缘和隔音;

(12) 变压器和发电机;

(13) 电动机;

(14) 冷却塔;

(15) 燃烧式蒸汽发生器;

(16) 消音设备(消声器、围墙、隔板)。

在特殊情况下,必须提交下列文件:工艺流程图;建筑物。

4.6 一般噪声限值

4.6.1 地方法规

4.6.1.1 场内噪声

应调查清楚有关工厂的噪声方面是否符合国家规定,例如,对听力保护、交流和工作的干扰和住宿方面的规定。

如果地方标准更为严格,应当在项目规范或其他规定项目范围的文件里表明使用了更严格的限值。

4.6.1.2 环境噪声

由于环境噪声限值根据当地的情况而定,所以本书并没有给出环境噪声限值。

应当调查是否存在包括对环境噪声中的噪声限值、测量和/或计算的方法等规定的地方性法规。应该与当地政府探讨此类法规的细节,目的是得到各方认可的环境噪声限值。

因为时间的不同(如白天与黑天、工作日与周末),环境噪声限值可能不同。上述规定中最严格限值应该根据工厂的操作周期来确定并作为设计的基础。

确保任何对于突发性的高噪声级的限值都能被当地部门所接受,这些限值包括环境噪声限值,例如紧急情况等。

地方性法规没有对环境噪声进行规定时,工厂设计中涉及到的这方面内容仍应考虑在方案设计阶段预测未来可能产生的不良社会反应。BS4142可作为指导。

当地管理部门通常会在具体的工厂附近或工厂边缘处根据最大允许声压级规定环境噪声限值。根据一个工厂或工厂的所有组成部分的最大允许声压级,这些最大允许限值被转换为限值来考虑。所有这些限值应当包含在项目规范或任何其他规定项目范围的文档中。

应该经过公司同意依法进行EEMUA 140(使用最小的或重要的筛选曲线)或按照当地标准,将环境声压级转化为工厂的声压级或者将工厂的声压级转换成环境声压级。

4.6.2 听力保护(工作区域噪声)

"工作区"被定义为当工人在正常工作时,从设备边界到接触人员的距离,或与可能接触噪声的工人耳朵的场所的距离不少于1m。这些场所包括平台、走道或梯子。

4.6.2.1 绝对限值

在任何情况、工作区域内的任何地方的声压级不得超过115dB(A)。包括紧急情况，例如安全阀和泄压阀的泄漏。

4.6.2.2 工作区域的限值

工作区域内的声压级不得超过85dB(A)。

4.6.2.3 禁区或限制区域的限值

在工业企业存在着这么一些区域，区域内即使没有合理可行的原因仍然要求噪声值要低于工作区域的限值，这些区域称为限制区域。在这样的区域内，115dB(A)的绝对限值仍然有效。

如果工作区域的限值不可避免地超过周围特定设备的限值，则应尽可能采取措施以限制该区域的噪声。所采取的措施可以包括安装隔声罩。在限制区域内，在设备的周围安装隔声罩是可行的。

一个限制区域的限值可能在85~115dB(A)之间。但是应该降低至90dB(A)以下。

表明强制使用护耳器的永久性的警告标志应当设置在限制区域的边界上。标志类型见图4.6。

图4.6 表示强制性使用耳塞的永久性警示标志

4.6.3 谈话和工作的干扰

表4.3中列出的噪声限值是为了减少设备对谈话和工作的干扰至可接受范围。

4.6.4 住宿

有人员住宿的房间如卧室、私人房间，其室内声压级不得超过40dB(A)。

4.6.5 窄带和脉冲噪声的附加限值

如果噪声包含在EEMUA 140中指定了的窄带或脉冲噪声，应采用更加严格的限值。当有特殊设备噪声限值时，也应该实施更加严格的限值。

在环境噪声中，任何窄带或脉冲噪声应当远低于宽带噪声，以使其不被听到。

表4.3 最大允许声压级

区域描述	最大允许声压级/dB(A)
车间和设有设备的建筑物的区域，在此区域交流是必不可少的	70
有少量维护工作的车间	
车间办公室	60
自动控制室	
计算机房	
人工控制室	50
开放式办公室	
社交室；更衣室；盥洗室；厕所	
办公室和会议室	45

4.7 设备噪声限值

设备噪声限值应当由区域噪声限值和车间总的声功率级来确定。

4.7.1 通用设备最大声压级

在一些地区(限制区域)或多或少会采用更加严格的地区噪声值，设备的噪声限制值相应地向下调整。

设备声压限值不能超过离设备边界距离1m处任一点的噪声值。

设备噪声限值应该给定一个综合的等效A声级的值，或者应该考虑这个噪声限值被一个更加合适的倍频程下的声压级所替代。

4.7.1.1 发射连续噪声的设备

设备的最大噪声限制值(声压级)应当是85dB(A)。

如果设备包含一个驱动器和一个被驱动部分，上述限值分别应用到每个组件中并不能确保组装设备不会超过工作区域限值。对于这种设备，在单独每个组件部分的数据采购需求表上，应该规定更严格的限值。每个组件的允许噪声限值应当根据声学计算。作为指导，可以使用以下方法：

(1) 对于由两个组件组成的系统，每个组件应减少3dB(A)。

(2) 对于一个由三组件组成的系统，每个组件应减少5dB(A)。

当有多个设备组成的或者多个设备安装接近的系统时，应制定更加严格的噪声限值。例如，设备之间的距离小于最大的设备尺寸，或者当设备安装在声音可以反射的区域，这些情况下，设备噪声限值应当依据几台机器的噪声叠加计算。

4.7.1.2 产生间歇性或波动性噪声的机器设备

机器设备发出间歇性或脉动噪声(例如：减压设备、锅炉排污、油池泵)时，在超过最大噪声持续8h的时间内的等效连续声级(L_{eq})不得超过设备的噪声限值。其峰值超过连续噪声标准限值的幅度不能高于10dB(A)。

对于间歇噪声,等效于85dB(A)的噪声连续发出8h的A声级值如表4.4所示,前提是8h内的剩余时间没有明显的噪声[高于75dB(A)]。

表4.4 容许最高限值(TLV)

机器设备的 实际操作时间/h	机器设备操作的 最大声压级/dB(A)	机器设备的 实际操作时间/h	机器设备操作的 最大声压级/dB(A)
8	85	2	91
4	88	1	94

4.7.1.3 工作区域以外的机器设备

在非工作区域安装的设备,应控制这些设备1m处的最大允许声压级。这些区域岗位人员无法达到,例如通风口或某些控制阀,允许的增加值按如下计算:

对于点源(例如通风口):采用$20 \times \log(X)$dB(A)

对于线源(例如管道系统):采用$10 \times \log(X)$dB(A)

式中:X是从机器设备到最近的工作区域最短的距离,m。例如对于阀门,应该是从直接连接管道到最近的工作区域的距离。

4.7.1.4 窄带或脉冲噪声的额外限值

定义:当某一机器设备包含窄带或脉冲噪声时,EEMUA 140规定噪声应得到进一步限制。机器设备噪声限值应当减少5dB(A)。

4.7.2 特殊机器设备的最大声压级

4.7.2.1 控制和降压用的阀门

控制阀的噪声限值包括3种情况下的限值:最低噪声值、正常噪声值和最大噪声值。噪声限值不得超过这3个限值的任何一个。

4.7.2.2 安全/救援和紧急降压阀

在紧急情况下,安全/救援阀和高速降压阀(及其管道)产生的噪声,在任何工作区域不得超过绝对限值。

采用已得到公司批准的方法,计算安全/救援和紧急减压阀门的噪声级。然而,估算值应得到供应商确认。

如果不可能保持安全/救援或紧急降压阀在绝对限值内,应该考虑如下措施:

(a) 安置在远离工作区域,使得工作人员不会出现在它们附近。在这种情况下,离阀门或管道1m远的最大允许声压级L_p,可以采用下式计算:

对于点源(例如安全阀):$L_p = 115 + 20 \times \log(X)$dB(A)　　　　　(4.3)

对于线源(例如管道):$L_p = 115 + 10 \times \log(X)$dB(A)　　　　　(4.4)

式中：X是声源和最近的工作区域之间的最短距离，m。

(b) 提供一个屏障，使噪声远离距离最近的工作区域。

注意：

① 上述措施允许在安全/泄压阀及其管道1m远处的噪声值超过115dB(A)。在设计管道系统时可以考虑管道内存在与上述噪声值相应的高水平的振动能量，虽然这些能量能够引起听觉疲劳。

② 为了满足环境噪声的要求，115dB(A)的限值可能需要减小。此时，不允许重新安置设备和加隔声罩。

③ 连接管道工程还会产生过多的噪声。应当注意考虑到这些噪声源。

(c) 安装消声器或隔音设备；该建议应当提交业主的主管部门批准。

4.7.2.3 管道系统

在车间噪声控制中，管道产生的噪声也是十分重要的，这些噪声应该跟通用设备一样进行同样的严格限制。控制阀和压缩机等设备通常是这些噪声的产生源。应选择低噪声设备(在设计阶段)来控制这种噪声，当这种方法不可行时，可在管道内安装消声器或隔音设备。

4.7.2.4 火炬

当高架火炬的气体流量达到其最大流量的15%时，不得超过非生产区边界的工作区域限制(距离火炬基座至少60m)。地面火炬不得超过操作间外的工作区域限制。

在工业企业中，如果火炬的安装受到环境噪声的要求，应当采用低噪声火炬，尽管火炬仅用于紧急情况。

4.7.3 设备的最大声功率级

当根据声功率级确定环境噪声限值时，单个设备的声功率级应该保证所有设备声功率级的总和不能超过总限值。

在项目早期阶段，单个设备分配的声功率级可以使用供应商数据、数据库和以前的经验(例如设备的类型、尺寸大小和速度)。

除非另有规定，在任何时候，设备发出的间歇性或波动性噪声不得超过环境限值(即，采用等效声级的概念)。

4.7.4 相关噪声的限值

在已建成的复杂工厂内，设备噪声限值仅仅确保不会超过工作区域限值。若新增其他噪声源时，应该先调查是否仍然能够满足。

为了达到此调查的目的，应该估计各设备的声功率级。

设备的实际声功率级或声压级是已知的，可以被使用。工厂内，各设备的声功率级及其安装位置是噪声级计算的依据。应当依照EEMUA 140或按照企业同意的当地标准来进行估算。应考虑大型建筑和容器的屏蔽效应。

建筑物或遮挡物内的噪声级也应该估算,估算时应考虑建筑物内、外设备的全部噪声。噪声从建筑物外到内的衰减估算应根据标准声学原理。

依据声功率级确定环境噪声值。为了达到这个目的,可叠加单个设备的声功率,这样可以得到一个车间的总的声功率级。如果调查结果表明,一个或多个限值超标,应该重新考虑有关设备,或者选用低噪声设备。如果这仍然不可行,应使用噪声控制措施,例如安装隔声墙或隔声罩。

应依据需求的程度,选择不同的噪声控制措施。

4.7.5 数据采购需求表

如果上文提到的具体说明限值的设备由单一供应商提供,设备噪声限值表应包括所有相关设备或设备组的指标。如果设备由不同的供应商提供,设备噪声限值应当单独提供。

应当保证供应商意识到有义务提供设备噪声的担保,保证设备在任何操作条件都可以使用。

若供应商已保证的部分出现以下情况,设备噪声限值表应当退还:

(a) 设备整体估算的未消声的倍频带声压级、声能级。

(b) 倍频带声压级、声功率级dB(A)以及设备所有的消声指标都必须满足规定的噪声限值。

(c) 如果无法满足规定的限值,应考虑倍频带最低可达到的声压级、声功率级dB(A)和所有给定的指标。

此外,在适用的情况下,还应当考虑到以下情况:

(d) 如果标书中包括消声设备,应该提供包含消声器和/或隔声罩的数据采购需求表。

4.7.6 设备选择

应当确保供应商的标书中提供了上述部分所需的所有信息。

标书中应包括所有为满足指定的噪声限值所需要的成本。可以在设计时选择低噪声排放设备和降噪途径,并将估算出在降噪途径中产生的操作和维护的额外成本转换为成本,作为最终选择的依据。通常情况下,应优先在设计过程选择低噪声设备。如果设备发出波动或间歇性噪声,允许出现短暂超出设备噪声限值的情况。如果这样的噪声可以通过选择一个噪声小或其他可接受的替代方案来避免,这些方案就应该优先选择。当一个合理方案需要支付更高的额外支出时,应当咨询业主是否采纳。

4.8 消声设备

消声器应遵守合适的规范和标准进行设计。消声器的设计应确保内部任何部件在无意中脱落的情况下,不会部分或者全部堵塞消声器或者损害下游设备(如:压缩机)。

隔声罩分为贴近安装和留有一定空间安装两种类型。大型隔声罩的设计应确保操作/维修人员可以无阻碍地进入工作。

大型隔声罩进一步分区,保证在部分设备停产时,设备维修人员不能接触周围其他设备产生过量的噪声。例如两个独立的设备组之间设置隔墙就可以实现。

消声器和/或隔声罩可能包含在产生噪声的工艺设备标书中。当选定供应商后,消声设备的详细要求应征得供应商和业主的双方同意。业主可以选择消声设备与工艺设备分开订购。

某些消声设备(如排泄烟道的消声器、管道系统的隔音器)可能会发出噪声,但不能归咎于消声设备的问题。应当确保这些消声设备纳入设计过程中,相关的数据采购需求表也要提供有关的要求。

应当确保吸音材料或结构纳入潜在的反射空间的设计。对于频率高于200HZ的噪声,墙壁和天花板的平均最低吸收系数选0.2。

对于一些可能会超过噪声限值设备的估算或测量,由于不确定因素导致估算或测量值低于标准限值(例如,满足限值的情况是可能的)。对于这种设备,除非业主同意,噪声控制措施不能废除直到获得实际噪声值为止。

对于控制试运转阶段产生的噪声,消声器只可能是一种灵活的方式。而对于消减瞬态(如启动,关闭)操作的状态噪声,消声器却是永久性的。

4.9 工程噪声文档

4.9.1 噪声控制部门的信息

公司所需信息规定,文档列表应提供如下:

(1) 设计依据;

(2) 工程说明;

(3) 配置图和区域分类;

(4) 噪声分配报告(如适用);

(5) 噪声报告;

(6) 噪声核实研究。

设计和施工阶段的重大项目,如果需要业主提供规范性的文件,下列文件应提交给噪声控制部门。一些适当的问题应由主管机关决定。

(1) 设备的汇总表和项目规范。

(2) 设备数据清单：换热器(仅冷风机)；炉子，改造的燃烧炉和燃烧器；机器装卸设备；挤压机和喷射器；泵和压缩机，包括驱动器；阀门；火炬和排泄烟道；外绝缘和隔音；发电机；电机；冷却塔；蒸汽发生器；消声设备(消声器、外壳和屏障)。

(3) 建筑的声学性质数据(仅在特殊情况下)。

4.9.2 详细工程阶段报告

规定了环境噪声限值或工厂声功率限值，应准备一份报告以显示各设备所列出的声功率级。这份报告提供了包括制造商的信息、经验或数据库的数据，因此这份报告可以为设置设备噪声限值和预测噪声消减量提供帮助。在数据采购需求表招标公布出来之前，报告应当报业主同意。

当噪声初步分配报告已经由业主的相关主管部门作为项目文档的一部分准备好时，承包商的评估报告修改版本也应该一起呈报。

在任何情况下，当设备的主要部分确定后，一份由业主批准的报告也应已经准备好。该报告中应提供足够的数据和计算值来证明工厂的声学设计满足要求，以获得业主的满意。

4.10 声学设计

本节涉及声学方面，适用于噪声控制工程师，为工厂的声学设计提供依据。

4.10.1 管道、阀门、边缘安装的隔声装置

管道壁传递的噪声通常是来源于与管道连接的设备，如压缩机、泵、阀门或喷射器。由于噪声在管道内几乎没有衰减，这些噪声可以在长长的管道中传播。隔声装置可能会减少这些管道辐射的噪声。

4.10.2 排气消声器的一般要求

这些要求适用于气流、有机蒸气和其他气体的排气口的消声器。但并不适用于含颗粒或者聚合物材料的排气口，因为这些排气口需要特殊的设计以防被堵塞。

消声器应由与排放流体能够兼容的材料制成，所有的金属表面能够抵御恶劣的环境。制造商应提供所有使用材料清单和抵御恶劣环境数据。

4.10.3 声屏障和隔声罩

最基本的降低噪声途径是声源和接收体之间建立一堵隔声罩/声屏障。墙可以采取的形式有：

(1) 噪声源的隔声罩(机械设备)；

(2) 接收者的隔声罩(员工)；

(3) 两者之间的声屏障。

4.10.3.1 机器设备的隔声罩

采用隔声罩将产生噪声的机械设备隔离,可以最大幅度降低噪声。隔声罩通常可以减少20~30dB(A)的噪声。若有特殊的隔离处理,噪声可降低50dB(A)以上。工程隔声罩设计主要应该考虑以下因素:

(1) 声学效果的设计指南;

(2) 机器操作要求的考虑;

(3) 保证产品的兼容性;

(4) 维护员工的安全。

4.10.3.2 接收体的隔声罩设计

在设计接收体的隔声罩时,应考虑以下重要的因素:

(1) 位置;

(2) 尺寸;

(3) 可见性;

(4) 距离。

4.10.3.3 隔声罩类型

根据机器操作的要求和降噪程度的要求,设计机器隔声罩应考虑3种设计方法:

(1) 局部隔声罩;

(2) 部分隔声罩;

(3) 完整的围墙。

4.10.3.4 局部隔声罩

对于许多机器而言,高噪声级只和机械设备的某一个构件相关联。从整个设备中辨别出噪声源,仅仅将一个小区域封闭而不是整个设备封闭,这种方式更加可行。

作为一般准则,隔声罩不应直接与高振动水平的设备构件连接。设备应该采用隔振技术,即安装底板,如图4.7所示。由于底板的振动,为了确保传递声音的最小化,隔声板需要进行阻尼处理。

4.10.3.5 部分隔声罩

部分隔声罩是指至少有一个开放的面或一个非常大的开放口的机械隔声罩。

这种部分隔声罩为在机械设备上直接工作的员工几乎提供不了一点噪声衰减量。除非:

(a) 阻断设备与操作员听力区域之间的可视路径;

(b) 通过相邻的墙壁和天花板吸收声音,以至于操作人员不会受到影响。

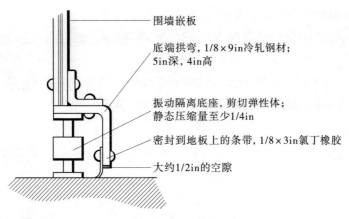

围墙嵌板

底端拱弯, 1/8×9in冷轧钢材;
5in深, 4in高

振动隔离底座, 剪切弹性体;
静态压缩量至少1/4in

密封到地板上的条带, 1/8×3in氯丁橡胶

大约1/2in的空隙

图4.7 振动隔离底板

4.10.3.6 隔声罩的开口

隔声罩是否有效, 应避免设置开口或将开口最小化。如果必须开口, 比如通风口, 则需要设置消声器或"声音陷阱"。

4.10.3.7 隔振

振动可以通过地板穿透隔声罩。具有巨大表面积的隔声罩的底板就会成为噪声源。这个问题可以通过在设备上安装减振器来避免。一个螺栓和孤立的冲压机典型振动级如表4.5所示, 这表明采用减振措施是有效的。

表4.5 250t冲压机的线性振动级 dB

结构测量位置	螺栓压力机	隔离压力机	结构测量位置	螺栓压力机	隔离压力机
压力机的腿部	+22	+7	地面	−21	−41
基座	−3	−30	建筑物	−10	−25

4.10.3.8 非声学的要求

除了隔声罩的设计需满足降噪目标, 还应考虑如下额外设计要求:

(1) 隔声罩外壳应适当通风, 防止热量积聚。

(2) 隔声罩应具有可操作性, 以保证生产需求。

(3) 局部和完整的可行性, 以满足维护的需要。

(4) 如果声音信号是用来评估设备是否正常运行, 则需要安装另外的监测系统。

(5) 封闭式必须设有供应系统, 以满足能源和加工需求。

(6) 在隔声系统中, 应设计进料和出料口, 以使噪声衰减一致, 但不会妨碍物料的输送。

(7) 如果由于设置隔声系统导致光线不好时, 应在内部安装照明系统。

(8) 应提供保护措施,以避免员工和车辆(叉车等)的破坏。

(9) 应提供保护防御操作等问题:湿气、水喷雾、油、油脂、污垢、流体侵蚀、腐蚀性空气等。

(10) 应该指明所有材料的火焰蔓延和耐火极限。在所有输气管、各种管道和轴应当使用防火材料。隔声罩也应该考虑设置烟或温度警报器。

4.11 振动控制

在振动表面辐射噪声是噪声辐射的两种方法之一。本节将讨论通过振动辐射声音和通过隔离和阻尼控制振动能量两部分内容。

4.11.1 振动辐射

声音是由振动产生的,反过来,驱动空气分子运动也可以产生声音。

对于机械系统,振动和噪声必须考虑如下因素:

(a) 振动能量;

(b) 系统响应。

系统响应取决于以下两个方面:

1.振动响应:

(a) 质量;

(b) 刚度;

(c) 阻尼。

2.声辐射效率

(a) 表面积;

(b) 临界相干频率。

4.11.2 隔振

将驱动源或者设备与临近建筑物相隔离是控制振动诱发噪声的方法。刚性安装在建筑基座上的设备在10~60HZ频率范围内的驱动力驱动下,会令工人感到厌烦。隔振器通常会减少这种烦恼。

4.11.3 振动方面的一般注意事项

(1) 保持在静态和动态平衡中旋转机械设备所具有的特性。

(2) 设计支持结构,使得设备在操作速度的30%以下操作时没有固有频率。

(3) 选择最少振动问题的设备(如果一个压缩机必须位于一个重要区域,那么应该使用一个噪声小的离心式压缩机而不是采用一个噪声大的往复式压缩机)。

(4) 在大风扇、变压器等上使用振动隔离基座,在管道与其他管道系统之间采用柔韧的连接系统。

(5) 支撑机器设备的楼板应采用沉重坚硬的材料,因为这也是一个潜在的振动源。

(6) 加速部分的重量应该尽可能减少。

(7) 所有运动部件都应该有光滑的表面。

4.11.4 减振

大部分噪声的物理机制是振动结构的声辐射问题,而且可以借助于阻尼减振的方法降低噪声。"阻尼"一词指的是能够将振动能转化为热能的材料的设计特性。图4.8为隔离效率和频率变化曲线。

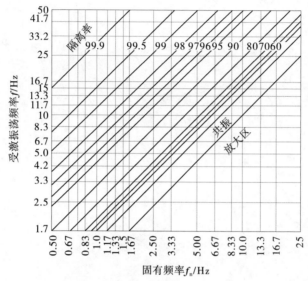

图4.8 隔离效率和频率变化曲线

4.11.5 通用设备注意事项

设计消减噪声设备时,考虑以下项目:

(a) 设备应保持平衡,以减少振动。

(b) 尽可能减小加速部分的重量。

(c) 当执行所需的功能时,将机器零件的加速和减速减少到最小值。

(d) 检查所有运动部件,使之具有光滑的表面。

(e) 尽可能减少机械噪声。

(f) 封闭噪声源。

(g) 使用吸声材料吸收声音,如玻璃纤维。

(h) 使用柔软的表面减少碰撞声。

(i) 采用隔振器和柔韧的连接器。

(j) 尽量减少空气、液体或气体湍流。

(k) 遮盖。

当不能在噪声源处控制噪声时，可以采用外部消声器、隔声罩、声屏障或者在传播途径上处理的方式来控制。

名词术语解释

报废(Abandonment)通过删除系统的设备、零件或者致使这些构件无法正常使用的方式而不再继续使用。

废除(Abatement)①减轻污染强度的行为或过程；②一些降低污染方法的使用；③终止一个不受欢迎或不合法的且影响污水收集系统的条件。如果有收集系统连接到流入源时，业主有权利签署"废除通知"。这些通知通常是描述了违规，同时建议正确的整改措施和给出一定时间来执行。

吸收过程(Absorption)一种物质通过渗入或者吸收的物理过程进入另外一种物质并与其相混合的过程。例如，细菌从污水中吸收营养物质。在这个物理-化学过程中，一种物质与另外一种物质相结合，形成一种均匀的混合物，呈现溶液的特性。

提取(Abstraction)水从任意的资源中永久性或者临时性的抽取出。这样使它不再是该地区的资源的一部分，或转移到该地区内的另一个来源。

检查孔(Access hole)管道上的一个孔，该孔位于采样管线的末端，通过该孔采集样品。

酸雨(Acid rain)当酸性化学物质被纳入雨、雪、薄雾或雾气时产生的空气污染。酸雨的酸性物质来自硫氧化物和氮氧化物，煤和其他燃料燃烧的产品，以及来自于某些工业生产过程。硫氧化物和氮氧化物中最强的酸性物质是硫酸和硝酸。当二氧化硫和氮氧化物从发电厂和其他来源释放后，由于风的作用，这些物质被吹到远方。如果空气中的酸性化学物质被吹到天气潮湿的地方，这些酸性物质就会在雨、雪、薄雾或者雾气中降落到陆地。在天气干燥的地区，酸性化学物质可能会混入灰尘或烟雾中。酸雨会破坏环境、人类健康和财产安全。

活性炭处理法(Activated carbon Treatment)以活性炭吸附去除水和污水中溶解的胶体有机物的方法。例如，用于改善味道、气味或颜色。

活性污泥(Activated sludge)污水在曝气时产生的絮凝微生物/菌胶团。污泥是由细菌形成的絮状物组成，通常应用于反应池中。可以采用延长曝气的方式。

活性污泥法(Activated sludge process)这种污水处理过程是采用富含好氧

和兼性微生物的活性污泥，将非沉淀性(悬浮状、溶解状和胶体状)的有机物质转化成可沉降的污泥，随后进行污泥的浓缩澄清，浓缩污泥回流的过程。

急性(Acute) 一个刺激因素严重到足够快速诱导出影响；在水生毒性试验中，在96h或更少的时间内观察到的影响通常被认为是急性的。在提到水生毒理学或人类健康时，一个急性效应并不总是根据致死性进行测量。

急性接触(Acute exposure) 一个或一系列的短期接触，一般持续不到24h。

添加剂(Additive) 投加到污水处理系统中的产品以提高处理效果。

吸附作用(Adsorption) 物质在其接触的固体或液体表面的粘附。这是物理过程，在这个过程中，气体、溶解物质或者液体分子粘附在它们所接触的固态物质的表面，形成非常薄的一层。是原子、离子或分子在另一种物质表面的保留。

高级预处理技术(Advanced primary treatment) 特殊的添加剂应用于原污水中诱导产生絮凝或结块，这有助于在污水进预处理单元(例如格栅)之前首先沉淀下来。

高级污水处理技术(Advanced wastewater treatment) 比初级和二级污水处理技术更好的高级处理技术。

曝气(Aeration) 实现空气和液体之间直接接触的方法。将空气引入液体中。

主动曝气(Aeration, active) 空气通过机械装置或扩散曝气的方式引入到液体的方法。

扩散曝气(Aeration, diffused) 使用压缩机/鼓风机和扩散器提供一定压力的条件下将气泡引入到处理单元的方法。

曝气液(Aeration liquor) 混合液。曝气池中，未经处理的污水或初级污水进入池中的生物和物质的浓度。

机械曝气(Aeration, mechanical) 通过使用诸如桨、桨轮、喷嘴或涡轮机等物理搅拌装置将空气引入到处理设备中的方法。

被动曝气(Aeration, passive) 不采用机械装置而将空气引入处理设备的方法。

曝气池(Aeration tank) 一种将空气注入到水中的反应池。在这个池子里，原污水或者沉淀污水与回流污泥混合并进行曝气。与"曝气区"、"曝气器"、"反应区"等相同。

好氧的(Aerobic) 有氧存在的、需要氧的。污水处理需要有氧气供给细菌进行废物的分解。

好氧菌(Aerobicbacteria) 生长过程中需要游离(单质)氧的细菌。

好氧条件(Aerobic condition) 有溶解氧存在的条件。

好氧处理单元[Aerobic treatment unit(ATU)] 一种机械式的污水处理单

元,该处理单元室含有单个池体或多池体用以提供二级污水处理的单元,在这些池体中的污水中通有混合空气、好氧和兼性微生物。好氧处理单元通常使用悬浮生长过程(如活性污泥曝气和间歇式反应器)、固定膜工艺(类似于生物滤池),或两者的组合处理工艺。

气溶胶(Aerosol)在气态介质中的一种悬浮颗粒,包括固体颗粒、液体颗粒及其结合物,这些颗粒的沉降速度可以忽略不计(注:从物理学角度考虑,上限值是能够在达到最大下降速度限值时构成气溶胶粒子包含在内的任意尺寸。它被定义为一种密度和直径分别为 $103kg/m^3$ 和 $100\mu m$ 的球形颗粒,这种颗粒在温度为 $20℃$ 和压力为 $101.3kPa$ 的静止的气体中由于其自身重量作用而下降。其中在空气中,重力加速度是 $9.81m/s^2$,则沉降速度是 $0.25m/s$)。

曝气室(Aeration chamber)污水进入到这种反应池中与空气接触,以促进生物降解。例如(不仅限于)活性污泥过程。

曝气系统(Aeration system)包括管道、扩散板、空气源、喷口和所有其他必要的设备。

好氧分解(Aerobic decomposition)是指在游离氧或溶解氧存在的情况下,有机材料的分解和腐烂。

好氧消化(Aerobic digestion)是指在溶解氧的条件下,废物被微生物分解的过程。这个消化过程可用于处理剩余活性污泥、生物滤池污泥、原始污泥或者从活性污泥处理厂产生的未经浓缩的污泥。将污泥放置在一个大的曝气池里,好氧微生物分解污泥中的有机物。这是活性污泥法的一个延伸。

好氧工艺(Aerobic process)是指在有氧条件下进行的废物处理过程(游离氧或溶解氧存在)。

好氧处理单元[Aerobic treatment unit(ATU)]①通过或不通过机械装置,直接利用氧气降解或分解污水中待处理的物质;②传统上指借助机械设备将空气引入到污水中,使预处理设备保持在好氧条件下的专利装置。

污水好氧处理(Aerobic wastewater treatment)依赖氧气的污水处理方法,要求有氧的存在,以保证好氧细菌降解废物。

凝聚(Agglomerate)固体颗粒彼此的相互粘合。

凝聚作用(Agglomeration)团块或分散悬浮物形成较大的颗粒,称为"凝聚团",其沉降速率更快,促进絮凝物形成。成群或单个的悬浮颗粒的聚结形成较大的絮凝物或颗粒,这样有利于沉淀或更容易促进其上浮。

凝集作用(Agglutination)在固体颗粒涂上薄的黏合剂层或捕获表面上涂有黏合剂的固体颗粒,使其聚集到一起作用。

聚集(Aggregate)①土壤颗粒彼此凝聚力比与其他环境的颗粒的结合力更强烈；②为了用于不同途径，天然无机材料(碎石或砾石)根据不同的寸尺进行筛选；③在物理力的作用下干颗粒形成具有相对稳定的聚集团。

空气污染物(Air pollutant)是指任何通过人类活动或自然过程散发到大气中并对人类或环境产生不利影响的物质。

空气污染(Air pollution)通常，由于人类活动或自然过程造成的大气中物质在环境中达到足够的浓度、时间下，会干扰环境以及人类的舒适、健康，称为空气污染。

空气质量指数[Air quality index(AQI)]用于向公众报告空气污染严重程度的数值指标。它取代了以前的污染物标准指数(PSI)。AQI将5种标准污染物合成一个单一的指标，5个标准物质分别为：臭氧、颗粒物、一氧化碳、二氧化硫和二氧化氮。AQI的水平范围为0(良好的空气质量)至500(有害的空气质量)。指数越高，污染物的水平越高，影响健康的可能性越大。

空气毒物(Air toxic)不同于国家环境空气质量标准中规定范围的空气污染物(即不包括臭氧、一氧化碳、PM10、二氧化硫、二氧化氮)。这些物质可能会导致癌症、发育不良、生殖功能下降、神经系统疾病、遗传性基因突变，或其他严重或不可逆的、慢性或急性的影响人类健康的疾病。

水华(Algal bloom)在水体如湖泊或河口中发现的一种大量的可见的藻类。水华最经常发生在气候温暖的季节中，但也可能发生在其他时间。颜色范围从绿色到红色。

藻类(Algae)含有叶绿素的漂浮或悬浮在水中的微小植物。它们也可以连接到建筑物、岩石或其他类似的物质。藻类在白天产生氧，在夜间利用氧。它们的生物活性明显地影响着水体中的pH值和溶解氧。

碱性(Alkaline)指在水或土壤中含有足量碱类物质条件下，pH值升至7以上。

碱度(Alkalinity)衡量一种物质中和酸的能力。水中含有的碳酸盐、碳酸氢盐、氢氧化物和可能存在的硼酸盐、硅酸盐、磷酸盐都是碱性物质。碱性物质的pH值超过7。

氧转移系数(Alpha factor)在活性污泥系统中，混合液中氧传质系数与净水氧传质系数的比值。

替代燃料(Alternative fuels)可以替代普通汽油的燃料。替代燃料具有特别理想的能源效率和减少污染的特点。替代燃料包括压缩天然气、醇类、液化气(LPG)和电力。

氨[**Ammonia(NH₃)**]在自然界中广泛存在的一种由氢(H)和氮(N)组成的化合物。表示水体污染的一个指标。

氨吹脱(**Ammonia stripping**)一种通过水变成碱性后进行曝气去除水中氨氮含量的方法。

厌氧性(**Anaerobic**)一种在无氧条件下细菌分解污染物的污水处理方法。

厌氧菌(**Anaerobic bacteria**)在无自由氧和溶解氧的情况下生长并可以在此条件下分解复杂物质的细菌。

污水厌氧处理(**Anaerobic wastewater treatment**)在无氧情况下采用厌氧菌分解污染物的污水处理方法。

缺氧(**Anoxic**)所有成分都以其还原态的形式存在(无氧化剂)的条件。化粪池一般为厌氧条件,但不缺氧。

反退化政策(**Antidegradation**)确保一个保护特定的水体水质的政策,在此水体中,水质超过必需水平,以保护鱼类和野生生物的繁殖、养护。还包括作为优秀的自然资源水域的特殊保护。反退化政策常被美国各州用在降低水体的不利影响方面。

露天垃圾场(**An open dump**)露天垃圾场是不符合卫生填埋场标准的设施,这种垃圾场不是处置危险废物的设施。

水台(**Aquatic bench**)一个永久性池子内部周边的10~15ft宽的台阶上生长着深度为0~12in的植被与挺水植物。它提高了污染物去除率,提供栖息地,防止水位波动对岸边的影响,而且提高安全性。

蓄水层(**Aquifer**)一种能够在正常水力梯度下传输大量地下水的地质层。含水地层(渗水岩床或地层),含有透水岩石、砂子或能够产生大量的水砂砾。一种地下地质构造或地层群,含有大量可用地下水,这些地下水可以供应给井和泉。

半透水层(**Aquitard**)一个可能含有地下水,但不能够在正常的水力梯度下传输大量地下水的地质层。

面源(**Area sources**)一种排放量测算方法所用的排放源表示方法。这些来源包括区域范围的、移动的、自然的,也包括一组固定的来源(如干洗店和加油站)。美国联邦有毒气体污染物计划中定义点源排放的单一的有毒空气污染物(HAP)的量小于10t/a,而面源排放所有HAP均小于25t/a。

区域填充(**Areal fill**)设计和安装为高位土壤处理区,此区域采用合适的土壤填充起来,使整个浸润面高于原地面高程;填充利用重力、压力加重力或低压分配来实现。最终一个合适稳定、支持植物生长的土壤覆盖面安置完成。

芳烃(**Aromatic**)芳烃是一类分子中含有苯环结构、化学性质与苯类似的有机化合物。

灰分(Ash) 完全燃烧后的固体废渣。

同化能力(Assimilative capacity) 在保持相应的水质标准(包括保护水生生物和人类的健康)的同时，水体可以吸收的污染物数量。

大气沉降(Atmospheric deposition) 大气污染物通过干沉降或者溶解，或作为颗粒物包含于沉淀中到达陆地表面的过程。

附着生长过程(Attached-growth process) 微生物在一个固定的介质内进行生长繁殖的过程。

达标区域(Attainment area) 一个地理区域，在这个区域内的标准空气污染物达到了以健康为基础的初级标准(国家环境空气质量标准，NAAQS)。在一个区域某个标准空气污染物可能达到了可接受水平，但对其他污染物可能无法达到。因此，一个区域可能同时出现达标和不达标的情况。

衰减量(Attenuation) 衰减量是降低或减轻量(例如，污染物的数量从源头开始成股流减少)。

平均土地覆盖率(Average land cover condition) 不透水覆盖的比例认为是生成等量的磷随着切萨皮克湾流域内采用化学发泡剂的土地利用百分比，假定为16%。

每月平均流量限制(Average monthly discharge limitations) 一个月内日排放的最高允许平均值，计算为在这个月内每日测得的排放量总和除以进行监测的天数(不考虑大肠杆菌)。

每周平均流量限制(Average weekly discharge limitation) 一周内日排放的最高允许平均值，计算为在这个周内每日测得的排放量总和除以进行监测的天数。

A计权级(A-weighted scale) 它类似于人的耳朵的听觉反应。表示为dB(A)。

回填(Backfill) ①在开挖处放置的材料；②将材料放置于开挖处；③加液区以上的开挖部分；在基床开挖成直壁储罐槽或其他结构。

初步回填(Backfill, initial) 加液区以上的开挖处的部分；或者管道、管道槽，或其他结构上方深度为15~30cm的基床上方开挖处的地方。

最后回填(Backfill final) 开挖处从初步回填以上位置至最后位置的部分。

逆流(Backflow) 液体的反向流动，即液体经回流到源头。

防回流装置(Backflow prevention device) 用于防止回流的设备、方法或配置。

反冲洗(Backflush) 流体反方向流动以清洗排水沟或过滤介质。

背景值(Background level) 物质在自然环境中的数量。

回洗(Backwash) 通过洁净水向上流动清洗颗粒填料床的手段。

逆洗(Backwashing)通过改变流动方向,用水或空气和水清洗过滤器的操作。

细菌(Bacteria)缺乏叶绿素,但是能够消化许多有机和无机物的单细胞生物有机体。细菌是包括人类在内的生态系统的一个重要组成部分。生活中微小的单细胞生物体无处不在,发挥着多种功能。细菌可以分解水中的有机物,也能够大大减少水中的氧含量。

好氧菌(Bacteria aerobic)只有在分子氧存在的情况下才能进行新陈代谢的细菌。

厌氧菌(Bacteria,anaerobic)在缺氧状况下仍能进行新陈代谢的细菌。

兼性菌(Bacteria,facultative)有氧或无氧条件下都能进行新陈代谢的细菌。

嗜常温菌(Bacteria,mesophilic)细菌的生长最佳温度介于20~50℃,在25~40℃生长最佳。

嗜冷菌(Bacteria,psychrophilic)细菌最佳生长温度在10~30℃,在12~18℃生长最佳。

嗜热菌(Bacteria,thermophilic)细菌的生长最佳温度介于35~75℃,在55~65℃最佳生长。

挡板(Baffle)放置在一个构件中,能够消散能量、引导流向、保留固体和脂肪油脂(FOG),或能从特定深度取水的机械屏障。

压舱水的排放[Ballasting(Deballasting)]排放压舱水的行为。

基流(Baseflow)地下水排放形成的水流的水量。

有益用途(Beneficial use)水资源的用途,包括(但不限于)用于生活(包括公共供水)、农业、商业、工业、水上娱乐以及水生生物的繁殖和生长。

底栖生物(Benthic)存在于水体的底部或河床的生物。

最佳经济可行技术(Best available technology economically achievable)以清洁水法案(CWA)标准为基准建立的技术。是一个国家控制有毒和非常规污染物的直接排放通航水域所依据的最合适的方法。在一般情况下,最佳经济可行技术规定的污水排放限制准则代表在一个工业点源范畴和子范畴现有的最佳经济可行性技术。

最佳流域管理措施[Best management practice(BMP)]具有组织性或者非组织性的方法、活动、维护程序或者其他管理措施。这些措施可单独或联合应用,用于减少非点源污染流入到接受流域,从而达到保护水质的目的。这些措施包括动物粪便管理系统、保护性耕作系统、植被过滤带等。

现有最佳实用性技术[Best practical technology currently available(BPTCA)]一般被认为相当于目前正在实行的特殊工业子类别二级处理技术。例如,有机化学工业中的活性污泥法。

最佳用途(Best usage)根据水体和周边地区的特点,由环境管理委员会指定的一个水体的最适当的用途。最佳用途可能包括公共供水使用,保护和繁殖鱼类、贝类和野生动物,水上活动,也可以应用在农业、工业和航运。

生物鉴定(Bioassay)通过比较标准制剂对同一种生物类型的作用来评价化学物质或化学物质混合物对生物有机体的相对效应的试验。

生化需氧量[Biochemical oxygen demand(BOD)]在有氧条件下,生物利用氧气分解水或污水中的有机物的比例。在分解过程中,有机物作为细菌的食物,它的氧化作用产生能量。BOD作为衡量水中有机污染物的一种手段,是在规定条件下微生物分解稳定有机物的需氧量,其时间通常超过5天,BOD_5具体表示在20℃下超过5天的需氧量。BOD水试验是用来确定多少氧气被水中的好氧微生物利用以分解有机物,通过好氧生物处理有机物所需要的氧气量。BOD是在有溶解氧条件下一种可生物降解的污染物对水的污染强度的表征手段。

生物降解(Biodegradation)由细菌将有机物分解为稳定形态,不会产生危害或散发恶臭气味。微生物通过酶作用将化学物质转化或改变最终进入环境中的一个过程。通常是在水介质中,由生物的复杂作用引起的有机物的分子降解。

生物工程(Bioengineering)利用植物作为系统运转、自我维持的一种低技术含量的方法。例如控制河流的侵蚀、净化水质、洪水控制和栖息地恢复。

生物膜(Biofilm)在固体基质颗粒上生长的微生物、有机物和微生物分泌物形成的薄涂层。

生物膜(砂滤器)[Biofilm(of a Sand Filter)]该膜是在一个缓慢的砂滤器的表面上由生物形成的,是一个有效的过滤带中的重要组成部分。

生物滤层(Biofilter)介质滤波器中使用的生物介质(例如泥炭、椰壳)。

生物滤池(Biological filter)一种由相对惰性的材料(如黏土、模塑塑料、熟料等)组成的床层,以促进或协助污水的自然好氧降解。

生物脱氮除磷技术[Biological nutrient removal(BNR)]在污水处理系统中利用微生物活性去除氮和磷的方法。

生物氧化(Biological oxidation)细菌和其他类型的微生物消耗污水中的溶解氧和有机物,利用释放的能量将有机碳转化成二氧化碳和细胞类物质的过程。

生物水质采样(Biological water quality sampling)利用生物或生态特性,包括水生生物的生长、存活和繁殖和水生群落的多样性、结构和功能,以及水生生物栖息地的特征,用来衡量环境损害效应。

生物质(Biomass)包括在污水中生长的活性生物、死去的生物和其他残骸在内的有机物质。是在一个给定的面积或体积中的活性物质的数量,在给定水体中活性物质的总质量。

生态调节池(Bioretention basin)一个水质最佳流域管理措施工程。通过一个由植被覆盖层(植被覆盖,地面覆盖)、种植土和砂床(可选)组成的工程种植床来过滤水,此工程全部在原地取材。也称为雨林花园。

生物过滤器(Bioretention filter)在生态调节池的种植床层上附加的砂层和集管系统称为生物过滤器。

生物固体(Bio-solids)污水好氧处理后的丰富的有机物质残留,主要是脱水污泥,可以再使用。

生物群(Biota)水生生态系统的生物组成部分,包括一个地区的动植物体系。

生物指数(Biotic index)用于描述一个水体的生物体系的数值,用于指示其生物质量。

黑水(Blackwater)源于厕所、洗碗机、食品制备水槽等的那部分污水。

渗出(Bleed)排出液体或气体,如从水管中排出积聚空气或从水井排出积水。

5天生化需氧量(BOD$_5$)利用微生物分解有机物的用氧总量每天增加,直到达到最终生化需氧量,通常在50~70d。生化需氧量通常指的是5d生化需氧量。生物过程分解有机物5d内消耗的溶解氧含量。

分支(Branches)分支是连接到分支沟渠的各种排水漏斗、集水池、排水沟。根据形状分别被称为T, Y, T-Y, 双倍 Y 和 V分支。

英国热量单位(Btu)一个单位对应的能量为:1Btu=1060 J。

大气泡(Bubble, coarse)由空气扩散器产生的直径为3~8mm的气泡。

小气泡(Bubble, fine)由空气扩散器产生的直径0.2~3mm的气泡。

微气泡(Bubble, micro)由空气扩散器产生的直径小于0.2mm的气泡。

污泥膨胀(Bulking)在静态条件下污泥固体与液体无法分开;在有氧条件下,污泥膨胀通常与丝状菌的生长、低溶解氧或者高污泥负荷率有关;厌氧条件下,污泥膨胀可能与气泡附在固体上有关。

容重(Bulk density)土壤中每单位体积的土壤质量。在所有的水被提取出来后,并且在土壤本身的体积和土壤颗粒之间的空气空间的体积组成的总体积确定之后再确定容重。

建筑物下水道(Building sewer)将污水输送至第一个系统组件或下水道的管道。

浮力(Buoyancy)物体漂浮在水或其他液体中的趋势;流体施加给比自身密度低的物体的向上的力。

旁路(Bypass)从处理(或预处理)设施的任何位置将废物有目的性转移的途径。

　　毛细上升区(Capillary fringe)在地下水位以上的多孔介质的区域,其中的多孔介质是饱和的,但小于大气压。毛细上升区是包气带的一部分,但不是非饱和区。

　　毛细管吸力(Capillary suction)由于水和土壤颗粒之间的张力,水由地下水位上升到地下的空隙中的过程。

　　捕获(Capture)固体颗粒、液体颗粒或者气体在接近其来源处被提取出来。

　　二氧化碳[Carbon dioxide(CO_2)]在地球大气层中自然形成的一种无色无味的气体。大量的二氧化碳是通过化石燃料的燃烧排放出来的。

　　一氧化碳[Carbon monoxide(CO)]是一种由汽油、石油和木材等碳基燃料不完全燃烧产生的无色、无味、有毒气体。许多天然和合成产品的不完全燃烧也会产生一氧化碳。例如,香烟烟雾中含有一氧化碳。当一氧化碳进入人体内时,与血液中的化学物质结合,阻止从血液中释放氧气到细胞、组织和器官。人体的器官需要氧气来产生能量,所以接触高含量的一氧化碳会导致严重的健康影响,大量接触CO会导致死亡。接触CO会产生视力问题、警觉性下降、精神和生理功能的衰退等症状,对患有心脏、肺和循环系统疾病的人来说尤其有害。

　　化学物质登记号(CAS registry number)化学文摘服务社(CAS)登记号是由美国化学会的化学文摘服务社分配的一个指定数字,这个数字可以唯一地确定一个特定的化合物。无论是采用名称还是采用命名系统,这个条目都能够确凿地识别一种物质。

　　集水池(Catch basins)集水池经常用来收集表面排水,在个别排水区处理废物,以及在点源附近捕获沉积物。

　　排水区(Catchment area)排水区是一个若干污水流共同排放到一个地表排水系统或河道的区域。这个区域是一个天然的水域,也可能是一个指定的区域。

　　CEM连续排放监测(在固定源)。

　　化粪池(Cesspool)是一种用来收集和存储污水的覆盖型水密罐,这些污水来自于无法连接到公共下水道的建筑,以及周围环境不允许建设包括消化池等小型污水处理场所的地方,是将污水进一步处理的工艺。

　　室(Chamber)通常用于土壤处理区域,预成型制造的带有开放底部结构的分布介质。

　　航道、水道(Channel)自然或者是人工水道的主流。

　　航道稳定(Channel stabilization)在一个通道内放置天然或人造材料,以防止或减少对河床或河岸的侵蚀。

渠道化(Channelization) 人为地对河流进行矫直。

化学需氧量[Chemical oxygen demand(COD)] 是指强化学氧化剂在特定条件下，将有机或无机污染物完全氧化所消耗的溶解氧的量。在美国，除非另有规定，一般将热的重铬酸钾作为化学氧化剂。COD的测定通常用来评估样品中有机物的含量。它是一个样品中的材料受到化学强氧化剂氧化时的需氧量的一种量度。COD是含有废物的水中发生化学反应消耗氧的量。COD是用水中溶解氧的量衡量化学污染强度的一种衡量方法。

化学示踪剂(Chemical tracer) 添加的或者自然存在水中的物质，随着流体的流动而流动。

化学处理法(Chemical treatment) 一种通过加入化学试剂来实现某一特定结果的处理方法。

化学水质监测(Chemical water quality monitoring) 物理参数的直接、定量测量方法。这些参数包括特定化学元素或者化合物的数量、浓度，或水生基质的化学反应速率；评估的介质包括水、沉积物或生物组织；化学监测的概念是基于环境损害的"原因"的测量方法。

加氯消毒(Chlorination) 通常，氯用于自来水、污水或工业污水中的消毒，也经常用于处理其他生物或化学污水处理后的污水。

氯(Chlorine) 这个词经常用于形容氯系化合物，例如次氯酸钠。是一种非常活泼的化学物质，经常作为消毒剂和氧化剂来使用。

化合性氯(Chlorine, combined available) 在污水中，氯与氨结合形成氯胺，它们反应相对缓慢，氯胺也可以作为一种消毒剂。

余氯(Chlorine residual) 经过加氯消毒，接触一定时间后残留在水、生活污水或工业污水中的总氯(游离和结合形式)。

氯氟烃[Chlorofluorocarbons(CFCs)] 这类化学物质及其相关的化学物质被大量用于制冷、空调和消费产品等行业。当氯氟烃及其同系物被释放到空气中时，就会上升到大气平流层中。在平流层中，氯氟烃及其同系物参与化学反应，导致平流层中保护地面免受太阳辐射危害的臭氧层含量的减少。1990年，《清洁空气法案》就规定了减少释放(排放)和消除这些消耗臭氧的化学物质的生产和使用。

慢性接触(Chronic exposure) 长期接触，通常持续一年。

澄清(Clarification) 主要目的是减少液体中悬浮物浓度的各种工艺或工艺组合。

澄清池(Clarifier) 通常是圆形或方形的水池或洼地，水在其中停留一段时间，使较重的悬浮物沉到池底。澄清池又称为沉降池和沉淀池。是一个池子，污水在其中停留一段时间,使较重的固体沉淀到底部,较轻的物质浮到水面上。

清洁燃料(Clean fuels)可以替代普通汽油的低污染燃料。这些替代燃料包括乙醇汽油(汽油–酒精混合物)、天然气、液化气(LPG)。

清洗(堵塞后)[Cleaning(after clogging)]去除导致堵塞的固体或液体颗粒沉积物。

清洁因子(Cleaning factor)进入与离开分离器的污染物的量的比值。

清洗井(Cleanout)为去除沉积物或积累的物质提供可以利用的装置,通常用于管道清洗。

净水(Clear water)废水的一部分,包括(且不仅限于)地表水、地下水、冷凝水、冰机排水,还包括游泳池、热水浴缸、水处理设备排出的污水。

堵塞(Clogging)固体或液体颗粒由于沉淀、拦截或其他作用进入或附着在过滤介质表面,导致水流阻塞的现象。

容尘量(CloggingCapacity)设备能够容纳颗粒数量的临界值。

促凝剂(Coagulant)一种能够使微小颗粒凝结成较大颗粒的化学物质。它能够使液体中的固体颗粒更容易通过沉淀、悬浮、过滤等操作分离出来。

助凝剂(CoagulantAids)是一种通过影响颗粒电位平衡来增强絮凝剂功能的辅助物质。

凝结(Coagulation)由于使用化学物质(絮凝剂)而使极细粒子聚集成较大颗粒的过程。这些化学物质中和了颗粒电荷,使它们相互接近,形成大块聚集体。这些聚集体可以使液体中的固体颗粒更容易通过沉淀、悬浮、过滤等操作分离。

凝聚(Coalescence)促使悬浮的液体颗粒聚集形成更大的液体颗粒的作用。

寒冷气候限制(Cold climate limitations)由于寒冷天气条件,导致低温、冰盖、植物休眠、机体性能、冰积聚以及微生物活动的减少,从而限制了污水处理。

收集效率(Collection efficiency)在过滤、粉尘分离以及液滴分离过程中,收集到的粉尘数量与进入的粉尘数量的比值(通常采用百分比来表示)。

胶体(Colloids)非常小的固体(是由颗粒以及在分散体系中的不溶性的物质,由于颗粒的体积太小和所带电荷使颗粒能够长期分散在液体中)。

合流制排水系统[Combined sewer overflow(CSO)]收集雨水和污水的排水系统,通常这些雨水未经处理;城市中旧的排水系统通常采用合流制排水系统。

合流下水道(Combined sewer)收集生活污水和雨水。生活污水排水系统和雨水排水系统合在一起。这种排水体系的优点是在雨量不大情况下,从区域内产生的非点源污染的雨水能够得到处理。但是作为一种合流下水道,在严重的暴风雨中这个体系会被淹没,导致未经处理的污水被冲刷到接受水域。

综合污水(Combined wastewater)雨水、地表径流以及其他污水(例如生活污水或者工业污水等)的混合污水。

燃烧(Combustion)是指剧烈氧化消耗燃料的过程。许多重要的污染物,如二氧化硫、氮氧化物和微粒都是燃烧的产物,通常是由像煤、石油、天然气和木材等燃料燃烧产生的。

粉碎(Comminution)是一种机械处理过程,它将大块的废物破碎成小块的废物,使其不会堵塞管道或损坏设备。

粉碎机(Comminutor)一种通过粉碎来减少污水中固体颗粒大小的设备。分解过程就像许多剪刀或切割机,来切碎污水中所有的大固体物质。

浓度(Concentration)表示液体、固体或气体物质在其被包含的混合物、悬浮液或溶液中的比例。

管道(Conduit)用于运输水的通道,有开放式和封闭式两种。

承压含水层(Confined aquifer)上下均有不透水岩层的地下含水层,其压力高于大气压。

封闭式动物饲养操作[Confined animal feeding operation(CAFO)]一块区域或设置,并包括相关处理工作。①指动物稳定或者封闭喂养45d或12个月内或更长时间的地方;②农作物、植被、牧草的种植或收割后的残留物都不能保留在该地段或设施的任何部分(涉及到运营,需要许可和非许可的操作)。

封闭层(Confining layer)能够抑制水的流动并表现出低渗透性的地质层。

原生水(Connate)与周围的岩石或床体处于同一地质时期的间隙水。水质比较差,不适合正常使用,例如,不能作为工业或农业用水。

土壤加固(Consolidated soil)当土壤受到加载在地面上的压力时会发生结构变化。随着时间的推移,土壤颗粒之间的空隙减少,土壤趋于固化。

组成(Constituent)系统或团体的一个基本组成部分:例如,一个化学系统的组成部分,或者一个合金的一部分。

人工湿地(Constructed wetland)人工建设的湿地,用于控制污染和治理废物。控制流量、停留时间和其他因素,以提高BOD、SS和N的去除率。防水屏障通常放置在底部,将污水与地下水隔开。植物如香蒲、灌木丛和芦苇为在根区的细菌生长提供密集的覆盖基质和氧气。

构建雨水湿地(Constructed stormwater wetlands)是指有目的性的设计和建造的地区,该区域模拟具有改善水质功能的湿地。其主要目的是去除雨水中的污染物。

控制技术;控制措施(Control technology; control measures)用来减少空

气污染的设备、过程或操作。不同的技术措施减少污染的程度也各不相同。一般来说，污染越严重的地区越需要去除污染效果好的技术和措施。例如，颗粒严重不合格区域需要现有最好的控制技术措施。释放有害空气污染物的源头需要类似的能够高水平进行污染控制的措施。

腐蚀(Corrosion)通过化学作用逐步分解或破坏材料，这种化学作用通常是电化学反应。腐蚀一般由以下三个原因引起：①意外的电流电解；②不同金属引起的电化学腐蚀；③产生浓度差。腐蚀从材料的表面开始，一直发展到内部。

腐蚀抑制剂(Corrosion)减缓物质腐蚀速度的抑制剂。

腐蚀性(Corrosive)会导致皮肤、眼睛或呼吸系统烧伤的一种化学性质。

腐蚀性气体(Corrosive Gases)在水里，溶解氧与金属阳极发生反应腐蚀电池，加快腐蚀速度，直到完全形成氧化产物，例如锈。在阴极，氢气可能形成阴极表面的涂层，从而减缓电极腐蚀速率，氧气与氢气迅速反应生成水，使腐蚀速率增快。

常规污染物(Conventional pollutants)市政污水和市政二级处理厂典型的污染物；是由联邦委员会制定的[40CFR 401.16]，包括BOD、TSS、大肠杆菌细菌、油脂和pH值。

传统化粪池(Conventional septic system)由化粪池和典型的沟或河床下的污水渗滤系统组成的污水处理系统。

标准空气污染物(Criteria air pollutants)EPA依据标准划分的一些常见空气污染物(健康以及影响环境污染的信息)。全国各地都执行标准空气污染物。每个标准污染物(吸入颗粒物、二氧化硫、二氧化氮、臭氧、二氧化碳和铅等)都有对应的国家环境空气质量标准。

关键因素[Critical success factors(CSFs)]影响某一特定方法可能成功的参数。

交叉连接(Cross-connection)一种管道之间的连接，这种连接方式可能会引起污水进入饮用水管道危害公共健康。这个词也经常用来描述不同分布系统的合法连接。

排水渠(Culvert)一种人工的、用来改变水的自然流动的装置。

旋风分离器(Cyclone)一种粉尘分离器或液滴分离器，其实质是靠气流的旋转离心力的作用来实现的。

日排放量(Daily discharge)为了达到采样的目的，在任意连续24h(代表一天)测定一种污染物的排放量。对于污染物来说若用质量限值，日排放量常以一天内污染物排放的总质量来计算。若限值采用其他单位(如浓度)，日排放量则以一天内平均测量值来计算。

倾析法(Decantation)是指使悬浮液中含有的固相粒子或乳浊液中含有的液相粒子下沉而得到澄清液的操作,从液体中分离密度较大且不溶的固体的方法。

滞留量(Detention)临时性的蓄水量或存储暴雨径流量。

滞洪池(Detention basin)暂时储存雨水并通过液压出口结构排放到下游输水系统的雨水管理设施。

腐殖质(Detritus)是一种生物环境中的有机粒状物。在实际污水治理的情况下,是密度比水大、但能够在水流中可以运输的粗大颗粒物。

脱氯作用(Dechlorination)去除自由氯和残余的结合氯,以减少氯化污水的潜在毒性。

分贝,dB(Decibel, dB)声音的测量单位,用dB来表示。

降解(Degradation)将物质转换或分解为简单的化合物。例如,有机物降解为二氧化碳和水。

最高允许排放量(De minimis)通常是指一个排放水平,低于该水平,特定工艺或者活动可以免除监管。

反硝化作用(Denitrification)一种缺氧工艺,常发生在亚硝酸盐或硝酸盐离子减少,最终转换成氮气的过程。在活性污泥法中气泡附着在生物絮凝物上,将絮状物带到二次沉淀池的表面。这种情况往往是导致污泥在二次沉淀池或重力澄清池中上升的原因。

计划服务人口数(Design population)是指能够服务的最小人数和最大人数(包括定居和非定居)。

停留时间(保留时间;滞留时间)[Detention Time(retention time; residence time)] 污水停留在处理系统的平均时间。停留时间会因不同类型的污水处理系统而改变,其范围可以从数小时至数周。

脱水污泥(Dewatered sludge)经过脱水的污泥,也称为泥浆块。

脱水泥饼(Dewatered sludge cake)污泥经过脱水后变成扁平的饼。含水量越低的污泥饼,污水处理的效果越好。

脱水作用(Dewatering)把水从污泥或其他固体中去除。这个过程通常是湿污泥中投加混凝剂,然后采用物理方式降低其水分含量。

柴油引擎(Diesel engine)是一种使用低挥发性石油燃料和燃料喷射器以及使用压缩点火开始燃烧(而不是使用汽油火花点火的发动机)的内燃机。

扩散器(Diffuser)在加压条件下将空气注入污水的零件或设备(如:水下多孔板、多孔管或孔口)。

消化过程(Digestion)采用微生物将污泥和其他废弃物分解的过程。其生成的副产品有甲烷气体、二氧化碳、污泥固体和水。好氧消化需要氧气,厌氧消化不需要氧气。

废弃物料(Discarded material)废弃材料是指已使用过的材料,这些材料不能以任何方式再利用,故这些物料将进行末端处理。

消毒法(Disinfection)使用化学物质来杀死已经处理过的污水中的致病生物。紫外线也可以使用。

分散(Dispersion)①散射和混合;②存在着电势排斥力作用的颗粒悬浮在水中,如携带黏土的水流;③使得固体颗粒或液体粒子分布在液体中的操作。还可应用于两相系统,分散其他物质的一相称为"分散质,"分散的物质称为"分散剂"。

废弃处置(Disposal)采用排放、堆积、泄漏、倾倒、溢出、渗漏或放置等方式将固体废物或危险废物移入土壤或者水体的方式,导致固体废物或危险废物或其任一组分会进入环境,如排放到空气中,或排入任何水域,包括地下水。因此,垃圾填埋场所在土地产生的污水排放到下游的污水池或者地表蓄水池,或随雨水径流转向渗流或沉淀池,以便进行处理。

处理井(Disposal well)处理井是用于液体废物处置的深井。

溶解氧[Dissolved oxygen(DO)]溶解氧是溶解于污水、水或者其他液体中的氧气,通常用mg/L或者是饱和百分比来表示。DO常用于BOD的测定中。溶解于水中的氧气可以很容易地被鱼类和其他水生生物利用。

溶解性固体(Dissolved solids)物理性溶解在污水中的固体,这些固体无法通过适当的过滤去除。

剂量(Dose)吸收污染物的数量。接触水平是污染物的浓度、物体暴露在环境中的时间长短和吸收的污染物数量的函数。接触这种污染物的剂量由污染物的浓度和接触污染物的时间长短确定。

需求剂量(Dosing, demand)一种配置方法。根据此方法,将一定体积的污水输送到针对该污水产生模式的处理设施。

顺梯度(Downgradient)向压力减小的方向。

截水沟(Drain, interceptor)是用来拦截和转移旁边的可移动地下水或土壤上层滞水,使其远离土壤修复区域或其他系统设备的有效地下排水渠道。

排水系统(Drainage)天然或者人工地下水或地表水的网络,包括农业排水管道、用来减少拦截和转移地表水和地下水的坝和渠。

排水组件(Drains)排水沟是一种小的污水排放连接组件,通过这些组件将管线密封连接直到最近控制点的集水池,例如泵站、地漏等。

水位下降(Drawdown)由于一些操作,导致水池液体水面下降。由于地下水从水井中流失,导致地下水水位下降。

水位下降测试(Drawdown test)测量液面下降的计量器,测量随着时间的推移投加量/传送速率的变化;可以用泵输出流量(PDR)或虹吸输送速率来表示。

挖泥机(Dredge)从河床清除沉积物以达到增加渠道深度或拓宽渠道的目的。

饮用水(Drinking water, potable Water)水质能满足饮用要求的水。

析油系统(Drip system)滴灌系统是一个独立的排水系统,可用于从受污染的的液体中回收油品。

液滴(Droplet)质量小的液体粒子,有保持悬浮在空气中的能力。在一些湍流系统中,比如云层中,它的直径可以达到$200\mu m$。

微滴分离器(Droplet separator)从气体流中分离出悬浮在其中的液体微粒的仪器。

导管(Duct)一个封闭结构,在导管中,气体可以从一个点转移到另一个点。

粉尘(Dust)通常,直径小于$75\mu m$的固体微粒在自身重力作用下会沉降,但可能会在空中保持悬浮一段时间(例如,微粒、砂砾、粗砂),是不同尺寸和来源的、一般在一定时间内能够在气体中保持悬浮的固体颗粒的总称。

粉尘控制(Dust control)从气流中分离悬浮的固体颗粒的过程(该过程还涉及到除尘分离器的安装和调试)。

除尘分离器(Dust separator)从气流中分离悬浮固体颗粒的仪器。注意:根据除尘分离器的工作原理,可以分为以下类型:重力、惯性、离心力、电力、纤维过滤层、填料塔、泡沫清洗器、喷雾清洗器、文丘里洗涤器。

生态工程(Ecological engineering)在要求低能量输入的同时,为满足人类需求(例如,提供干净的水和食物)开展的可持续的生态系统设计、管理或重建。生态工程增进了人们对环境问题的理解,例如污水处理、湿地破坏和缓解,点源污染对生态系统和生态系统恢复的影响。

生态区域(Ecoregion)一个相对均匀的环境条件的区域,通常根据海拔、地质和土壤类型来定义。例如山、山麓地带、沿海平原、沙丘、板岩带。

生态系统(Ecosystem)在一定的空间内,动植物与它们生活的自然环境构成的统一整体。

出水(Effluent)出水是指一种从封闭空间流出的液体以及那些部分处理过或完全处理过的或未处理过的污水、水或其他液体。例如,它可能从水库、盆地、处理厂或其他地方流出。任何流体都是从一个给定源排放到外部环境。出水是一个用来描述从一个给定源排放的所有流体的通用术语。水或污水从一个封闭空间排放出来,例如处理厂、工业企业或泻湖。经过处理或未经处理过的污水从处理厂、下水道或工业排水口排放处理。出水一般指排入地表水的污水。

污水排放限值(Effluent limitation)污水排放限值是由政府主管部门根据化学的、物理的、生物的和其他组分的数量、比率和浓度制定的限值,这些物质从点源排放到通航水域、毗连区或海洋。

排液筛网(Effluent screen)安装在一个化粪池的出口管道上的设备,可拆卸、清洗(或可支配),目的是截留比特定尺寸大的固体颗粒或/和调节污水流量。

出水水质(Effluent quality)从一个装置或设备流出液体的物理、生物和化学特性。

淘洗(Elutriation)利用悬浮于液体中颗粒之间存在的明显的重量差异分离粒子的方法。

新型污染物(Emerging contaminants)新发现的危害公共健康或环境且目前没有发表健康标准的化合物或物质。

排放(Emission)来自污染源的污染物进入到空气中,这种现象称为污染源排放。连续排放监测系统(CEMS)是安装在一些大型排放源以确保污染物释放量能够连续测量的系统。

排放数据库(Emission inventory)在一段特定的时间内(如一天或一年),从区域范围内移动的、静止的和自然源排放到大气中所有污染物数量的测算结果。

乳化(Emulsification)由于乳化剂或一些可改变、禁止微生物正常活动的物质的存在,导致表面张力降低,从而致使固体颗粒呈悬浮状态。

乳化剂(Emulsifying agent)能够改变乳滴表面张力以防止聚结的药剂;例如肥皂和其他表面活化剂,某些蛋白质和树胶,水溶性纤维素衍生物和多元醇酯类、醚类等。

乳浊液(Emulsion)两种或两种以上不相溶的液体组成的混合物,一种液体"悬浮"在另一种液体之中。

内源呼吸(Endogenous respiration)在生物处理过程中,生物氧化内在有机物质的过程。

强制(Enforcement)用于要求污染者遵守《空气清洁法》的法律控制措施。强制措施包括对污染者的违法行为进行传讯(如传讯交通违章者)、罚款甚至监禁。美国环保局(EPA)和一些州、地方政府负责执行《空气清洁法》,但是如果他们不执行法律,公众可以控告要求EPA或州政府采取行动。

环境(Environment)可能影响有机个体或群落发展或生存的所有外部条件的总和。

环境敏感性(Environmental sensitivity)自然环境对来自外部成分不利影响的相对敏感性。

当量直径(Equivalent diameter)通过采用几何学或光学、电学、空气动力学行为来确定球形颗粒的直径大小。对圆孔筛来说,当量直径是一个孔的直径;对于方形孔筛来说,其筛分通过的物质比例与圆孔筛相同时,则认为筛孔直径相同。在实验中,它取决于粒子的形状和大小。

等效声级(Equivalent sound level)它是恒定的声压级,这个声压级产生相同的总能量,与给定时间内实际声压级产生的能量相同。用 L_{eq} 来表示。

侵蚀(Erosion)通过水、风、冰或其他机械、化学作用,使土壤或岩石碎片逐步破碎,这种导致岩石或土壤消蚀的过程称为侵蚀。

入海口(Estuary)位于河流和近岸海域之间的沿海水域。在这里,由于潮汐运动和河水的流动将淡水和咸水混合。这些地区包括海湾、海峡、河口、盐沼和咸水湖。

乙醇(Ethanol)俗称酒精,是分子中包含两个碳原子(CH_3CH_2OH)的挥发性醇类物质。用作燃料时,乙醇是通过玉米或其他植物产品发酵来生产的。

富营养化(Eutrophication)由于氮(N)、磷(P)等营养物质含量过多,导致大量的水生植物(主要是藻类)繁殖并腐烂,从而导致水质恶化现象。通常的后果是水中的溶解氧较低。

超标(Exceedance)空气污染物的测量浓度高于国家或地区环境空气质量。

现有的建筑(没有污水处理系统)[Existing construction(with failing sewage disposal systems)]一个现存的结构系统,服务于这个地区的污水处理系统已经失效或者不符合当前的国家法律、法规,需要修正。

暴露(Exposure)在特定的时间段内,空气中污染物浓度与暴露于该浓度下入口浓度的乘积。

延时曝气(Extended aeration)一种好氧处理法。这种方法是在活性污泥过程中增加了好氧活性污泥消化的过程。

扩展(Extension)污水处理系统的替代方法,这种方法能导致增加能耗、延长停留时间,或提高现有的收集、处理(处置)能力。

兼性氧化塘(Facultative ponds)一种包括表面曝气和通过藻类光合作用进行氧气补给的污水处理池。

大肠杆菌(Fecal coliform)在恒温动物的肠道中发现的细菌。在水体中存在大量的大肠杆菌,表明近期有未经处理的污水排放和/或动物粪便存在。这些微生物也可能表明存在着对人类有害的病原体。

大肠杆菌分型(Fecal typing)用来区分地表水和地下水中来自人类和非人类的大肠杆菌污染源的评估技术(如DNA指纹分析)。

田间持水量(Field capacity)浇灌至饱和条件下后停止浇灌2~3d,土壤中的剩余水的比例。

过滤器(Filter)通过诸如筛分、静置、吸附或吸收等过程去除某些组分的装置,过滤器的面积和深度根据流量来确定。它是一种用于将固体或液体颗粒从气体流中分离的装置,通常是由多孔层、纤维层或多孔与纤维层组合形成的(该设备也可以推广应用在一些油浴装置和一些电气设备)。

活性炭过滤器(Filter, activated carbon)装置内安装有多孔结构的炭,用于液体脱色、回收溶剂和从水及空气中去除毒素和气味等。

无底的介质过滤器(Filter, bottomless media)在介质层和土壤之间没有放置明显的衬底或者其他物理挡板的介质过滤器。这种过滤器一般用作最终处理或扩散设备。

椰壳过滤器(Filter, coir)采用有机纤维材料椰子外壳(椰壳)作为介质的过滤器。

圆盘过滤器(Filter, disk)由两个堆叠在一起的同心圆槽盘组成的装置,用于去除比特定尺寸大的颗粒。这种过滤器一般用在滴灌系统。

介质过滤器(Filter, media)用于在非饱和环境下使用物料降低BOD和去除悬浮固体的污水处理装置。这是一种利用生长在表面的微生物进行工作的生物处理。

滤料(Filter medium)是组成生物过滤器的材料,含有细菌和真菌的生物膜附着在这些滤料上面。它是过滤器中一部分或保留在过滤器内的颗粒。

泥炭过滤器(Filter, peat)采用合适的有机纤维材料(泥炭)作为介质的过滤器,通常由装有介质的预制模块单元和一种生物滤池两部分组装而成。

砂滤池(Filter, sand)使用特定规格的沙子作为介质的过滤器。

网式过滤器(Filter, screen)由配置为圆柱体的网状材料组成的过滤器,用于在加压系统中去除比特定尺寸大的颗粒。

过滤带(Filter strip)通常位于一个地区的边缘或沿水道的植被地带或区域,用于去除由雨水径流带来的沉积物、有机物和其他污染物。

滴滤池(Filter, trickling)利用各种不同形状的介质,如硬质塑料、石头或轮胎碎片等作为介质的过滤器。在它的配置中还包括澄清池,也可能包括再循环系统。

上流式过滤器(Filter, upflow)通过污水从一个较低的位置流到一个更高的位置的介质过滤器,其特征是需要厌氧环境。

过滤(Filtration)一个包含筛分、静置、吸附、吸收和可能的生化降解等作用,以去除悬浮物的过程。采用过滤器从气体流中分离悬浮的固体颗粒或液体颗粒(也涉及到一个过滤器安装的建设和调试的活动)。

过滤周期(Filter run)过滤器从过滤到反冲洗的运行时间。

最终出水(Final effluent)污水处理厂排出的污水。

最终处理与处置(Final treatment and dispersal)最后处理单元(或多个处理单元的组合工艺)。出水经过此处理单元经土壤处理区或排放口重新流回到水文循环系统。

初期雨水(First flush)雨水径流的第一部分,通常用深度(用in表示)来定义。这种雨水被认为是降雨中污染物含量最高的一部分。

絮凝体(Floc)在凝胶状的物质中小颗粒的聚集体,比单独的小颗粒更容易去除。

絮凝剂(Flocculant, Flocculating agent)是一种起催化作用的物质,可以引起总悬浮固体发生化学反应形成多次絮凝的固体。

絮凝团(Flocculent)絮状物或絮状物体群形成的絮凝团。多次交替使用"絮凝剂"指的是絮状物团而不是起催化作用的絮凝剂。

絮凝作用(Flocculation)在缓慢搅拌并提供保留时间的设备中,通过絮凝使杂质相互结合而逐渐增大,形成悬浮颗粒或者沉淀。

洪泛区(Floodplain)对于一个给定的洪水事件,与河道相邻并已经被洪水暂时漫盖的地域。

瞬时流量(Flow, instantaneous)发生在非常短的特定时间内的最高记录流量。

洪峰流量(Flow, peak)一个指定时间的最大流量;可以进一步表示为每小时高峰流量、日高峰流量、月高峰流量和集结高峰流量等。

湍流(Flow, surge)流出的水量能够在足够短的时间内破坏一个或多个处理单元。

污水均流(Flow equalization)采用具有足够污水存储容量的系统,使得出水均匀流到后续部分,以消除源头来水流量变化的影响。

流体(Fluid)可以通过管道输送的、以液相和/或气相状态存在的物质。

水力传导系数(Fluid conductivity)达西定律中的比例常数,在一定的水力梯度下通过一个多孔界面的流体单位流量。水力传导系数是多孔介质的固有渗透性和流经它的流体的运动黏度的函数。水力传导系数的单位是单位时间通过的距离

(cm/s)。

粉煤灰(Fly ash) 燃烧气体夹带的灰分。由煤和其他固体燃料燃烧产生的空气中的固体颗粒。

雾(Fog) 适用于在气体中的悬浮液滴的通用术语。在气象上,它指的是水滴中的悬浮物质,这些物质可以导致能见度小于1000m。

甲醛(Formaldehyde) 是最简单的醛类化合物,化学式为CH_2O。甲醛是一种常见挥发性有机化合物污染物。

化石燃料(Fossil fuels) 煤、石油和天然气等燃料,以此命名是因为它们是古老的植物和动物的残骸。

自由产物(Free product) 在未风化阶段没有发生溶解或生物降解的污染物。

自由水面湿地(FWS)[Free water surface wetland(FWS)] 一种由多孔植物基质和湿地植被组成的流域或渠道,在此,其中浅层水暴露在空气中。

频谱分析(Frequency analysis) 采用一组滤波器,通过频带分离信号中的主要组成部分。

暴雨重现期(Frequency of storm) 大于或等于某暴雨强度的降雨出现一次的平均间隔年数。例如,25a一遇的24h暴雨量,被认为是平均25a内才发生一次。

淡水(Freshwater) 氯离子含量在自然条件下不超过500ppm的水域。

淡水分类(Freshwater classifications) C类:用于二级娱乐活动、垂钓、水生生物的生存与繁殖淡水;在所有淡水分类中属于最低级别;B类:保护淡水,用于频繁的或有组织的娱乐活动,包括C类用途的淡水;WS-Ⅰ类,基本上是在自然和未开发流域供用的水。WS-Ⅱ类:一般主要用于保护未开发的流域水源的水。WS-Ⅲ类:一般用于保护在低到中等开发的流域供应的水。第Ⅳ类:一般用于保护在中度至高度开发的流域供应的水。第Ⅴ类:一般保护第四类水域的上游供应的水。

扬尘(Fugitive dust) 通过特定的活动,如土壤耕作或车辆运行,在露天或污垢道路上的空气引起的灰尘颗粒。

无组织排放(Fugitive emissions) 往往由于设备泄漏、蒸发和风的作用而未被系统捕捉的排放。

真菌(Fungi) 不含叶绿素的微小生物,无根、茎、叶,通常在低pH值和低溶解氧浓度下生存的抑制细菌。它们通常有一个丝状型结构,因而在二次澄清过程时不受欢迎。

烟(Fume) 固体颗粒的气溶胶,通常来自于冶炼过程,在此过程中挥发性熔化物质从气相中冷凝产生的物质,常常伴有化学反应,如氧化。

烟气(Fumes)可能从化学过程产生的气态流出物,经常有异味产生。

气体(Gas)在风道中流动的气态化合物或单质的混合体,常常携带着颗粒物质。

气体净化器(Gas purifier)从气体混合物中全部或者部分去除一种或多种组分的设备。

地理信息系统(GIS)[Geographic information system(GIS)]一个计算机数据库系统,包含可以空间或地图格式显示的自然资源和其他因素的信息。

全球变暖(Global warming)地球对流层的温度增加。在过去,全球变暖已经对自然产生了影响,但该词通常是指通过计算机模型预测由于温室气体增加排放而引起的变暖。

随机采样(Grab sample)一种采样方式,是在不考虑废物流量和废物排放时间条件下的采集样品。

梯度(Grade)研究目标的特定表面的斜率,如道路、河床或河岸、路堤的顶部、开挖地带的底端,或自然地基。通常用百分比来表示(每100计量值对应的测量值),或用水平距离比垂直距离的比值来表示。

颗粒介质(Granular media)影响过滤的材料。

植草沟(Grassed swale)一种宽而浅的土制输送系统,在该系统中设置了拦沙坝和种植人工植被,这些植被通常是一些耐腐蚀和耐洪水冲涮的草。这个系统通过草的过滤作用和土壤的渗透作用去除洪水中的污染物。

灰水(Gray water)从非食品制作间、淋浴、浴缸、温泉洗澡、洗衣机和洗衣盆中得到的水。

油脂(Grease)污水中的脂肪、肥皂、油、蜡、污水等。

温室效应(Greenhouse effect)地球大气层的温室效应。来自太阳的光能穿过地球的大气层被地球表面吸收,再以热能的形式辐射到大气中。然后热能被大气捕获,产生一个类似于关闭了窗户的汽车内部情景。

温室气体(Greenhouse gases)一些大气气体如二氧化碳、甲烷、氯氟化碳、一氧化二氮、臭氧和水蒸气,这些气体可以减缓通过地球大气层的热量辐射。

砂砾(Grit)密度大的无机物,如沙子和石子,大气或烟气中的固体颗粒。

沉砂池(Grit chamber)通常用在市政污水处理中的池子或者水槽,进水在此流速变缓,使得那些密度大的无机固体沉降下来,如金属和塑料。

地下水(Groundwater)饱和区的地下水,可以向井或者泉供水。从严格意义上说,这个词只适用于地下水位以下的水,也称为"潜水"和"承压水"。地下水存储在含水层,是由雨水渗透入地面,一直向下渗,直到聚集在一个不透水区而形成的。不管地下水的地质结构是蓄水站、水流、渗滤液或其他的任何形式，只要是在行政区域边界之内的，除土壤毛细管水外，陆地表面饱和区以下的水或者是河流、湖泊、水库以及其他地表水底部以下的水均为地下水。

栖息地评估(Habitat assessment)物理、生物和化学环境的评估以及其对生物多样性和生态系统功能和完整性的影响评估。

采收(林业)[Harvesting(forestry)]将木材产品从森林中移到加工厂的伐木过程中，所有的规划和设计、道路、原木甲板、集材道的建设和维护。

有害空气污染物[Hazardous air pollutants(HAPs)]能够导致严重健康和环境影响的有毒化学物质。严重事故释放产生的健康影响包括癌症、出生缺陷、神经系统问题以及死亡，例如发生在印度博帕尔农药厂的事故。化工厂、干洗店、印刷工厂和汽车都是有害空气污染物释放的来源。

危险废物(Hazardous waste)危险废物是对健康和环境造成危害的固体废物。

渠首(Headworks)污水处理厂处理进水的起端。

重金属(Heavy metals)在酸溶液中能够与硫化氢反应产生沉淀的金属，包括铅、银、金、汞、铋、铜。这些金属的原子质量大、密度大，例如铅、镉、锌、铜、银、汞。当达到一定的浓度时，这些金属会使人类以及水生生物中毒。

亨利定律(Henry's law)在溶液中，一个化合物的气体分压与液体平衡浓度的关系函数，这个关系式中有一个常数称为亨利定律常数。

异质性(Heterogeneous)指具有不同结构或组成的，或在不同位置、方向具有不同性质的。

优先流域(High-priority watershed)分类表中的一个流域，在给定的标准中，这个流域对水质影响最大。当标准中没有引用相应的术语时，则是指最高级别的整体(总)非点源污染。

罩(Hood)提取系统的入口设备。

烃(Hydrocarbons)氢和碳原子组合的各种化合物，即碳氢化合物。它可能由自然源(例如树)排放至空气中，也可能是由于化石燃料、植物燃料的燃烧，燃料的蒸发和溶剂的使用。烃是烟雾的主要贡献源。

氢氯氟烃[Hydrochlorofluorocarbon(HCFC)]碳氢化合物分子中一个或多个氢原子被氯原子和氟原子取代的化合物。一些氢氟氯烃能够破坏平流层中的臭氧。

氢氟烃[Hydrofluorocarbon(HCA)]碳氢化合物分子中一个或多个氢原子被氟原子取代而形成的化合物。

氢离子浓度(Hydrogen ion concentration)[H⁺] 每升溶液中所含有的氢离子的物质的量。通常用pH值来表示，即氢离子浓度倒数再取对数。

硫化氢气体[Hydrogen sulfide gas(H_2S)]硫化氢是一种具有臭鸡蛋气味的气体。这种气体是在厌氧条件下产生的。硫化氢气体非常危险，因为它能使嗅觉迟钝，当你注意到它时，它已经存在一段时间了。在高浓度条件下，很快会引起嗅觉的迟钝。这种气体对人体呼吸系统有剧毒，而且它易爆、易燃、无色，比空气重。

水力传导系数(Hydraulic conductivity)达西定律中的比例系数，与水通过多孔介质的横截面的流速对应相应水力梯度的比例有关，也称为渗透系数。水力传导系数是多孔介质的固有渗透性和通过它的流动的水的运动黏度的函数。水力传导系数的单位是cm/s。

水力梯度(Hydraulic gradient)水平距离上两点测压管的变化值，量纲为长度与长度比值。

水文循环系统(Hydrologic cycle)水在地球内部和表面以及大气通过降水、入渗、径流和蒸发等过程运动的系统。

水解(Hydrolysis)有机氮在细菌、植物和动物分泌的酶作用下，与水发生反应转化成氨。

创新和替代(I&A, Innovative and alternative)一项由环保署定义的非常规技术。"替代系统"是一个充分证明了的系统，在这个系统中，可以回收或再利用污水，有效回收污水成分，恢复能量或消除污染物的排放。土地处理、水产养殖，污水池及使用小直径或真空下水道的现场处理的各种污水处理系统均包括在这个定义中。

室内空气质量(IAQ)

即时耗氧量[Immediate oxygen demand(IOD)]是指在水中充入溶解氧后，污水的组成部分在15min内(除非另有说明)消耗溶解氧的量。

冲击(Impact)两个粒子之间或粒子与固体、液体表面之间的相互碰撞。

嵌入(Impaction)粒子进入接触表面的行为。

受损水(Impaired water)不符合国家水质标准的水；弗吉尼亚州卫生部门(VDH)禁止捕捞鱼或贝类的水；生物监测表明中度或重度损伤的水。

反渗透(Impermeable)不允许流体通过孔隙。实际上，可能出现一些小的水力传导率，但如此低的水平(如1×10^{-7}cm/s)可以忽略不计。

不透水覆盖(Impervious cover)显著阻碍或防止水自然渗透进入土壤的材料组成的表面。例如(但不限于)屋顶、建筑、街道、停车场以及任何混凝土、沥青或压实砾石表面。

蓄水(Impoundment)一种人工收集或存储水的方式。例如水库、坑、地下室、水池等。

间接来源控制程序(Indirect source control program)空气污染控制的地区或地方政府用于控制或减少新的和现有间接来源排放的监管策略,包括法律、规章、地方法规和土地使用控制及其他监管策略。间接源控制项目包括交通控制措施、停车收费,减少车辆出行、增加自行车、行人通道的土地使用管制,特定排放源的规定,如卡车怠速和行程的规定。

室内空气污染(Indoor air pollution)是指那些产生在建筑或其他封闭空间,而不是发生在户外或环境空气中的污染物。例如,氮氧化物、烟、石棉、甲醛、一氧化碳。

工业生态学(Industrial ecology)工业生态学注重不断结合环境、经济和技术持续发展的有益成果。主要宗旨是所有系统应模仿自然,因而是闭环、连续、循环的。在污水处理方面,工业生态学意味着所有所谓的废物都能再次运用到相同的或其他的进程中去。例如,污泥作为有机肥料,可以被视为符合工业生态学。回收污水用于污水处理厂、工厂或者其他过程也是工业生态学的实例。

工业源(Industrial sources)非市政排放源或工业排放源经常将生产污水排放到地表水中。工业企业产生的工业污水类型通常取决于在特定场所进行的特殊活动,例如,制造过程产生的污水、冷却水、生活污水和雨水等。

工业废物(Industrial wates)来自工业生产过程的固体和液体废物。

工业污水处理(Industrial wastewater treatment)处理如制造业、食品加工业、印刷业等行业产生的污水。纸和纸浆的污水处理属于工业污水处理实例,而市政污水处理并不属于工业污水处理范畴。

入渗(Infiltration)下水道系统渗流到地下水的过程。入渗经常因管道、管接头、截流井的进出口处或者人孔墙壁等部位的破损而发生。降雨或人工补给的水,在重力和毛细管力作用下通过土壤向下的运动方式。

入渗设施(Infiltration facility)一种临时性的收集雨水并入渗到周围土壤的雨水管理设施。安装有出口结构的设备以排放收集的雨水,这种排放通常是超过储存量的那部分和其他紧急情况。入渗池、入渗沟、入渗井、多孔路面等都被认为是入渗设施。

入渗/流入量(Infiltration/Inflow)在不区分来源的情况下,来自于所有入渗和流入水的总量。

进水(Inflow)排放到下水道系统和接户管的水,其来源包括(但不限于)屋顶、地下室、庭院区域的排水、地基排水、排放的冷却水、泉水和沼泽地区的排水、井盖周围或者井盖上的孔、雨污合流制系统的连接处、水池、雨水、地表水、街道冲洗水或排水。不同渗流的水必须排放到污水管线而不是下水道。

入流(Influent)水、污水或其他原水(未处理)或部分处理的水,这些水流入到截流井、水库、池塘、处理系统或处理厂。未经处理的污水进入污水处理厂。

入口筛(Influent screens)用于从污水中去除大颗粒无机固体的筛网。

次声(Infrasonics)频率低于20Hz的声音。

可吸入颗粒物(Inhalable particles)能进入人体呼吸道的粉尘。

抑制性物质(Inhibitory substances)具有抑制或限制生物处理废物能力的物质。

注水井(Injection well)排放水通过这种井输送到地下地质层。在大多数情况下,这些井需要经监管部门批准后才能建设。

无机材料(Inorganic)如沙、盐、铁、钙盐等矿物材料。无机矿物是无机物质的来源,而动物或植物通常是有机物质的来源。

无机废物(Inorganic waste)如沙、盐、铁、钙和其他矿物材料等,受微生物的影响很轻微。

无机材料(Inorganic material)不会受生物活动影响的材料(砂、煤渣、石)。固体中的不挥发组分。

原位修复(In situ treatment)土壤所在位置进行的修复方法,这些土壤并不需要开挖出来。异位修复通常需要花费昂贵的挖掘费用。

降水强度(Intensity)单位时间的降水量。

界面张力(Interfacial tension)发生在气液界面上的液体行为现象,就像由一个弹性膜覆盖保持一个恒定扩张的现象。这种扩张力是由于液体分子之间引力不平衡而形成的。

内燃机(Internal combustion engine)一个发动机,在其内部能够产生热能和机械能。包括气轮机、点燃式发动机和压燃式柴油发动机。

逆温层(Inversion)在大气中一层阻止冷空气上升和使污染物围困在其下方的热空气。

刺激物(Irritant)一种会刺激皮肤、眼睛或呼吸系统的物质。对于这种物质,可能是由于接触高浓度急性毒物的影响,也可能是反复接触低浓度慢性毒物的影响,包括氯气、二氧化氮和硝酸。

等速采样(Isokinetic sampling)进入采样喷嘴的气体的平均速度与在取样点的管道中的气体速度相同。

杰克逊浊度单位(JTU)杰克逊浊度单位(JTU)是水中悬浮物阻挡的光线的

度量。

喀斯特地形(Karst topography)由形态各异的碳酸盐溶岩存在的石灰岩洞穴和坑洞组成的地域。

L_{10}，L_{50}和L_{90}在特定期间内，噪声值超过总时间间隔的10%、50%或90%，被分别命名为L_{10}、L_{50}和L_{90}。

咸水湖(Lagoon)由低渗透率土壤或合成材料包围的堤坝和至少3ft深的污水水构成。这些污水通过利用阳光、风、机械曝气和天然菌等，通过物理、化学和生物过程进行降解。

咸水湖，蒸发(Lagoon，evaporation)储存着污水的咸水湖，这些污水能够不断地蒸发。

咸水湖，存储(Lagoon，storage)在某种形式的污水被传送到下一个设施进行处理或回收利用之前，将其存储在咸水湖中。

土地转换(Land conversion)将森林最后一次采收后的土地利用性质转换为农业、住宅、商业发展、矿业或公路建设。

土地开发特征(Land development characteristics)由于人为因素或建筑的作用，改变地面径流特征。

土地利用(Land use)发生在陆地上的各种活动，如建筑、农场或树木砍伐。

咸水湖污泥(Lagoon sludge)一个较浅的池塘或天然洼地，用于污泥存储或腐化。有时是对这些污泥进行最终的储存和脱水。

半数致死浓度(LC50)预计对50%的受试生物致命的毒物浓度或污水的稀释比例。

昼夜等效声级(Ldn)白天从早上6点到晚上9点(15h)，晚上从9点到早上6点(9h)的昼夜等效声级。

泄漏(Leak)从管道和其他来源释放的不受控制的流体。

泄漏后果(Leak consequences)在经济损失方面，例如修复成本，因管道和其他来源泄漏造成的后果。而在泄漏后果计算方法中，本书并没有考虑耽误生产带来的经济损失。

泄漏预期(Leak expectancy)发生泄漏的可能性。

石灰(Lime)组成为氢氧化钙$[Ca(OH)_2]$或氧化钙(CaO)的化合物。

液化系数(Liquefaction)液化系数被应用于污泥消化，是指大的污泥固体颗粒转换成可溶性或细分散状态。

液固分离(Liquid solids separation)给定污水中的液体和固体的分离过程。液固分离包括三种方式：①如果固体容易沉降(相对密度大于1)，则可使用一个澄清池;②如果固体容易上浮(相对密度小于1),可以使用浮选单元(DAF);③如果既不下沉又不上浮(相对密度等于1),可以采用筛分(转鼓过滤或弧形筛)。

负荷(Load or loading) 接收水体中的物质或热量的数量;可能是人为引起的(污染负荷),或者是自然本身存在的(背景值)。

负荷(Loading) 一个设备一次处理原料的数量。进入环境(土壤、水或空气)的物质的量。

负荷率,面积(Loading rate, areal) 采用土地处理法,处理面积内所能够处理污水的量。用单位时间、单位面积处理的污水体积来表示。

负荷率,生化(Loading rate, biochemical) 生化处理单元处理BOD_5的量,用单位时间处理的质量表示。

负荷率,生物学(Loading rate, biological) 处理单元可以处理有机物的量,用单位时间处理的质量表示。

负荷率,质量(Loading rate, mass) 在一定时间内处理单元处理污水中有机和无机成分的量,用单位时间处理的质量表示。

负荷率,营养物质(Loading rate, nutrient) 在特定时间内处理单元可以处理有机和无机营养物质(主要是氮和磷)的数量,用单位时间处理的质量来表示。

负荷率,有机(Loading rate, organic) 在一定时间内,处理单元处理化学需氧量中可生化部分(生化需氧量、可生物降解的FOG和挥发性固体)的数量,用单位时间单位面积处理的质量来表示;通常生化负荷率与有机负荷率相等。

当地限值(Local limits) 工业或商业设施排放到城市污水处理系统时的条件排放限值。

最低可实现的排放率[Lowest achievable emission rate(LAER)] 是一个类型的排放源排放的最低量,这个类型的排放源必须在国家实施计划规定的分类中或者在实际中可以归到这样一个类别的排放源。这一术语常与一个非达标区有关。

排污主管(Main sewer) 一条污水管线,接收来自许多支流分支和下水道的污水,并作为一个大的区域的出口,或是用来接收一个截流井的污水。

维护(林业)[Maintenance(forestry)] 包括永久道路和步道系统的保养,为了木材的再生或栖息地选择而进行的规定性燃烧,以及除草剂的使用。

沼泽(Marsh) 一种湿润区域。因不流动或缓慢流动的水流而周期性泛滥的地区。这里有绿色植被或者是草本植被,以及有很少的泥炭堆积物。水可以是咸水、含盐的水或淡水。

补充水(Makeup water) 为水系统提供补充的水。

故障(Malfunction)设备没有按照设计/安装要求运行的情况。

检查孔(Manholes)这种孔被用在下水管总线上作为连接点和污泥井,主要目的是提供维护和检查的通道。

材料安全数据表[Material safety data sheets(MSDSs)]包含有毒化学物质产品的制造商和营销商准备的产品安全信息清单。这些清单可以从制造商以及营销商那里得到。一些商店例如五金店,可能手中有他们所售商品的材料安全数据清单。

最大可达控制技术[Maximum achievable control technology(MACT)]基于最好的示范控制技术或者实践的联邦排放限值,这种技术和实践被用作排放一种或更多的联邦危险空气污染物质的类似的排放源中。

介质(Media)滴滤池(滴流生物滤器)中的材料。在这些材料上能够积累黏液和生长有机组织。在沉积污水滴流过介质时,黏液中的有机组织消除了某种废弃物,从而部分处理了污水。这种材料也用在生物转盘或者重力/压力过滤器中。

微克每立方米[micrograms per cubic meter($\mu g/m^3$)]在$1m^3$另一种物质或者真空空间内的物质的质量(用μg来衡量)。是悬浮于空气中的微粒的质量浓度的标准测量单位,有时也用于表示空气中气体物质的浓度。

微生物(Microorganisms)只能通过显微镜看见的非常小的有机组织。一些微生物用污水中的废料做食物,因此消除或者改变了很多不良物质。

雾(Mist)空气中悬浮的微滴。

混合液(Mixed liquor)在曝气活性污泥池中由进水和活性污泥(回流污泥)组成的混合物。

混合液悬浮物(MLSS) [Mixed liquor suspended solids(MLSS)]曝气池中混合在液体中的悬浮物。

自然系统(Natural systems)基于生态的生物污水处理系统,如人工湿地。这种处理方法对机械元素的依赖性很小。

氮(Nitrogen)在污水中以各种形式存在含氮营养物质,主要是氨和硝酸盐。一种对植物生长发育有促进作用的元素;当有机肥和化肥过量时,由于促进了藻类或者其他水生生物的过量生长,进而导致水体的污染。

中和作用(Neutralization) 向一种液体中添加一种酸或碱(碱)物质,使得液体的pH值趋向中性(pH值为7)。

新源审核许可证(NSR)[New source review(NSR)]新源审核(NSR)常用于一个有新建污染源的区域,例如一个臭氧不达标区域,在这些区域将排放一定数量的挥发性有机化合物(VOCs)和氮氧化物(NO)。这些污染源必须经过新源审核,为这两种污染物新增的排放量提供减排要求；采用可实现的最低排放技术来控制排放；新增污染源的排放量满足当地政府的管理要求；位于臭氧非达标区，排放这两种污染物的现有污染源，当操作方法改变时，如果这些操作也能导致这两种污染物排放量的增加，则必须像一个新增污染源一样进行审核并申请修改的排放许可。

硝化作用(Nitrification)在有氧条件下，细菌污水中的氨氮和有机氮转化成氮氧化物(通常是硝酸盐)的过程。

硝化阶段(Nitrification stage)在生物处理过程中，好氧细菌利用溶解氧将**含氮化合物**(氨和有机氮)转化成氮氧化物(通常是硝酸盐)的分解阶段。第二阶段BOD也称为"硝化阶段"。

硝化细菌(Nitrifying bacteria)将污水中的氨氮和有机氮转化为氮氧化物(通常是硝酸盐)的细菌。

硝化细菌(Nitrobacteria)自养菌中主要负责生物硝化的第二步的菌属：将亚硝酸盐转化为硝酸盐。

固氮作用(Nitrogen fixation)将氮气转化为有机氮、氨或硝酸盐。固定氮作用可发生在生物过程(即某些光合蓝藻将氮气转化有机氮)，或者通过自然的物理过程(在闪电的作用下，氮气转化为硝酸盐)，或工业过程(化肥和炸药的制造)。

含氮(Nitrogenous)用于描述含氮化合物(通常是有机)的术语。蛋白质和硝酸盐是含氮化合物。

氮氧化物[Nitrogen oxides(NO$_x$)]一种标准空气污染物。氮氧化物是由汽油和煤等燃烧燃料产生的。氮氧化物是烟雾的前躯体，其与挥发性有机化合物反应形成烟雾。氮氧化物也是酸雨的主要成分。

噪声(Noise)噪声引起人烦躁，或音量过强而危害人体健康的声音。

非水相液体[Non-aqueous phase liquid(NAPL)]残留在地下的与水不互溶的液体污染物。

非达标地区(Non-attainment area)一个标准空气污染物水平高于政府标准允许值的地理区域。一个单一的地理区域可能有一个标准空气污染物达到了可接受水平，但是有一个或多个其他标准空气污染物为不可接受的水平。因此，一个地区可以同时是一个达标和非达标的地区。估计有60%的美国人生活在非达标地区。

非点源(Non-point sources)难以分辨出是单一源头的弥漫性污染源。降雨时雨水从陆地流到河流、湖泊、海洋和其他水体，在这个过程中污染物被冲刷扩散。

非点源评估(Non-point source assessment)在一个流域水平上对各地的水

进行评价，由一些非点源污染相关的水质影响标准得到的不同级别的计算值组成，进而出现了：①这些标准分为三个级别；②创建了一个类似于排名的一整套非点源污染水质分配表。

非点源污染(Non-point source pollution)与单一排放源不同的污水排放源，包括雨水侵蚀，从道路、农场和停车场排放的地表径流以及从土地污水处理系统渗流出来的水。

营养物质(Nutrient)被生物同化(吸收)并促进生长的物质。氮、磷是促进藻类生长的营养物质。还有其他必要的微量元素也被认为是营养素。

营养循环(Nutrient cycle)营养物的转变或变化方式，即从一种形式转变成另一种形式，直到营养物回到原来的形态，从而完成一个周期。

营养敏感水域(Nutrient sensitive waters)受到宏观和微观植被过度生长限制的水域，这些水域需要对营养物质进行额外的管理。在一般情况下，点源和非点源污染控制的管理策略都是为了防止营养物质增加到超出背景值。

辛烷值(Octane number)汽车燃料的汽油抗爆性能的数值度量。辛烷值越高，抗爆性能越好。

辛醇-水分配系数[Octanol-water partition coefficient(Kow)]化合物在正辛醇中的溶解度与在水中的溶解度的比值。随着Kow的增加，水中的溶解度降低。

臭气(Odor)能刺激嗅觉器官的气体、液体或颗粒物的性质。

隔油池(Oil interceptor)一种采用重力作用，通过限制流量和溢出率消除小油滴的设施。

现场(Onsite)单独的家庭或小社区的局部污水处理。

不透明度(Opacity)大气中颗粒物污染所遮挡光的数量。不透明度是用来作为一个颗粒控制系统性能变化的指标。

有机(Organic)来自动物或植物的物质。有机物质都含有碳元素(无机材料是矿物的化学物质)。

有机物质(Organic compounds)一大类化学物质，主要由碳、氢、氮和氧元素组成。所有的生物都是由有机化合物组成的。

有机负荷(Organic loading)处理单元每天去除BOD的量。

有机废弃物(Organic waste)主要来源于动物或植物的废弃材料。有机废物一般可以被细菌和其他微生物所消耗。无机废弃物是来自矿物的化学物质。

有机物(Organics)指由碳原子组成的化合物。这些化合物可能是天然材料(如动物或植物源)或人造材料(如合成有机物)，也可能是动物或植物的任何形式。

排水口(Outfall)污水排放到受纳水体的地方。

优质水源(Outstanding resource waters)特定的水资源,位于特定的水域或者国家具有娱乐、生态意义而需要特殊保护,以维持现有功能的水域。

地表漫流处理(Overland)将污水有组织投配在有植被覆盖的、土壤渗透系数相对很小的斜坡地上的污水处理方法。废物被植被和微生物所净化,净化后的水被捕获在斜坡的底部。

氧化处理(Oxidation)在细菌、化学物质或氧作用下,将有机材料转化为更稳定的形式的方法。

氧化塘(Oxidation ponds)是以藻类和细菌的作用进行生物氧化处理污水的池塘。

直接氧化(Oxidation direct)是指在没有微生物的作用下,直接采用空气或者氧化剂(例如氯气)氧化污水中的物质的方法。

氧化处理污水过程(Oxidation sewage)指在有氧条件下,通过生物作用,污水中所含的有机物被转化为一个更稳定矿物形式的过程。

耗氧量(Oxygen consumed)氧气消耗是用高锰酸钾处理溶液中有机物的所消耗数量,折算成氧的数量来表示。通常是指含碳化合物的指标。必须指定时间和温度。

需氧量(Oxygen demand)化学需氧量和生化需氧量是指一种物质在降解时消耗氧的量。例如废弃的食物、枯死的植物,或者动物组织等物质,在化学或生物分解时需要消耗水中的溶解氧。

臭氧(Ozone)一种气体,是氧气(O_2)的同素异形体。空气中的氧气分子由两个氧原子组成。由三个氧原子结合在一起形成的是臭氧分子。在自然界中,当雷击时会产生臭氧,在其附近可以闻到刺鼻的气味。高浓度臭氧气体存在于平流层。平流层臭氧屏蔽了来自太阳光中的有害射线——中波紫外线。雾霾中的主要成分是臭氧。地面臭氧是煤、汽油和其他燃料燃烧产物以及溶剂、涂料和发胶等化学产品反应的产物。

臭氧层破坏(Ozone depletion)平流层臭氧的减少。平流层臭氧可以屏蔽紫外线辐射。某些含氯和/或溴的化合物催化破坏平流层的臭氧分子,导致臭氧层破坏。

磷[P(Phosphorus)]磷是污水中的一种营养物质,是地表水中藻类生长的重要因子。

颗粒(Particle)一种相互分离的小尺寸固体和液体物质。

粒度分析(Particle size analysis)测量颗粒尺寸和确定颗粒形状的方法。

粒度分析(granulometric analysis)确定颗粒大小分布的操作。

微粒(Particulates)在气流中的固体物质,在常温、常压下是固态。

微粒PM10(Particulates: particulate matter)是一种标准的气体污染物,是空气中当量直径小于或者等于10μm的细颗粒。微粒物质包括灰尘、烟灰和其他被释放到空气中的固体物质的微小碎片。PM10颗粒物的来源是卡车和公交车等燃烧柴油等燃料,垃圾的焚烧,化肥和农药的使用,道路施工,工业排污如钢铁、采矿等,农业废物燃烧,以及着火后的场所和燃烧木头的炉子。颗粒物污染可能刺激眼睛、鼻子和嗓子,以及产生其他健康问题。

微粒PM2.5(Particulates: particulate matter)包括与空气动力学直径小于或等于一个2.5μm的微小颗粒。这部分颗粒物能够最深穿透到肺部。

致病(Pathogenic)引起或者危害人类的疾病。

致病生物(Pathogenic organisms)在宿主(如人)的微生物包括细菌、病毒或者囊肿,可导致疾病(贾第虫、隐孢子虫病、伤寒、霍乱、痢疾)。有许多类型的生物体不会引起疾病,这些生物被称为非致病性微生物。

病原体(Pathogen)致病的生物质,如细菌、病毒或真菌。

最高负荷(Peak demand)水处理厂、泵站或配电系统上的最大瞬时负荷。这种负荷通常是1h或更少的时间内最大平均负荷,但可以被指定为瞬时复合或者是其他短时间内的瞬时负荷或负载负荷。

峰值水平(Peak levels)一个比平均水平高的空气污染物水平。可能是几分钟或者是几小时的突然释放引发的,也可能是由于超过几天的长期积累引起的。

峰值因子(Peaking factor)最大流量与平均流量的比率,如最大小时流量或最大日平均流量与平均流量的比值。

穿透率(Penetration)离开与进入过滤器、灰尘分离器或液滴分离器的颗粒浓度的比例。

饱和度(Percent saturation)溶解在溶液中的一种物质的数量与该物质可以溶解到该溶液的最大数量的比值,以百分数表示。

感觉噪声级(PNL)[Perceived noise levels(PNL)]飞机的噪声用感知噪声水平来描述(PNL)。表示噪声吵闹程度,单位是pNdB。

渗流(Percolation)液体通过过滤介质的流动。

操作标准(Performance standard)一种污染物散发或者排放的限值,可以用散发或排放的标准来表示,也可以用特定操作程序的要求来表示。

渗透率(Permeability)多孔介质如土壤传输流体(液体或气体)的能力,是土壤对流体流动阻力的量度。渗透率与流体黏度和密度一起,用来确定流体的传导性。

磷(P)[Phosphorus(P)] 所有生命形式的化学元素和必需的营养素,正磷酸盐、焦磷酸盐、三聚磷酸钠、三聚磷酸盐和有机磷的形式。各种形式的磷以及它们的总和(总磷),以mg/L表示,在自然水域和污水中几乎全部是磷酸盐,地表水中磷的浓度超过一定水平后可能导致富营养化。

无机磷(Phosphorus, inorganic) 从矿物来源的磷形态,如磷酸盐、焦磷酸盐、三聚磷酸钠。

有机磷(Phosphorus, organic) 主要由生物作用形成的磷。污水中有机磷的来源包括动植物残体、食物残渣以及在生物处理过程中转化得到的磷酸盐。

物理处理废物方法(Physical waste treatment process) 物理处理过程主要包括压实、筛分、粉碎、澄清(沉淀和气浮)、过滤。虽然化学或生物处理是重要的处理方法,但是物理处理方法也是不可缺少的。

物理-化学处理法(Physico-chemical treatment) 为实现某一特定目的而采用的物理和化学组合处理方法。

测压水头(Piezometric head) 由于静压作用从含水层中的出水能力。在非承压水层中的测压水头与地下水位高程相同。对于承压含水层,测压头可能高于也可能低于地下水位。

管线、网(Pipeline) 用于工厂之间运输流体的管线及辅助设备所组成的系统。一条管道从一个接收口延伸到另外一个接收口(包括接收口、连接管道和阀门);如果没有安装接收口,则在工厂边界内使用隔离阀,或者再使用一个进口阀。

地膜(Plasticulture) 通常应用于水果和蔬菜等农业生产中,土地上覆盖了大量的塑料,有助于土壤的保温和控制杂草生长。也能保护土地,使雨水迅速排出,以尽量减少土壤中过多的水分。

烟羽(Plume) 给定排放源排放出的可观察到、可测量的污染物,可根据林格尔曼黑度来测定。

点源污染源(Point source pollution) 一个可以找到明显排放源头的特定排放源,例如管道、沟、容器、井等,再如污水处理厂或者工业企业的排放口。从工业企业、污水处理厂或者其他企业排放的污水不管是处理过或未经处理过,都可以追溯到一个单一的排放点。

持久性污染物(Pollutant, conservative) 在环境中不易降解的污染物,主要是在进入接收水体后通过自然流稀释而得到降低。这种污染物包括金属等。

非持久性污染物(Pollutant, Non-conservative) 在混入接受物流被稀释后能够通过自然的生物降解或其他环境降解方法去除污染物。

污染物质[Pollutants(pollution)] 在大气中不希望的化学物质或者其他性质

的物质。这些污染物质对人体健康、环境和财产都有不利影响。这些污染物可能是气体或蒸气,也可能是一些非常微小的固体颗粒,如灰尘、烟尘或烟雾。

污染(Pollution)农业、民用或工业废弃物(包括废热和放射性废物)引起的水体损害(降低)。天然水体质量改变,以致于影响水的有效功能,或者影响水体的透明度、味、嗅,或者产生污染物足够多,以致于对人类健康或环境产生潜在威胁。

人口当量(Population equivalent)指某种工业废水的有机污染物总量,用相当于生活污水污染量的人口数表示。

多孔性(Porosity)①岩石或某些合成物质等的开放空间或空隙;②这些开放空隙占总体积的比例;③岩石或者一些松散沉积物中常常被水、气体而不是固态物质占用部分的体积分数。孔隙度是一个无量纲的量。

多孔层(Porous layer)具有很多小尺寸空隙的透水层,这些空隙一般称为"孔"。

反硝化作用(Postdenitrification)废水的一种生物处理过程,曝气池出水进入厌氧区,在厌氧条件下去除氮的过程。由于缺乏有机碳,通常需要投加甲醇。

氯消毒(Postchlorination)在污水厂排水中加入氯,是污水厂的深度处理单元,起到消毒作用。

场地生态修复(Postharvest site restoration)对于所有因道路、路面等产生污染的场所进行生态修复的活动,例如进行植树造林等。

饮用水(Potable water)不含有害污染物、矿物质和病原体的水,这些水可以饮用。

预曝气(Preaeration)在处理的初始阶段向污水中加入新鲜空气,增加氧气,去除气体,促进浮选和助凝。

污水的预氯化(Prechlorination(wastewater)) 在污水处理的收集系统或者在污水处理厂前端添加氯,主要用来除味和腐蚀控制。也适用于提高消毒,减少处理厂的BOD负荷,控制某处理单元的气泡,有利于除油。

沉淀(Precipitation)一种溶解性物质析出后形成固态形式而分离的过程。悬浮在气流中的颗粒在电场或者温度场作用下被分离的操作。

三卤化物前驱体(Precursor, THM)在所有地表和地下水中发现的天然有机化合物。这些化合物可能与卤素(如氯)反应形成三卤甲烷(THMs)。

前置反硝化(Predenitrification)将缺氧区置于曝气池的进水端,除去氮的生物处理方法。污水中的有机物质作为反硝化细菌的碳源。

预处理方法(Preliminary treatment)去除可能会影响污水处理单元正常运行的金属、岩石、破布、沙子、蛋壳及类似的物质。预处理方法采用诸如格栅、筛网、沉砂池等设备。

压力梯度(Pressure gradient)在一个给定的介质中的压力差,从高压到低压运动的趋势。

预处理(Pretreatment)在二级处理、深度处理之前对污水进行处理的设备或者组合设备。这种处理的设计要满足一级、二级、三级和/或消毒处理标准。

预处理设施(Pretreatment facility)工业污水处理场由一个或者多个处理设施组成,这些设施用于去除污水中的污染物,以便排放的污水满足美国环保署和分类预处理法规,或当地禁止排放的要求。

定期维修(Preventive maintenance)使用适当的工具、试验和润滑剂对机器或其他设备进行定期维修。在发生问题导致设备故障之前,进行这种维护可以延长设备和机器的使用寿命,并可以通过检测和纠正问题提高其效率。

初澄清池(Primary clarifier)一种由矩形或圆形槽组成的污水处理装置,该装置可以去除污水中那些易沉或者漂浮的污染物。

初次沉淀池(Primary settlement tank)主要从原污水中去除大部分固体颗粒的池子。

一级标准(Primary standard)基于健康影响的污染限值。此处的一级标准指的是空气污染物标准。

初级处理(Primary treatment)由于污染物质和流体密度差异,可以通过上升或者沉淀的方式进行水质净化的处理方法。这个过程包括筛选、除砂、沉淀、污泥浓缩。这种污水处理方法一般采用矩形或者辐流式池子,采用沉淀或者气浮方式去除污染物质。

初级污水处理方法(Primary wastewater treatment)砂、细砂和大的固体颗粒通过筛网、沉淀池和/或气浮池、污泥浓缩池得以除去的方法。

优先污染物(Priority pollutants)美国环保署提出了126种有毒污染物名单。这些物质可能出现在水体中对环境产生危害。由于这些物质存在着已知或未知的毒性,因此往往受到管控。这些物质的毒性已被人类流行病学研究或在受体动物的致癌性、致突变性、致畸性的实验中得到证实。对鱼类和野生动物的毒性与急性或者慢性影响有关,人类食用鱼类后会得到富集。持久性(包括移动性和可降解性)和可处理性也是重要因素。

过程变量(Process variable)在污水处理厂或工业工厂运行过程中可以被测量和控制的物理或化学参数。

轴流式通风机(Propeller fan)空气从轴向流入叶轮并沿轴向流出的风机。

原生动物(Protozoa)一组最原始、最简单、最低等的动物(通常是单细胞的、好氧的生物),有时这些原生动物聚集在一起,经常以细菌为生。

普鲁士蓝(Prussian blue)可以用来显示出接触区域的糊状或液体染料。

嗜冷菌(Psychrophilic bacteria)一组可以在温度低于20℃的环境下生长的细菌。

pH值(pH value)一种可以显示溶液酸度或碱度微小差别的常规测定方法。中性时pH值为7;数值越低表示酸性增强,数值越高表示碱性增加。

初级污水处理方法(Primary waste treatment)通过机械方法分离污水中的固体、油脂和污垢的方法。通过絮凝剂的作用,可以去除50%~65%的悬浮颗粒。通过初级污水处理去除的固体颗粒中大约含有原水中30%~40%的BOD。

潜在的排放量(PTE)[Potential to emit(PTE)]一个排放源排放一种特定污染物或者一类污染物的能力,通常采用t/a来表示。

净化方法(Purification)采用自然或者其他方法从一个给定的介质中去除污染物的方法。例如从气体介质中去除全部或者部分不需要的污染物质。

质量保证/质量控制(QA/QC)[Quality assurance/quality control(QA/QC)]采用的一系列程序、检查、审查和纠错措施,保证所有的研究设计和操作、环境监测和样品采集以及其他技术和报告活动达到所要求的数据质量目标(DQO)。

雨水(Rain water)大气降水产生的水,尚未溶解陆地上的水溶性物质。

额定流量(Rated flow)按照制造商规定的使用条件,或者在利益相关方协商一致的使用条件下分离器的气体流量。

原污水(Raw wastewater)未经处理的污水处理厂进水或者污水。

原水(Raw water)来自于天然水源地的水,例如井水或者地表水。

试剂(Reagent)可以参与化学反应并被用于检测和测量另一种物质的物质。

石灰回收(Recalcination)污泥中的碳酸钙加热到980℃转化成石灰的回收过程。

再碳酸化作用(Recarbonation)二氧化碳被注入到水中降低pH值的过程。

接收体(Receiving body)处理或未经处理的废物所排放到的河流、湖泊或者其他水体。

收纳水体(Receiving water)处理或未经处理的污水排放到河流、湖泊、海洋或者其他地表水体和地下水。这就意味着河流、湖泊和其他水体都可能是处理或者未处理污水的收纳水体。

往复式内燃机[Reciprocating internal combustion engine(RICE)]一种发动机,空气和燃料被引入到发动机中的气缸中,由活塞压缩,并由火花塞点燃。在气缸内,燃料燃烧产生热能,通过气体膨胀按顺序推动活塞,并将能量传递给曲轴,使其旋转,转化成动能。

再生水(Reclaimed water) 经过注入生物处理和其他深度处理系统后的可以重复使用的水。

还原剂(Reducing agent) 任何物质如金属(铁)或硫离子等很容易失掉电子的物质称为还原剂。相反的,容易得到电子的物质称为氧化剂。

还原反应(Reduction) 还原反应是加氢、去除氧的过程,或电子增加到一个元素或者一个化合物的过程。在厌氧条件下,硫化合物被转化成臭气物质如硫化氢(H_2S)和其他化合物。

新配方汽油(Reformulated gasoline) 特殊的汽油,这种汽油中的挥发性有机化合物(VOC)含量很低,有害气体污染物也很少。

难降解指数(Refractory index) 衡量一个物质会被细菌降解的能力。

耐火材料(Refractory) 当处于焚烧炉或类似的产生高温的设备内,仍然能够保持其形状和化学成分的材料。

林格尔曼黑度(Ringelmann chart) 用不同比例黑度对烟气浓度进行评价的一种方法。共分为六级,分别是: 0、1、2、3、4、5级。林格曼等级为1级时相当于20%的黑色; 林格尔曼等级为5级时,为100%的黑色。它们是用于测量从烟囱和其他排放烟气的污染源排放出烟气的不透明度或者是等效模糊度的方法。

修复(Remediation) 在不改变系统原有结构、形式情况下,纠正故障或缺陷的行为或过程。

余氯(Residual chlorine) 在一个给定的接触时间后,剩余的游离和/或有效氯的量。

残留物(Residuals) 在经过污水处理后,新产生或未处理掉的固体颗粒物。包括垃圾、砂砾、泥沙、污泥、污水、生物残渣、油脂等,也包括那些超过其使用寿命需要处理的部分,例如过滤器中的砂子或者泥炭等。由于其不同的特点,这些物质应该根据相应的规定采用不同的管理方法。

剩余饱和度(Residual saturation) 在多孔介质中的毛细管和封闭孔中保持一种不动状态的水或者油组分的数量。

呼吸(Respiration) 有机体在生命过程中使用氧气并释放出二氧化碳的过程。

防毒面具(Respirator) 用来保护佩戴者不受危险气体危害的装置。

延迟/停留(Retardation) 由于吸附和溶解的差异,污染物在地下水中的运动受到影响而减缓。

停留时间(Retention time) 水、污泥或者固体物质在澄清池或者沉淀池的滞留时间。

回流空气(Return air)从空调、加热或通风装置重新回到室内的空气。

回流污泥(Return sludge)由二次沉淀(或沉淀区)分离出来，回流到生物段的再次利用的活性污泥。

污泥回流比[Return sludge ratio(R/Q)]回流污泥量与进水流量的比值。

回用(Reuse)水或者污水在排放之后再被其他用户回收使用。

河岸(Riparian)水体的一部分，水体与陆地的边界。

抛石(Rip rap)保护性的覆盖物，通常是石头或粗糙的砾石，主要是用来保护斜坡不受侵蚀。将碎石、卵石或巨石放置在某些地面上，如放置在大坝或者河流的堤坝，以保护其免受流动或者波动的侵蚀。

污泥上浮(Rising sludge)污泥上浮发生在二次沉淀池中，通常由于二沉池底部污泥压缩较紧，在反硝化的作用下，导致污泥浮到液面以上。

风险评估(Risk)主要是评估暴露在一种有害物质和暴露可能带来的危害之间的关系。

径流(Runoff)降水从形成表面流并流至下水道或者河流的那部分雨水。

径流减少(Runoff reduction)采用存储、渗透和/或植物吸收等方式，减少雨水径流量的方式。

径流量(Runoff volume)在某个特定地区，除去地表储存、渗透、蒸发和拦截等剩余的降水量。

Run-On雨水、渗出液或者其他液体排到污水处理单元的过程。

盐度(Salinity)水中的盐浓度。海水中盐含量约为1.8%。

盐水分类(Saltwater Classifications)(见分类表)SA级：适合养殖和利用潮汐咸水利用的方面。SB级：此类海水主要用于一级娱乐，例如游泳等；SC级：主要用于二级娱乐，例如垂钓、水生生物的生存；所有海水等级都需要在这个最低的保护用途之上。

采样线(Sampling line)所有采样点位于同一水平面上，采样线便是穿过这条采样面的线。

采样面(Sampling plane)采集所有样品的采样点所处的平面。

采样点(Sampling point)在采样线上每一个可以采集样品的采样位置。

采样位置(Sampling position)在一个管道中可以采集到样品的位置。

砂子(Sand)粒径在0.05~2.0mm的固体颗粒。

污水收集系统(Sanitary collection system)用于收集和输送污水至污水处理厂的管路系统。

下水道(Sanitary sewer)为实现将污水或来自居民家中、商业、工业污水运输到公用污水处理厂的管网。雨水径流或未受污染的水应该通过独立的管网收集并输送到天然水域。

卫生污水(室内)(Sanitary wastewater(domestic))包括来自厕所、淋浴和厨房等处的污水,这些都源于人类的室内活动。

饱和区(Saturated zone)土壤颗粒之间以及毛细管区内的所有空间都充满水的区域。

水垢(Scale)在一定条件下,在收集管内部产生的矿物盐和细菌结合物。在极端情况下,水垢会产生附加的摩擦力,影响水流流动。垢也可以产生在管子的表面。

筛(Screen)①多孔材料或圆柱体或者圆形的网状设备,在特定流量/压力条件下,允许小于孔大小的颗粒通过;②使用多孔材料或网状设备,目的在于以颗粒尺寸对不同的颗粒进行分类。

洗涤器(Scrubber)一种使用高能液体喷雾去除空气流中的气溶胶和气态污染物的空气污染控制装置。一般采用吸收或者化学反应去除气体物质。

浮渣(Scum)浮于水或者污水表面一层像薄膜样的杂质(例如油脂、油);残留在下水道或者湿井壁上的沉积物;漂浮的固体物质;通常,脂肪类物质易漂浮在污水中。

密封件(液压密封件)[Seals(Hydraulic Seals)]密封件(液压密封件)是用来隔绝下水道系统的各个部分相互串通,阻止蒸汽扩散和火灾、爆炸的蔓延。

二次澄清池(Secondary clarifier)该污水处理设施由一个矩形或圆形槽组成,主要功能是通过沉淀或者浮选去除那些在预处理单元未处理掉的物质。

二次颗粒(Secondary particulate)通常是在几小时或几天才能形成的颗粒物,其空气动力学直径为$0.1\sim1\mu m$。其中一部分颗粒物,特别是那些含有硝酸铵的颗粒,在气相和颗粒相之间存在着挥发和凝结过程,该过程维持着化学平衡。

二次沉淀池(Secondary settlement tank)生物过滤器或者活性污泥池的出水进入该反应池,以沉淀去除固体或者腐殖质。

二级标准(Secondary standard)基于诸如对财产、植物或者能见度的破坏的环境影响设置的污染限值。大气污染物标准设置有二级标准。

二级处理(Secondary treatment)一种用于将溶解或悬浮的物质转换成更容易从水中分离的污水处理方法。通常,这种处理方法位于一级处理(如沉淀池)之后。生物处理池是典型的二级处理工艺,之后为二次沉淀池,在二次沉淀池中固体颗粒从水中去除。

二次废物处理法(Secondary waste treatment)这种处理方法是采用曝气

和生物氧化阶段的处理，以分解溶解的和呈胶体状的有机污染物的各种处理单元（无机植物营养成分也可能被部分去除）。

二级污水处理（Secondary wastewater treatment）采用生物方法去除水中的有机物质和固体物质的污水处理方法。二级污水排放限值通常为：BOD_5为30mg/L，TSS为30mg/L。

沉积物（Sediment）一些陆地表面冲刷或者侵蚀出来的土壤颗粒。泥、沙、黏土、粉土、有机物质等颗粒传输到水中并沉降下来，即为沉积物。

沉淀（Sedimentation）从液体中沉淀出来的固体物质，可以采用减少流体的速度，以增强凝聚和絮凝的作用，实现分离目的。投加絮凝剂和助凝剂有助于沉淀。在重力作用下使悬浮颗粒物沉降下来。沉淀过程可以实现悬浮物质从水或者污水中分离。

污水的沉淀（Sedimentation (wastewater)）污水中悬浮物的沉淀和沉降过程。沉淀通常是在重力作用下，污水的速度降低以实现悬浮物的去除。

沉积设施（Sedimentation basin）澄清池、沉淀池。在一段时间内，采用重组分沉降到池底、轻组分上浮到水面上的方法处理污水的池子。

沉淀池（Sedimentation tanks）在静止情况下，悬浮物质沉降到池子底部，并通过刮泥机将其刮至污泥斗中并通过泵抽出。同时，悬浮固体（如油脂、油）上升到池子表面，并被刮至浮渣管排出。

接种污泥（Seed sludge）在污水处理过程中，接种污泥、污泥培养等所提到的污泥是包含大量微生物的污泥。当污水中加入接种污泥后，生物分解过程就会很快发生。

自净化（Self-purification）受污染水体自然净化的过程。

分离器（Separator）将悬浮物从气流中分离出来的装置，例如固体颗粒采用过滤器和除尘器，液体颗粒采用过滤器和旋液分离器，其他分子采用气体净化器。一个地下污水处理池通常是用来处理单个家庭的污水，污染物质通过厌氧菌将其分解。

化粪池垃圾（Septage）在预处理系统中积累的物质。这些物质包括浮在池子上的油脂和浮渣、沉积在池底的污泥。

恶化（污水）[Septic(wastewater)]在厌氧菌作用下产生的后果。如果严重，污水缺少溶解氧会产生硫化氢、变黑、释放出难闻的气味。

化粪池（Septic tank）在一些污水无法收集或者无法及时处理的地方有时采用的处理设施。这套设施由几个沉淀池组成，在池子里，污泥和悬浮浮渣与固体有机物充分接触，并通过微生物将有机物分解。用于处理污水，并将产生的污水流入过滤器等系统，进行其他方式处理。也称为"截流井"。

化粪池出水系统[Septic tank effluent pump(STEP)system]一种污水处理设施，一套可以将污水从化粪池通过泵输送至下水管道的设施，污水可以自流至污水处理厂等。

腐败性(Septicity)在这种情况下，在无氧条件下，有机污染物被分解成臭味气体。这与游离氧的缺乏有关。如果严重，污水缺少溶解氧会产生硫化氢、变黑、释放出难闻的气味。

串联运行(Series operation)污水采用依次通过相同处理单元的处理方式。

沉降(Settling)通过降低流体流速至某一流速，将下降悬浮物通过沉降方式去除的方法。

沉降时间(Settling time)在重力作用下，颗粒静止、聚集、沉降或者形成胶体所需要的时间。

污水(Sewage)从医院、居民家庭、工业企业等排放出来的液体。社区内污染了的水。社区通过下水道排放出来的污水。居民家使用完的水和携带污染物的水需要排入污水处理厂处理。这种水一般称为"污水"。

污水处理厂出水(Sewage effluent)通过污水处理厂处理后的污水。

排水系统(Sewage system)污水处理系统是一种由多个用于输送地表水和污水进入处理系统的各种排水管网组成的系统。

污水管(Sewer)在排水系统中用于输送污水至处理厂的各种地下管线或开放通道。一种用于排水的管路或水渠，常称为"收集线路"。

污水(Sewerage)污水处理系统是指污水渠及其附属工程系统，将污水从其来源输送到一个处理工程或其他处理的地方。

污水输送系统(Sewerage)将污水从源头输送至处理厂或者其他处理设施的系统及辅助设施。

采样现场(Site)可以在此进行采样的位置。

沉淀污泥(Sludge)沉淀池内从污水中沉淀下来的悬浮物。沉淀下来的这些悬浮物质往往是固体和水的混合物，也包括二级或者三级处理产生的剩余污泥。这些剩余的生物污泥可作为土壤改良剂，堆肥后应用于农业生产。

污泥脱水(Sludge)从污泥中去除剩余的水，水可以回用，干燥的污泥可以再利用或者进行处置。

污泥消化(Sludge digestion)将污泥中的有机物转化为气体、液体或更稳定的固体形式的过程。通常采用厌氧或者好氧方式进行消化，其中厌氧消化更加常见。

污泥气化(Sludge gasification)可溶性和颗粒有机物通过厌氧分解转化为气

体的过程。将产生的气泡再次通回到污泥中，致使污泥上浮，然后进行操作。

污泥回流(Sludge return)将沉淀污泥进行浓缩后返回到发酵池中进一步处理，以维持处理设施内的微生物量。

污泥容积指数(SVI)[Sludge volume index(SVI)]这是一个用来表示活性污泥固体在二沉池浓缩趋势的指标。从曝气池中采集一定量的混合液沉淀30min以计算SVI。同时，需要计算在此混合液中悬浮物质的浓度。计算SVI，需要计算沉淀污泥的体积比(mL/L)及污泥浓度(g/L)。当SVI超过100μL/g污泥，表示形成的是泥浆、污泥床，或者是体积庞大的污泥。

烟雾(Smoke)燃烧产生的可见气溶胶。注意：在一些文献中，烟根据林格尔曼数来分级，分别是指定量的林格曼数。燃烧后产生的气流中有颗粒物。

烟雾(Smog)大气中污染物质混合形成的，主要是近地面大气层由于化学反应产生烟尘类化学物质。这些烟尘物质主要来自于燃烧石油燃料，如汽油。其他的烟尘物质包括挥发性有机污染物，例如一些涂料和有机溶剂的挥发产物。这些烟尘有害健康、破坏环境、降低能见度。大部分雾霾天气发生在交通繁忙、强烈太阳光、高温和无风的条件，或者是逆温条件(即暖空气接近地面而无法上升的气象条件)。

声音(Sound)声音是一种物体振动体发出的能量形式，声音在到达耳朵时，通过神经系统引起听觉器官所感知的波动现象。

源(Source)释放污染物的任何地方或物体。电厂、工业企业、干洗店、加气站，或者是农场等都可以成为一个污染源。汽车、卡车和其他机动车辆也是一种污染源。产品的使用和工厂中设备的运行也可以成为一个污染源。

软化(Softening)从水中去除大部分的钙、镁离子。

软化液体(Soft liquid)蒸汽压高于当时的大气压力的液体，例如，乙烯、液化天然气、液化石油气。

土壤(Soil)①地球表面上松散的矿物和/或有机物质，可以成为植物生长的介质；②地球表面上松散的矿物和/或有机物质，可以反映成土的和环境因素的影响，包括水和温度的影响，以及在一定时期内大型生物和微生物对原有环境的影响。

土壤吸附系数(Soil sorption coefficient)在土壤中有机化学物质溶解于水相和被附着、吸附到土壤颗粒，形成有机碳的优先顺序的定量指数。

固体沉淀量(Solids, settleable)在规定时间内，悬浮固体沉淀下来的量，用mL/L来表示。

固体悬浮量(Solids, suspended)在特定条件下，在2μm(或者更小)孔径滤膜下截留下的颗粒数量。

总固体[Solids, total(TS)]在103~105℃下将样品蒸发烘干残留下的物质。总固体包括悬浮固体和总溶解性固体,用mg/L来表示。

总溶解性固体TDS[Solids, total dissolved (TDS)]样品通过2.0μm滤膜后在180℃恒温下烘干所得到的物质,用mg/L来表示。

总悬浮固体[Solids, total suspended(TSS)]液体中的所有悬浮物的量,用mg/L表示;混合液首先通过通过一个标准的玻璃纤维滤纸和残渣,将残留在滤膜的物质在103~105℃下干燥至恒重;在滤膜增加的这部分重量代表的就是总悬浮固体量。

土壤测试(Soil test)为了确定营养物质或为了某种植物的生长,改善其环境而进行的化学分析。

固体废物(Solid waste)从污水处理厂、净水厂、空气净化器或者其他设施排放的固体废物,包括固态的、液态的、半固态、气态物质,这些物质也来自工业、商业、矿业、农业操作和人类活动。另外,这些固体废物不包括放射性源、特殊的核素和/或这些物质的副产品。

溶解度(Solubility)一种物质溶解于一定介质中的数量,一般是水。

烟炱(Soot)由于不完全燃烧在排放前沉积下来的碳质颗粒团聚体。

吸附(Sorption)去除从溶液中采用吸附或吸收方法清除的离子或分子。通常用于确切机制不清晰的去除术语。

特殊许可指令[Special order by consent(SOC)]环境管理委员会和国家污染物清除系统的履行者制定的行政指令,在某种程度上,国家污染物清除系统许可的修改限制是双方达成一致的,并提供临时的限制和条件。

碱中和(Springing)采用废碱液中和法分离酸性油(酚或环烷酸)的方法。

固定源(Stationary source)污染物从固定的一个源头排放出来。典型的固定污染源包括电厂、加气站、焚烧炉和烟囱等。

灭菌(Sterilization)灭活或者去除所有活的生物体(包括植物和孢子形式)以及病毒等的过程。

雨水管网(Storm drain)将雨水输送到公共水域而不是污水管网的管线或者沟渠的系统。

雨污水(Storm sewage)一种混合了雨水或者雪水(冰)的污水和地表水。

雨水管理设施(Stormwater management facility)控制雨水径流量和改变径流特性的装置,这些径流特性包括数量和水质、径流时间、流动速度等。

雨水管理计划(Stormwater management plan)用于描述如何影响径流特征

的文件,该文件通过土地开发计划和符合当地要求的方法来实施。

雨水径流[Stormwater runoff(SRO)]在暴雨后地表水量有一定的流量波动。这些雨水冲刷地面,携带泥沙、气、油、动物粪便、玻璃和其他废物进入接收水域后,引起城内和城郊污水问题。

分层(Stratification)由热、盐度或者由于不同的溶解氧和营养物质浓度不同,水体内部分成不同的层。

地层学(Stratigraphy)研究地下层的年代及演替;分析其形态、分布、组成及理化性质。

缓冲区(河岸缓冲区)[Stream buffers (riparian buffers)]可变宽度的区域,位于一个河流的两侧,并设计成保护河流两岸自然现状的区域。

分支管线(Sublaterals)下水道的分支管线,至少150mm的直径。从收集区域收集污水并转移到管网中的系统。

地下流湿地[Subsurface flow wetland(SF)]一种人工湿地,主要通过深砾石层或者种植植被处理污水。在这个处理系统中,污水没有暴露在空气中,避免了气味和直接接触。

地下土壤吸收 (Subsurface soil absorption)一种利用土壤处理和污水处理工程的方法。

二氧化硫(Sulfur dioxide)空气污染物的标准中规定的一种污染物。二氧化硫是煤燃烧产生的气体,特别是在发电厂。一些工业过程,如造纸和冶金企业在生产过程中也会产生二氧化硫。二氧化硫与硫酸有着密切关系,具有强酸性。二氧化硫对酸雨的产生起着重要作用。

供应水(Supply water)经过净化的水,进入供水管网或者水源的水。

表面负荷(Surface loading)一种处理厂沉淀池和澄清池的设计指标之一。常用来确定反应池和澄清池属于澄清还是超负荷。也称为溢出率。

地表径流(Surface runoff)不能被土壤吸收并在重力作用下流到地表的降水。从地表流到河流或者直接降落到输送沟渠流至河流的雨水。这些雨水包括大流量的水流,也包括细流等。这种水流一般在渗透、拦截和地表存储后产生,其水量从总降水量中扣除。

地表水(Surface water)地表的天然水称为地表水,铺砌区、屋顶、洗车污水和消防水都可以称为地表水。

表面活性剂(Surfactant) 表面活性剂是具有高清洁能力的清洁剂。

易分离数[Susceptibility to separation(STS)] 是在特定的沉淀时间后,油在水中的浓度。

悬浮固体(Suspended solids)悬浮在污水中的固体,可以通过适当的实验室过滤器去除。

悬浮颗粒[Suspended solids(SS)]悬浮在污水中的固体颗粒,采用水洗后通过玻璃纤维滤纸并在105℃下烘干定量,或者通过水洗、离心后得到的悬浮颗粒物质。

悬浮生长过程(Suspended growth processes)一种污水处理过程,处理污水的微生物和细菌悬浮在污水中进行处理的过程。污水围绕或穿过悬浮生长的生物。活性污泥法就是悬浮生长的工艺之一。这些反应器可以用于去除BOD、硝化和反硝化。

悬浮固体(Suspended solids)①漂浮在水、污水或者其他液体表面或者呈悬浮状态的固体,这些物质能够通过滤膜去除。②采用实验室分析的方法测定这些物质的量,测定方法采用水和污水分析的标准方法,通常是在103~105℃下烘干得到的总悬浮固体量。

悬浮态(Suspension)一个两相的系统,一种物质分布在另一种物质中所组成的物系,其中被分散的物质称为"分散相";分散其他物质的物质称为"连续相"。

沼泽水域(Swamp waters)具有较低的速度和自然特征不同于其他地表水的水域。

最低综合排放许可(Synthetic minor permit)对企业具有实用性、可强制执行条件的许可。这些条件限制了受规管污染物排放量,因此,该设施的实际准许排放量低于该企业主要排放源的排放水平。对于这些主要排放源,在标题V下的排放许可通常为100t/a,在非达标区VOC/NO排放量的许可为50t/a;P. D为100或250t/a;单个有害气体污染物为10t/a,全部大气污染物为25t/a。对于新的污染源审查时规定为50t/a。

最大日负荷总量[Total maximum daily load(TMDL)]一种污染物在点源和非点源排放的允许负荷之和。它是在水体可接受范围内计算的一种污染物的最大量,其仍然符合水质标准,并将水体允许的污染负荷分配到各个污染源。

水箱(Tank)保留或截留液体的一种人造容器。

污水量配池(Tank, dosing)存储出水的池子,并含有一个设备(泵或虹吸)及相关用于从另一个预处理过程或最终处理传输水的部件和零散组件的槽或隔间。

调节池(Tank, flow equalization)存储污水的池子,这个池子可以定时定量,以便随时间推移统一输送污水至后续构筑物,过程通常为一天或更长。也称为缓冲槽。

处理池(Tank, processing)用作化粪池的工艺,用以配置、接纳污水和循环水的池子,以提高去除氮的能力。

泵槽(Tank, pump)存储污水的池子,并含有一个泵及用于输送出水至另一个预处理工艺,或最终处理和处置工艺的污水量配池。

再循环池(Tank, recirculation)将两个或多个构筑物的出水混合在一起的池子,并允许部分已处理的污水再次进入上述构筑物中。

化粪池(Tank, septic)一种不透水的污水覆盖容器,它接收从建筑物排放的污水,并将液体中的固体沉淀物和漂浮物分离,经一段时间的延迟,在厌氧细菌作用下消化有机物及固体。允许处理的澄清液体排放和最终扩散及减流。

虹吸槽(Tank, siphon)提供存储污水的计量池或隔间,包含一个将池内污水输送到另一个处理过程或最终处理的虹吸管和零散部件。

技术完整性(Technical integrity)系统运行的状态下,按照指定的操作条件不存在可预见其失败的风险及对人、环境或资产价值的危害。

温度控制器(Temperature controller)通过制动控制或启动控制程序,直接或间接地响应所需温度的装置。

温度传感器(Temperature sensor)根据温度变化打开或关闭开关的装置。此装置可能是一个金属接触器,或能产生与微小电流成正比热量的热电偶,也可能是一个值随温度变化而变化的可变电阻。

三级处理(Tertiary treatment)任何为满足特定的再利用要求而升级污水处理的水改造过程。包括通过常规的处理工艺没有充分去除的一般污水或特定部分的废物清除。典型的过程包括化学处理和压力过滤。也称为"深度污水处理"。

污水的深度处理[Tertiary treatments(Effluent Polishing)]进一步去除悬浮物的污水处理。可能导致残余BOD间接被去除。使用过滤去除已经处理到中等水平的污水中的微观粒子。

三级污水处理(Tertiary waste treatment)二级处理后,澄清的污水可能需要额外的通风和其他化学处理,以破坏从二级处理阶段剩余的细菌和增加溶解氧,以提高氧化后残余的BOD含量。三级处理也可以用来脱氮除磷。

高级污水处理[Tertiary wastewater treatment(Advanced)]提高去除污水中的有机物、固体和营养物能力的生物或化学法。三级污水排放限制通常是 BOD_5 10mg/L、TSS 10mg/L。

测试流(Test flow)在钻机试验或现场试验中通过分离器的气体流量。如果没有相互约定,该值在不同额定流量时应被指定。

斜温层(Thermocline)在水内温度梯度中最大的一个热分层体。

阈限值[Threshold limit values(TLVs)]参考空气中物质的浓度，几乎所有的工人日复一日暴露也不会产生不良健康影响。它是由美国国家环境保护局的国家标准规定的，指工业废物排放的污水中可排放物质的最高浓度。

浓缩(Thickening)通过减少污泥中的水以降低必须处理的污泥体积的方法。

潮汐水域(Tidal saltwater)潮水中天然氯离子含量一般超过500 ppm，包括由环境管理委员会指定的所有S类水域。

趾墙(Toe walls)趾墙是为控制雨水、工艺和消防用水的泄漏及排水而建造较高的路缘构筑物。

最高水位[Top water level(TWL)]沉淀池、曝气池和污泥消化池中的最大水位。

总溶解固体(Total dissolved solids)总溶解固体(TDS)是所有污水中的微小有机或无机溶解固体的总和，如胶体矿物。一般情况下，颗粒必须小于$2\mu m$才会被认为是溶解的固体。例如，溶于水的盐是一种溶解的固体。因此，TDS可以从筛选或其他粗过滤中保留下来。

每日最大污染负荷[Total maximum daily load(TMDL)]来自点源和非点源污染的总废物(污染物)负荷，一个水体在接纳污染物的同时仍能保持其水质分类和标准的负荷。它是水体每天可以接纳不违反水质标准的一种污染物的最大量，对非点源、自然背景来源和点源污染物安全边际的最佳估计。也可以定义为实现减少或消除污染影响的策略。

总有机碳[Total organic carbon(TOC)]是测量的只来源于样品中有机物的碳量。它通过测量燃烧样品产生的二氧化碳进行检验。

总固体(Total solids)溶液和悬浮液中的固体总量。

总悬浮颗粒物(Total suspended particulates)悬浮在空气中的固体和液体物质。TSP被收集在过滤介质上并通过重量分析。粒子的大小由$100\mu m$空气动力学直径表示。

总悬浮固体[Total suspended solids(TSS)]悬浮在水中的所有物质(水样过滤后剩余的固体)的浓度。

有毒污染物(Toxic pollutant)在美国环保署实施的相关信息基础上，这些污染物或组合污染物经过排放，被生物直接从环境中接触、摄入、吸入和同化，或间接通过食物链接触，导致生物体或其后代死亡、疾病、行为异常、癌基因突变、生理故障(包括故障重现)或身体畸形。有毒污染物还包括那些在美国土木工程署实施的第307(a)(1)部分列出的污染物和第405(d)部分下涉及污泥管理的任何污染物。

毒性测试(Toxicity test)用生物体测定化学物质或污水毒性的一种方法。毒性测试是测量特定化学物质或污水对暴露的试验生物的影响程度。

可处理性(Treatability)水样通过给定的物质能被处理的性质。

已处理污水(Treated sewage)此污水中含有的有机物和其他物质已受到部分或完全去除或矿化处理。

处理(Treatment)用于去除污水中的固体和污染物所设计的方法、技术或过程。

好氧处理(Treatment, aerobic)有机物在含有分子氧(溶解氧, O_2)环境中的消化。

深度二级处理(Treatment, advanced secondary)使BOD和TSS减少95%并一般低于10mg/L的处理水平。

厌氧处理(Treatment, anaerobic)有机物在不含分子氧(溶解氧, O_2)环境中的消化。

生物处理(Treatment, biological)在复杂有机物分解成更简单、稳定的物质过程中,细菌和其他微生物参与的代谢活动。

化学处理(Treatment, chemical)添加化学物质以获得沉淀、混凝、絮凝、调整pH值、消毒或污泥调节等所需结果的过程。

物理处理(Treatment, physical)只用于固液分离的过滤、浮选、沉淀的物理方法,化学和生物反应在物理处理中不起重要作用。

一级处理(Treatment, primary)一种去除颗粒物的物理方法,在加入或不加入混凝剂的条件下,采用沉淀法或浮选法去除颗粒物(例如,隔油井或化粪池提供的一级处理)。

二级处理(Treatment, primary)用于去除有机物的生物或化学处理工艺。二级出水的典型标准是在30天的平均基础上, *BOD*和*TSS*的值不大于20mg/L。

三级处理(Treatment, tertiary)加强有机物、病原体和养分去除的深度处理。根据监管要求的不同,三级污水的典型标准也有所不同。

净化结构(Treatment works)任何用于存储、处理、处置或回收污水和工业废物的设备或系统,包括(但不限于)泵、电源等设备和设施、化粪池和任何工程结构,是处理过程中不可或缺的部分,也是对残留污水的最终处置。

支流(Tributary)流进一个较大的河流或江流的溪流及河流。一个水体流入到另一个较大的水体。

支流策略(Tributary strategies)一个国家流域的倡议,关于弗吉尼亚州的支流战略计划,需要发展策略和书面计划恢复切萨皮克湾和其支流的水质和生物资源。

滴滤池(Trickling filter) 作为污水二级处理方法的一种好氧生物污水处理工艺。从初沉池排出的污水分散在岩石上。污水在岩石上流动时，其中的有机物被岩石上生长的生物分解，流出物再送往澄清池，以去除来自过滤器的生物物质。

鳟鱼海水(Trout waters) 保护天然鳟鱼繁殖和放养鳟鱼生存的淡水。

总悬浮固体[Total suspended solids(TSS)] 污水中总悬浮物。顾名思义，它是在污水中悬浮的总固体颗粒(相对于溶解而言)。TSS在污水处理中的去除必须进行过滤、絮凝和消化等。TSS虽然不一定是污染物，却被美国环保署用于水体污染物的衡量。

浊度(Turbidity) 由于悬浮物和胶体物质的存在引起的水混浊现象。在污水处理厂手册中，采用浊度测量法来指示水的清澈度。从技术上说，浊度是一种在悬浮颗粒反射光基础上的水的光学性质。浊度不能直接等同于悬浮固体，因为白色颗粒比深色颗粒反射更多的光，许多小颗粒能比一个等效的大颗粒反射更多的光。任何细微的、不溶性的杂质都能影响水的清晰度。浊度是一种衡量水清晰度的现象。通常情况下，浊度是通过测定水的透光率来测量的。

浊度计(Turbidity meter) 通过将光穿过液体，测定液体中颗粒反射的光来测量和比较液体浊度的仪器。正常的测量范围为0~100NTU。

浊度单位[Turbidity units(TU)] 浊度单位是对水浑浊程度的一种衡量方式。如果用比浊计(偏向光)程序测定，则浊度单位用散射浊度单位(NTU)或简写TU表示。如果浊度单位通过视觉方法获得，则被表示为杰克逊浊度单位(JTU)。浊度单位用于表示水的清晰度。NTUs和JTUs并没有真正的联系。杰克逊浊度计是一个可视化的方法，而比浊计是一种基于偏向光的仪器方法。

超声波(Ultrasonics) 频率超过20000Hz的声音。

紫外线消毒法[Ultraviolet disinfection(UV)] 这是一种将最终流出的污水暴露在紫外线下，杀死其中的病原体和微生物的消毒方法。

中波紫外线(又称紫外线B)[Ultraviolet B(UVB)] 一种光线。在平流层中的臭氧过滤掉中波紫外线，使其不能到达地球。中波紫外线与皮肤癌、白内障、环境破坏有关系。平流层中的臭氧层变薄导致到达地球的中波紫外线增多。

超滤(Ultra filtration) 一种用于去除水溶液(含水分较多)中某些有机化合物的膜过滤过程。

非承压含水层(Unconfined aquifer) 在大气压下的含水层。通常是地下的最上层含水层，其上限是地下水位。

单元(Unit or units) 所谓的单元是指一个或者整个过程，场外区域以及/或者公用设施和设备构成了一个完整的可操作的炼油厂，或者更加复杂的炼油厂。

物理单元操作(Unit operations physical)一种以物理作用力为主导的手段去除污水中污染物的治理方法。包括絮凝、沉淀、浮选、过滤、筛选、混合、气浮。

生物单元过程(Unit processes, biological)该处理方法是采用活性微生物以去除或转化污染物质的方法，主要是将可生物降解的有机污染物转化成细胞组织或气体，以达到去除的目的。该方法也可以去除营养物质(氮和磷)。

化工单元过程(Unit processes, chemical)通过添加化学物质或其他化学反应，以去除或转化污染物质的处理方法。包括沉淀、吸附和消毒。

反梯度(Upgradient)朝着增加静压头的方向。

错误操作(Upset)因为超出了持证人的合理控制之外，出现的意外和临时性不符合许可证限制的异常事件。这些失误不包括违规操作引起的误差、处理设施的设计不当和数量不足、缺乏预防性维修设施，或者粗心及操作不当。

城市径流(Urban runoff)来自城市街道和相邻的住宅或商业地产的暴雨雨水，这些雨水携带了各种非点源污染物质到下水道系统和承受水体中。

包气带(Vadose zone)地下水位以上的多孔介质地带，该地带的毛细管压力小于大气压，因此该地带的含水量通常达不到饱和状态。包气带包括毛细上升区。

蒸气(Vapor)常温常压下，液体或固体的气相。

饱和蒸汽压(Vapor pressure)在给定温度下，物质的液体或固体与气相共存时的平衡压力。也可以说是衡量一种物质蒸发或释放易燃蒸气的趋势。蒸汽压越高，物质的挥发性越大。

蒸气回收喷嘴(Vapor recovery nozzles)在汽车加油过程为了减少汽油蒸气泄漏而采用的一种特殊的汽油泵喷嘴。蒸气回收喷嘴有几种类型，所以在各个加油站看到的喷嘴不尽相同。在1990年清洁空气法案中，要求在雾霾多发区的加油站应该安装油气回收喷嘴。

蒸气回收系统(Vapor recovery systems)在装卸汽油操作过程中，应用于收集和回收蒸气的机械系统。这些系统包括从炼油厂的储罐到运输车，在原油码头从油轮输送到输油管线，在加油站采用泵将汽油加到交通工具等。

偏差(Variance)在固定条件下，一定时间内准许在操作过程出现的偏离最大限定程度。

黏度(Viscosity)流动液体的内部颗粒相对运动时，产生的内摩擦力或者阻力必须被考虑，这个阻力称为黏度。

能见度(Visibility)从不同距离看到和识别物体的能力的测量方法。空气中的污染物如硫氧化物、氮氧化物和颗粒物都能导致能见度降低。

挥发性需氧量[Volatile oxygen demand(VOD)]在有利条件下，可能参与光化学反应形成氧化剂的化合物,通常不包括甲烷和乙烷。

挥发性(Volatile)在相对较低的温度下,可以蒸发或者转变成蒸气的物质称为挥发性物质。挥发性物质也可以从空气中部分去除。根据分析,物质的挥发性指在550℃的马弗炉内停留60min失去的部分(包括大部分有机物质)。自然挥发性物质通常是动物和植物作为来源的化学物质。不是动植物作为来源的诸如乙醚、丙酮和四氯化碳等高挥发性物质是人工制造或合成的。

挥发性酸(Volatile acids)在消化过程中产生的脂肪酸,其溶于水且在大气压下可以通过蒸馏回收。通常也称为"有机酸"。挥发酸通常等同于乙酸。

挥发性有机化合物[Volatile organic compounds(VOCs)]有机化学物质均含有元素碳(C)。有机化合物是基本的化学物质,常发现在生物体中,可以从生物体、煤、石油及炼油厂化学产品中提取。我们使用的许多有机化学物质并不是直接来自于自然界,而是通过实验室化学家们的合成。挥发性化学物质容易在室温和常压下产生蒸气。易挥发物质容易从液体化学品中逸出形成蒸气。挥发性有机化合物主要包括汽油、工业化学物质,例如苯、甲苯、二甲苯、四氯乙烯(氯乙烯,主要干洗溶剂)。许多挥发性有机化合物也都是有害的空气污染物。

挥发性固体(Volatile solids)水、污水或其他液体中的固体在550℃下烘干60min失去的那部分物质。

挥发(Volatilization)化学物质从水或液相转移到气相的过程。溶解度、相对分子质量和液体的蒸汽压与气−液/水界面的性质都会影响挥发速率。

体积、剂量(Volume,dose)①在加料期间,污水输送到分布系统的量,包括回流量、充满管道的体积和带走药剂的体积;②在需要加药的系统中,开泵和关泵标准决定输送污水的体积。

脆弱性评估(水)[Vulnerability assessment(water)]饮用水源水质及对病原体和有毒化学品等有毒物质脆弱性的评价。

洗涤器(Washer)灰尘分离器、液滴分离器或气体净化器的分类,取决于它作为收集介质的液体上的操作。

剩余活性污泥[Waste activated sludge(WAS)]为保持生物系统的平衡,必须去除的过量生长的微生物。污泥处理工艺中,为避免系统中固体堆积而去除的二沉池中的部分污泥。

废水(Wastewater)流到污水处理厂的社区使用水和水携带的固体(包括工业过程中使用的水)。进入污水处理厂的污水也包括雨水、地表水和地下水的渗流。"污水"一词通常指家庭废水,但这个词被"废水"一词取代,指代家庭、工业、农业和制造业用水产生的废水。在一个社区里,平均每人每天产生50~100gal的污水。

废水处理设施(Wastewater facilities)收集、输送和处理家庭和工业废物以及污水和污泥的管道、沟渠、结构、设备和工艺。

污水排放标准(Wastewater ordinance)授予当局的管理预处理检查程序的基本凭证。本条例必须包含一定的基本要素，提供有效执法的法律框架。

稳定塘(Wastewater stabilization pond)内铺设土壤或低透水性材料、合成材料，设置围堤，至少可存储3ft深废水的构造水池。利用阳光、自然通风或机械曝气和自然界中的细菌，通过物理、化学和生物作用分解废物，从而净化污水。通常由两个或两个以上的水池组成，并设有可促进水流通过水池的操作控制系统。污水处理厂(Wastewater treatment plant)对处理污水和工业废物的管道、设备、器件、容器和结构进行布置的一种水污染控制工厂。

工业污水(Wastewater, industrial)工业、制造、贸易、汽车修理、汽车清洗、商业、医疗等活动产生的废水或随水流失的废物。这种污水含有有毒或有害成分。

住宅污水(Wastewater, residential strength)从化粪池或其他处理装置排放的污水，该污水的BOD_5小于或等于170mg/L，TSS小于或等于60mg/L，脂肪、油和油脂小于或等于25mg/L。

原污水(Wastewater, raw)直接从来源流出的废水。

污水回用(Wastewater reclamation)对污水进行处理或加工，使其形成适用于另一种用途的水质，包括回收或再利用。

污水再循环(Wastewater recycling)就地收集和处理污水进行再生，然后返回并在同一地方继续使用的过程。例如，在同一机构收集和回收可再利用污水，随后冲厕所。

污水回用(Wastewater reuse)收集和处理污水的再利用过程，其成熟应用可达到有益的目的，如草坪灌溉。.

污水处理系统(Wastewater treatment system)用于收集、处理和分散污物或污水的构件组成。

群集污水处理系统(Wastewater treatment system, cluster)污水处理系统为两个或两个以上的污水产生场所或设备服务。这些场所和设备有多个业主，通常包括一个全面的、连续的土地利用规划设备和私人设备。

收集污水处理系统(Wastewater treatment system, collector)将污物或污水从多个来源输送到一个进行处理和扩散区域的污水处理系统，

社区污水处理系统(Wastewater treatment system, community)用于收

集、处理和分散两个及两个以上区域，或两个及两个以上的等效住宅的公共污水处理系统。

分散污水处理系统(Wastewater treatment system, decentralized)收集、处理、分散或再利用个别家庭、集群家庭、孤立社区、行业或机构设施或附近废物形成地点的污水处理系统。

个体污水处理系统(Wastewater treatment system, individual)设计用于为某一个产生污水的住宅或设施服务的污水处理系统。

现场污水处理系统(OWTS)[Wastewater treatment system, onsite (OWTS)]依靠自然过程或机械构件收集和处理一个或多个住宅、建筑或构筑物的污水，分散个人或设备产生的污水处理系统。

水污染(Water pollution)指微生物、化学物质、废弃物、污水进入水中，使其不适合它原有的用途。

水质标准(Water quality criteria)指定用途的水体的预期水质标准。标准是基于污染物的特定水平，污染物是指危害饮用水及游泳、鱼的生产或工业用水的物质。

水质标准[Water quality standard(WQS)]包括水体有益的使用或用途的法律法规，水质标准的数字和叙述说明对保护特殊水体的用途和抗降解声明是必要的。

水质标准基础上的污水限制[Water quality-based effluent limit(WQBEL)]通过使用所有适用的水质标准(例如，水生生物，人类健康和野生动物)估算出的最严格的污水限制，该限制是针对某一特殊点源，该点源是一个给定污染物的受纳水体。

水软化(Water softening)减少或去除多价阳离子的数量，这些阳离子是引起水硬度的主要原因。

潜水面(Water table)地下水的上表面或水在大气压下的地面位置。地下水饱和区的最上表面，该表面的压力与大气压相同。

水处理排放(Water treatment discharge)水处理设备的副产品，如离子交换装置的再生水，反渗透装置的废水或铁过滤器的回流水。

水井或泉(Water well or well)任何人工开挖或人为改变的自然开口，都可以通过在自然压力或是人工绘制下寻找地下水或地下水流。不包括为了生产天然气或石油的钻井勘探，建筑地基的勘察与施工，接地的电梯、电气设备，或温泉的修改开发。

集水区(Watershed)是指一个地理区域，其中的水、沉积物和溶解物排到一个共用的出口,如较大河流、湖泊、地下蓄水层、河口或海洋的一个点。指一个流域,其中的陆地和水面的水都排向或流向中心收集设施,如海拔较低的溪流、河流或湖泊。

风化作用(Weathering) 随着时间的推移,一个复杂的化合物通过物理或生物降解,被还原为简单组分的过程。

堰(Weir) 设计用来测量或控制流量的装置,由一个已知几何形状的墙或障碍物组成,垂直于流动方向放置。放置于开放通道中,用于调控测量水流量的一个墙或盘。

监测井(Well, monitoring) 为确定地下水水位及组成而建造的井。

湿地(Wetlands) 被地表或地下水频繁和持续淹没或渗透的地区,在正常情况下,适合生长在饱和土壤条件下的典型植被广泛生长。沿海湿地从河口延伸而来,包括盐沼泽、潮汐盆地、沼泽和红树林沼泽。内陆淡水湿地包括沼泽、草泽和藓沼。

整体污水毒性[Whole effluent toxicity(WET)] 毒性试验直接测量污水整体毒性。

零级空气(Zero air) 纯空气,用于校准空气监测仪器。美国环保署规定零空气是小于0.1ppm的碳氢化合物。

地带(Zone) 作为单个单元,单独管理的组件的一部分。

疏散区(Zone of dispersal) 处理区周围的土壤或岩石材料层,通过该区域的污水不需要经过最终处理和扩散设备。

饱和带(Zone of saturation) 空隙(裂缝、裂隙、孔洞等)充满了水的地层,该区域顶部的水平面是地下水面。

处理区(Zone of treatment) 在污水预处理中,去除污染物的土壤或填充材料区域,其过程包括细菌和其他成分的物理过滤,黏土和有机质吸附病毒和细菌,土壤微生物破坏病原体,磷的吸附或沉淀,含氮化合物的生物化学转换和氮磷的生物富集。

参考文献

1. Theodore L, Bounicore AJ (1982) Air pollution control equipment: selection, design, operation, and maintenance. Prentice Hall, Englewood Cliffs
2. EPA (1974) The World air quality management standards volume II", US. Environmental Protection Agency, Office of Research and Development, EPA-650/9-75-001b
3. ISO 6584 (1981) Cleaning equipment for air and other gases—classification of dust separators
4. Taback (1996) Estimating VOC emissions from petroleum industry sources, Hal Taback Company, Sept 1996 (Course notes presented at AWMA Conference on Emission Estimation, New Orleans, LA, Sept 1996)
5. U.S. Environmental Protection Agency (EPA) (1995) AP 42 Compilation of air pollutant emission factors. United States
6. USEPA (1990) Air emissions species manual, vol 1. Volatile organic species profiles, 2nd edn. Office of Air Quality Planning and Standards, Research Triangle Park, (EPA-450/2-90-001a)
7. USEPA (1993) VOC/PM Speciation DBMS. Office of Air Quality Planning and Standards, US EPA, Research Triangle Park
8. USEPA (1995a) Protocol for equipment leak emission estimates, Office of Air Quality Planning and Standards, US EPA, Research Triangle Park, (EPA-453/R-95-017)
9. USEPA (1997), Compilation of Air Pollutant Emission Factors, vol I. Stationary sources, 5th edn. Office of Air Planning and Standards, Office of Air Quality Planning and Standards, US EPA, Research Triangle Park, 1995 (AirChief CD-ROM, 1997, Version 5.0)
10. USEPA (1997) Factor information retrieval system (FIRE), Office of Air Quality Planning and Standards, US EPA, Research Triangle Park, (AirChief CD-ROM, 1997,Version 5.0)
11. USEPA (1998) Fuel oil combustion, March 1998 Revision to AP-42 Section 1.3
12. USEPA (1998) Natural gas combustion, September 1998 Revision to AP-42 Section 1.4
13. Braddock JD (1995) Developments in regulation of air pollution from oil and gas exploration and production, SPE/EPA Exploration and Production Environmental Conference, pp 535–549
14. Schifter I, González-Macías C, Miranda A, López-Salinas E (2005) Air emissions assessment from offshore oil activities in Sonda de Campeche. Mexico Environ Monit Assess 109(1-3):135–145
15. Karbassi AR, Abbasspour M, Sekhavatjou MS, Ziviyar F, Saeedi M (2008) Potential for reducing air pollution from oil refineries. Environ Monit Assess 145(1–3):159–166
16. Baltrenas P, Baltrenaite E, Šerevicˇiene V, Pereira P (2011) Atmospheric BTEX concentrations in the vicinity of the crude oil refinery of the Baltic region. Environ Monit Assess 182(1-4):115–127
17. Zadakbbar O, Vatani A, Karimpour K (2008) Flare gas recovery in oil and refineries. Oil Gas Sci Technol 63(6):705–711

18. Abdulkareem AS, Odigure JO, Abenege S (2009) Predictive model for pollutant dispersion from gas flaring: a case study of oil producing area of Nigeria. Energ Sour Part A: Recovery Utilization Environ Eff 31(12):1004–1015

19. Ross JL, Ferek RJ, Hobbs PV (1996) Particle and gas emissions from an in situ burn of crude oil on the ocean. J Air Waste Manage Assoc 46(3):251–259

20. Driussi C, Jansz J (2006) Technological options for waste minimisation in the mining industry. J Cleaner Prod 14:682–688

21. Mao I-F, Chen M-R, Wang L, Chen M-L, Lai S-C, Tsai C-J (2012) Method development for determining the malodor source and pollution in industrial park. Sci Total Environ 437:270–275

22. Johnson MR, Coderre AR (2011) An analysis of flaring and venting activity in the Alberta upstream oil and gas industry. J Air Waste Manage Assoc 61(2):190–200

23. Osuji LC, Avwiri GO (2005) Flared gases and other pollutants associated with air quality in industrial areas of Nigeria: an overview. Chem Biodivers 2(10):1277–1289

24. Jou CJG, Hsieh SC (2008) Reduction of greenhouse gas emission through applying hydrogen-rich fuel on industrial boiler. Pract Periodical Hazard Toxic Radioactive Waste Manage 12(4):270–274

25. AL-Hamad K Kh, Nassehi V, Khan AR (2008) Impact of green house gases (GHG) emissions from oil production facilities at Northern Kuwait oilfields: simulated results. Am J Environ Sci 4(5):491–501

26. Coupard M, Hournac R (1985) New processing trends for reducing oil refinery pollution. Ind Environ 8(2):26–30

27. Akeredolu FA, Sonibare JA (2004) A review of the usefulness of gas flares in air pollution control. Manage Environ Qual 15(6):574–583

28. Gaffney JS, Marley NA (2009) The impacts of combustion emissions on air quality and climate—from coal to biofuels and beyond. Atmos Environ 43(1):23–36

29. Anikeev DR, Yusupov IA, Luganskii NA, Zalesov SV, Lopatin KI (2006) Effect of emissions from petroleum gas flares on the reproductive state of pine stands in the northern taiga subzone. Russ J Ecol 37(2):109–113

30. Saeki Y, Emura T (2002) Technical progresses for PVC production. Prog Polym Sci 27:2055–2131

31. Yang X, Sun M (2013) Environmental pollution and protection of oil and gas production and utilization in China. Appl Mech Mater 261–262:648–653

32. Littlejohn D, Lucas D (2003) Tank atmosphere perturbation: a procedure for assessing flashing losses from oil storage tanks. J Air Waste Manage Assoc 53(3):360–365

33. Sonibare JA, Ede PN (2009) Potential impacts of integrated oil and gas plant on ambient air quality. Energ Environ 20(3):331–344

34. Aycaguer A-C, Lev-On M, Winer AM (2001) Reducing carbon dioxide emissions with enhanced oil recovery projects: a life cycle assessment approach. Energ Fuels 15(2):303–308

35. Countess RJ, Browne D (1993) Fugitive hydrocarbon emissions from pacific offshore oil platforms: models, emission factors, and platform emissions. J Air Waste Manage Assoc 43(11):1455–1460

36. Bergerson JA, Kofoworola O, Charpentier AD, Sleep S, MacLean HL (2012) Life cycle greenhouse gas emissions of current oil sands technologies: surface mining and in situ applications. Environ Sci Technol 46(14):7865–7874

37. Snow N (2007) BP refinery leads US in carcinogenic emissions, group says. Oil Gas J 105(7):32–34

38. Viswanath RS (1994) Characteristics of oil field emissions in the vicinity of Tulsa, Oklahoma. J Air Waste

Manage Assoc 44(8):989–994

39. Dadashzadeh M, Khan F, Hawboldt K, Abbassi R (2011) Emission factor estimation for oil and gas facilities. Process Saf Environ Prot 89(5):295–299

40. Khan FI, Husain T, Abbasi SA (2002) Design and evaluation of safety measures using a newly proposedmethodology "SCAP". J Loss Prev Process Ind 15:129–146

41. Tang J, Bao Z, Xiang W, Gou Q (2008) Geological emission of methane from the Yakela condensed oil/gas field in Talimu Basin, Xinjiang, China. J Environ Sci 20(9):1055–1062

42. Ba-Shammakh MS (2010) Generalized mathematical model for SO2 reduction in an oil refinery based on arabian light crude oil. Energ Fuels 24(6):3526–3533

43. Tarver GA, Dasgupta PK (1997) Oil field hydrogen sulfide in Texas: emission estimates fate. Environ Sci Technol 31(12):3669–3676

44. Karras G (2010) Combustion emissions from refining lower quality oil: what is the global warming potential? Environ Sci Technol 44(24):9584–9589

45. Croft TA (1973) Burning waste gas in oil fields. Nature 245(5425):375–376

46. Abdul-Wahab S, Ali S, Sardar S, Irfan N (2012) Impacts on ambient air quality due to flaring activities in one of Oman's oilfields. Arch Environ Occup Health 67(1):3–14

47. Gilman JB, Lerner BM, Kuster WC, De Gouw JA (2013) Source signature of volatile organic compounds from oil and natural gas operations in northeastern Colorado. Environ Sci Technol 47(3):1297–1305

48. Stratton RW, Wong HM, Hileman JI (2011) Quantifying variability in life cycle greenhouse gas inventories of alternative middle distillate transportation fuels. Environ Sci Technol 45(10):4637–4644

49. Schwartz R, Keller M (1977) Environmental factors vs. flare application. Chem Eng Prog 73(9):41–44

50. Cheng J, Luo Y (2013) Modified explosive diagram for determining gas-mixture explosibility. J Loss Prev Process Ind (in press) http://dx.doi.org/10.1016/j.jlp.2013.02.007

51. Yeh S, Jordaan SM, Brandt AR, Turetsky MR, Spatari S, Keith DW (2010) Land use greenhouse gas emissions from conventional oil production and oil sands. Environ Sci Technol 44(22):8766–8772

52. Whitcombe JM, Cropp RA, Braddock RD, Agranovski IE (2003) Application of sensitivity analysis to oil refinery emissions. Reliab Eng Syst Saf 79(2):219–224

53. Mahmoud A, Shuhaimi M, Abdel Samed M (2009) A combined process integration and fuel switching strategy for emissions reduction in chemical process plants. Energy 34(2):190–195

54. Johnson MR, Kostiuk LW, Spangelo JL (2001) A characterization of solution gas flaring in alberta. J Air Waste Manage Assoc 51(8):1167–1177

55. Skea J (1993) Market-based instruments for greenhouse gas control in the European community. Energ Convers Manage 34(9-11):789–796

56. McNeal BL, Layfield DA, Norvell WA, Rhoades JD (1969) Factors influencing hydraulic conductivity of soils in the presence of mixed-salt solutions. Soil Sci Soc Am Proc 32:187–190

57. Tchobanoglous G, Burton FL, Stensel HD (2003) Wastewater engineering: treatment and reuse, 4th edn. Metacalf & Eddy, Inc. McGraw-Hill, NY

58. Khatoonabadai A, Dehcheshmeh ARM (2006) Oil pollution in the Caspian Sea coastal waters. Int J Environ Pollut 26(4):347–363

59. Wan YS, Bobra M, Bobra AM, Maijanen A, Suntio L, Mackay D (1990) The water solubility of crude oils and petroleum products. Oil Chem Pollut 7(1):57–84

60. Özgen Karacan C, Ruiz Felicia A, Cotè Michael, Phipps Sally (2011) Coal mine methane: a review of

capture and utilization practices with benefits to mining safety and to greenhouse gas reduction. Int J Coal Geol 86:121–156

61. Guo J, Li L, Liu J, Jia J (2006) Rapid detecting of chemical oxygen demand of petroleum polluted water. Speciality Petrochemicals 23(5):14–17

62. Bidleman TF, Castleberry AA, Foreman WT, Zaranski MT, Wall DW (1990) Petroleum hydrocarbons in the surface water of two estuaries in the Southeastern united states. Estuarine Coast Shelf Sci 30(1):91–109

63. Literathy P (2006) Monitoring and assessment of oil pollution in the Danube River during the transnational Joint Danube Survey. Water Sci Technol 53(10):121–129

64. Huang SZ, Zhao XZ (2013) A design of wireless sensor system for water quality monitoring of oil field. Appl Mech Mater 281:51–54

65. Okandan E, Gümrah F, Demiral B (2001) Pollution of an aquifer by produced oil field water. Energ Sour 23(4):327–336

66. Fakhru'l-Razi A, Pendashteh A, Abdullah LC, Biak DRA, Madaeni SS, Abidin ZZ (2009) Review of technologies for oil and gas produced water treatment. J Hazard Mater 170(2-3):530–551

67. Emole CE (1998) Regulation of oil and gas pollution. Environ Policy Law 28(2):103–112

68. Li KY, Kane AJ, Wang JJ, Cawley WA (1993) Measurement of biodegradation rate constants of a water extract from petroleum-contaminated soil. Waste Manage 13(3):245–251

69. Vasenko OG (1998) Environmental situation in the Lower Dnipro River Basin. Water Qual Res J Can 33(4):457–487

70. Lin D (1999) Water treatment complicates heavy oil production. Oil Gas J 97(38):76–78

71. Literathy P, Haider S, Samhan O, Morel G (1989) Experimental studie on biological and chemical oxidation of dispersed oil in seawater. Water Sci Technol 21(8-9):845–856

72. Mandke JS (1990) Corrosion causes most pipeline failures in Gulf of Mexico. Oil Gas J 88(44):40–44

73. Nadim F, Liu S, Hoag GE, Chen J, Carley RJ, Zack P (2002) A comparison of spectrophotometric and gas chromatographic measurements of heavy petroleum products in soil samples. Water Air Soil Pollut 134(1-4):97–109

74. Van De Weghe H, Vanermen G, Gemoets J, Lookman R, Bertels D (2006) Application of comprehensive two-dimensional gas chromatography for the assessment of oil contaminated soils. J Chromatogr A 1137(1):91–100

75. Pérez Pavón JL, García Pinto C, Guerrero Peña A, Moreno Cordero B (2008) Headspace mass spectrometry methodology: application to oil spill identification in soils. Anal Bioanal Chem 391(2):599–607

76. Wan C, Yang X, Du M, Xing D, Yu C, Yang Q (2010) Desorption of oil in naturally polluted soil promoted by ß-cyclodextrin. Fresen Environ Bull 19(7):1231–1237

77. Carls EG, Fenn DB, Chaffey SA (1995) Soil contamination by oil and gas drilling and production operations in Padre Island National Seashore, Texas, U S A. J Environ Manage 45(3):273–286

78. Lai CC, Huang YC, Wei YH, Chang JS (2009) 1Biosurfactant-enhanced removal of total petroleum hydrocarbons from contaminated soil. J Hazard Mater 167(1-3):609–614

79. Abdol Hamid HR, Kassim WMS, Hishir A, El-Jawashi SAS (2008) Risk assessment and remediation suggestion of impacted soil by produced water associated with oil production. Environ Monit Assess 145(1-3):95–102

80. Renneberg A, Dudas MJ (2002) Calcium hypochlorite removal of mercury and petroleum hydrocarbons from co-contaminated soils. Waste Manage Res 20(5):468–475

81. Sato S, Matsumura A, Urushigawa Y, Metwally M, Al-Muzaini S (1998) Type analysis and mutagenicity of petroleum oil extracted from sediment and soil samples in Kuwait. Environ Int 24(1–2):67–76

82. Jovanc'ic'evic' B, Antic' M, Pavlovic' I, Vrvic' M, Beškoski V, Kronimus A, Schwarzbauer J (2008) Transformation of petroleum saturated hydrocarbons during soil bioremediation experiments water. Air Soil Pollut 190(1–4):299–307

83. Ünlü K, Demirekler E (2000) Modeling water quality impacts of petroleum contaminated soils in a reservoir catchment. Water Air Soil Pollut 120(1-2):169–193

84. Liu R, Jadeja RN, Zhou Q, Liu Z (2012) Treatment and remediation of petroleumcontaminated soils using selective ornamental plants. Environ Eng Sci 29(6):494–501

85. Creighton K, Richards R (1997) Field screening technique for total petroleum hydrocarbons in soils. Pract Periodical Hazard Toxic Radioactive Waste Manage 1(2):78–83

86. Zhang W, Li J, Huang G, Song W, Huang Y (2011) An experimental study on the biosurfactant-assisted remediation of crude oil and salt contaminated soils. J Environ Sci Health Part A Toxic/Hazard Subst Environ Eng 46(3):306–313

87. Brusturean G-A, Todinca T, Perju D, Carré J, Bourgois J (2007) Soil clean up by venting: comparison between modelling and experimental VOC removal results. Environ Technol 28(10):1153–1162

88. Stokman SK, Sogorka BJ (1997) Soil contamination: dealing with petroleum spills. Chem Eng (New York) 104(1):113–116

89. Chaîneau CH, Yepremian C, Vidalie JF, Ducreux J, Ballerini D (2003) Bioremediation of a crude oil-polluted soil: biodegradation, leaching and toxicity assessments water. Air Soil Pollut 144(1-4):419–440

90. Nadim F, Hoag GE, Liu S, Carley RJ, Zack P (2000) Detection and remediation of soil and aquifer systems contaminated with petroleum products: an overview. J Petrol Sci Eng 26:169–178

91. Embar K, Forgacs C, Sivan A (2006) The role of indigenous bacterial and fungal soil populations in the biodegradation of crude oil in a desert soil. Biodegradation 17(4):369–377

92. Bahadori A, Al-Haddabi M, Vuthaluru HB (2012) Simple predictive tool estimates sodium adsorption ratio for evaluation of potential infiltration problems using reclaimed wastewater. Commun Soil Sci Plant Anal 43(19):2492–2503

93. Mathur JSB (1981) Noise control: methods of reduction, industrial effluent treatment, vol 12. Applied Science Publishers Ltd., London

94. U.S. Environmental Protection Agency (EPA) (1995) Protocol for equipment leak emission estimates. (EPA-453/R-95-017). United States

95. U.S. Environmental Protection Agency (EPA) (2007) Leak detection and repair compliance assistance guidance best practices guide. United States

96. U.S. Environmental Protection Agency (EPA) (1994) Alternative control techniques document: NOx emissions from process heaters. United States

97. Martino G (1998) Réformage catalytique. In: Leprince P (ed) Le raffinage du pétrole, tome 3, Procédés de transformation, Technip, pp 105–173

98. Travers C (1998) Isomérisation des paraffines légères. In: Leprince P (ed) Le raffinage du pétrole, tome 3,Procédés de transformation, Technip, pp 237–264

99. Henrich G, Kasztelan S (1998) Hydrotraitements. In: Leprince P (ed) Le raffinage du pétrole, tome

3,Procédés de transformation, Technip, pp 549–590

100. Decoopman F (1998) Traitement des eaux. In: Leprince P (ed) Le raffinage du pétrole, tome 3, Procédés detransformation, Technip, pp. 657–684

101. U.S. Environmental Protection Agency (EPA) (1995) Profile of Petroleum Refining Industry.Office of Enforcement and Compliance Assurance, United States

102. World Bank Group (2007) Environmental, health, and safety guidelines for petroleumrefining

103. USEPA (1989) Estimating air toxic emissions from coal and oil combustion sources, Office of Air Quality Planning and Standards, US EPA, Research Triangle Park, (EPA-450/2-89-001)

104. Franken AP (ed) (1974) Community noise pollution, industrial pollution, Van Noistrand Reinhold Company, New York

105. Rao PR (1995) Noise pollution and control, encyclopedia of environmental pollution and control, vol 2. Environmedia Publications, India

106. Mathur JSB (1981) Noise control: legislation, planning and design, industrial effluent treatment, vol 2. Applied Science Publishers Ltd., London

107. Delucchi MA (2010) Impacts of biofuels on climate change, water use, and land use. Ann New York Acad Sci 1195:28–45

108. Lin T-C, Pan P-T, Cheng S–S (2010) Ex situ bioremediation of oil-contaminated soil. J Hazard Mater 176(1-3):27–34

109. Gupta MK, Srivastava RK (2010) Evaluation of engineering properties of oil-contaminated soils. J Inst Eng (India): Civ Eng Div 90:37–42

110. Kang S-W, Kim Y-B, Shin J-D, Kim E-K (2010) Enhanced iodegradation of hydrocarbons in soil by microbial biosurfactant, sophorolipid. Appl Biochem Biotechnol 160(3):780–790

111. Mao D, Lookman R, Weghe HVD, Weltens R, Vanermen G, Brucker ND, Diels L (2009) Estimation of ecotoxicity of petroleum hydrocarbon mixtures in soil based on HPLCGCXGC analysis. Chemosphere 77(11):1508–1513

112. Duru, UI, Ossai IA, Ossai CI, Arubi IMT (2009) The after effect of crude oil spillage on some associated heavy metals in the soil, society of Petroleum Engineers. In: International petroleum technology conference, IPTC 2009, vol 2, pp 1161–1165

113. Baawain M, Al-Zidi B (2009) Petrochemicals. Water Environ Res 81(10):1664–1686

114. Mackie A, Woszczynski M, Farmer H, Walsh ME, Gagnon GA (2009) Water reclamation and reuse. Water Environ Res 81(10):1406–1418

115. Redel-Macías MD, Pinzi S, Leiva D, Cubero-Atienza AJ, Dorado MP (2012) Air and noise pollution of a diesel engine fueled with olive pomace oil methyl ester and petrodiesel blends. Fuel 95:615–621

116. Aisien FA, Chiadikobi JC, Aisien ET (2009) Toxicity assessment of some crude oil comtaminated soils in the niger delta. Adv Mater Res 62–64:451–455

117. Nistov A, Klovning R, Lemstad F, Risberg J, Ognedal TA, Haver PA, Skogesal AJ (2012) Noise reduction interventions in the Norwegian petroleum industry, society of petroleum engineers—SPE/APPEA. International conference on health, safety and environment in oil and gas exploration and production 2012: protecting people and the environment—evolving challenges, vol. 2, pp 1278–1285

118. Shevnin V, Delgado-Rodríguez O, Mousatov A, Nakamura-Labastida E, Mejía-Aguilar A (2003) Oil pollution detection using resistivity sounding. Geofisica Internacional 42(4):613–622

119. Hadad A, Cahyono D, Ardhana Putra IB, Susanto J, Djoko Rianto BU, Tjahjono EW (2009) Hearing

conservation program in oil and gas company society of petroleum engineers—SPE/IATMI Asia Pacific health safety, security and environment conference and exhibition, APHSSEC 09, pp 235–240

120. Sultana S, Zhi C (2007) A review of noise impacts from offshore oil-gas production activities on the marine biota. Can Acoust Acoustique Canadienne 35(3):174–176

121. Roberts C (2008) A guideline for the assessment of low-frequency noise. Acoust Bull 33(5):31–32 + 34–36

122. Zadakbbar O, Vatani A, Karimpour K (2008) Flare gas recovery in oil and refineries. Oil Gas Sci Technol 63(6):705–711

123. Aliev TA, Guluyev GA, Pashayev FH, Sadygov AB (2012) Noise monitoring technology for objects in transition to the emergency state. Mech Syst Signal Process 27(1):755–762